彩色注音

李毓佩数学西游记

升级版

李毓佩 张小青 著

10米

15米

朝華出版社
BLOSSOM PRESS

目录

智斗黑龙 / 1

先斗银角大王 / 10

再斗金角大王 / 16

卫兵排阵 / 23

黑云上的妖怪 / 33

路遇四手怪 / 38

智斗蜘蛛精 / 44

消灭蜘蛛精 / 52

分吃猪八戒 / 57

救出猪八戒 / 63

八戒巧夺烤兔 / 69

猪八戒的饭量 / 75

速战速决 / 79

八戒买西瓜 / 85

妖王和妖后 / 92

猪八戒遇险 / 99

荡平五虎精洞 / 104

悟空戏数学猴 / 111

哪只小猴是大圣 / 116

解救八戒 / 120

魔王的宴会 / 126

捉拿羚羊怪 / 132

重回花果山 / 139

排兵布阵 / 145

智斗神犬 / 150

真假酷酷猴 / 156

双猴斗二郎神 / 162

砍不死的蟒蛇 / 167

哭泣的小熊 / 172

合力灭巨蟒 / 176

数学知识对照表 / 182

“考考你”答案 / 184

智斗黑龙

酷酷猴是一只小猕猴，这只小猕猴可不得了。他聪明过人，身手敏捷。酷酷猴有两酷：他穿着入时，这是一酷；他数学特别好，解题思路独特，计算速度奇快，这是二酷。所以同伴们就把他叫作酷酷猴。

这一日，酷酷猴来到了一条大河边，他想过河，可是河中一条船也没有，只见河边立有一座石碑，上写“流沙河”三个字。

酷酷猴自言自语：“这就是有名的流沙河呀，《西游记》中的沙和尚就住在这里。我怎么过河呢？”

话音未落，突然河中掀起滔天巨浪，“哗哗哗”十分吓人。

“啊？这是怎么啦？”

只见巨浪中出现一人，他手执降魔杖，脖子上挂有由9个骷髅组成的念珠，正是沙和尚。

沙和尚问：“是谁在叫我沙和尚？”

酷酷猴解释：“是我。我想过河，没有船，不知怎么过。”

“这个好办。你只要帮我解决一个问题，我就给你变出一条船来！”沙和尚摘下脖子上的一串骷髅，“你看这个……”

酷酷猴皱起了眉头：“哇，吓死人啦！”

“这9个骷髅上分别写着从1到9的数字，把这9个骷髅排列到九宫方格中，要求每行、每列、每条对角线上的3个数的和都相等。这个问题我想了好久了，一直没想出来。这是我的死对头黑龙给我出的难题，我要是想不出来，他得笑死我！”沙和尚连珠炮似的说完了这段话。

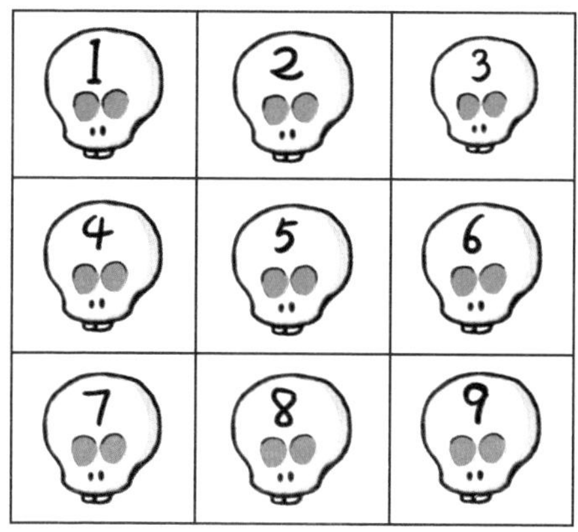

“这个问题好办，看我的！”酷酷猴边说，边拿起一根树枝在地上写了起来，“1+2+3+4+5+6+7+8+9=45，45÷3=15，每条线上3个数的和是15！”

“把9个数的和平均分成3份，每份是15，每条线上的和是15。困扰我的第一个问题解决了！可是知道了每条线上的和，9个数又该怎么摆位置呢？”沙和尚一脸茫然地问酷酷猴。

“这个好办！中间数5填到中间，极端数9和1用的次数最少，填在5的上下或左右。

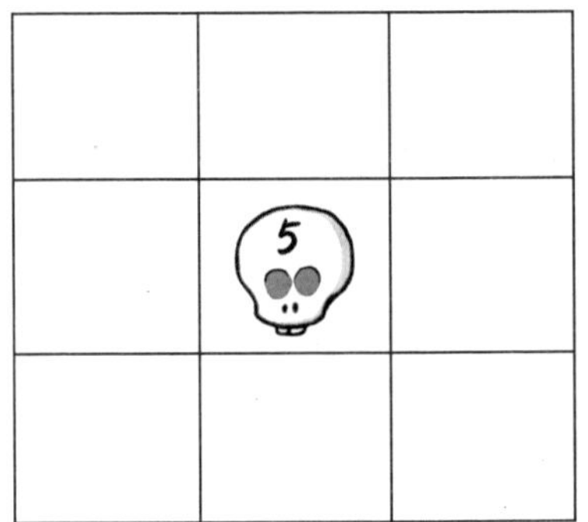

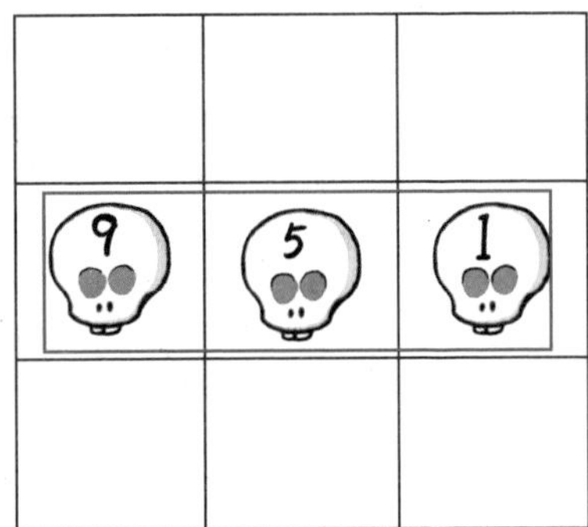

“9+6=15，用2和4凑6，填在9的上下。1+14=15，用6和8凑14，填在1的上下。

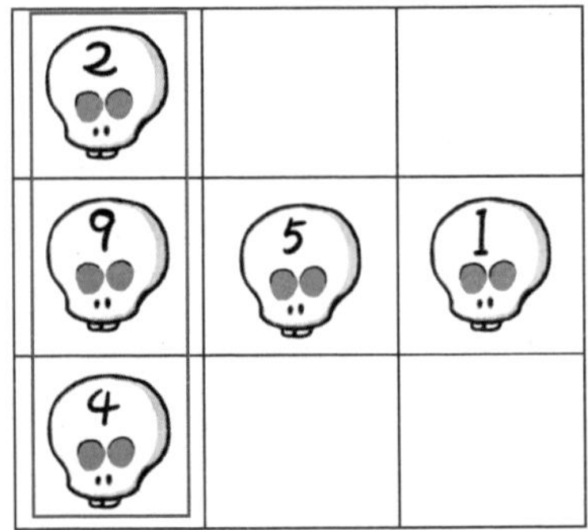

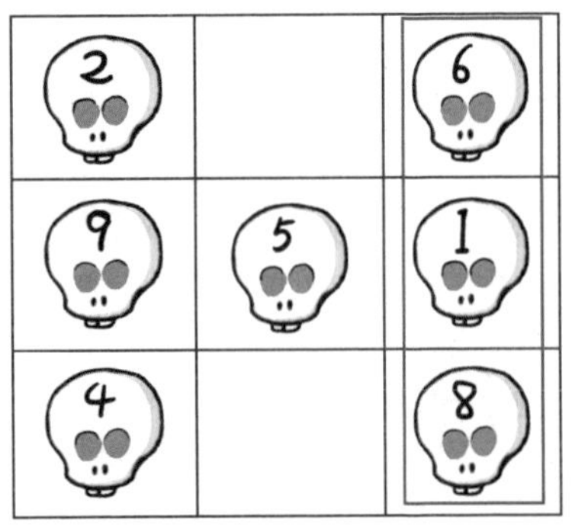

“剩下3和7，填在剩下的空格里。”

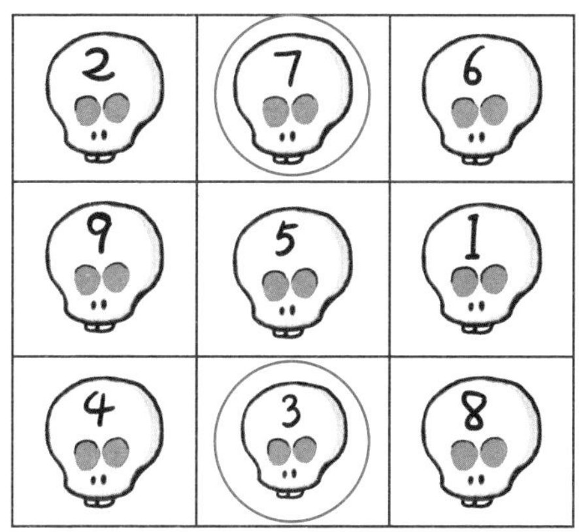

“哈哈！这么快就填出来了，太棒了！看那个死黑龙还怎么笑话我！小猴子，你拔根猴毛放到中间那格的骷髅上面吧，会有神奇的东西出现的！哈哈！”沙和尚开怀大笑地说。

酷酷猴照做了。猴毛刚刚放好，9个骷髅组成的方格不见了，出现了一张飞毯。

酷酷猴高兴极了：“哈，骷髅九宫格变成飞毯啦！”

酷酷猴和沙和尚坐上飞毯，向对岸飞去。

酷酷猴在飞毯上又蹦又跳：“好啊！飞过流沙河啦！”

shā hé shang jǐng gào bú yào hǎn hēi lóng zhèng zài shuì jiào ne
沙和尚警告：“不要喊，黑龙正在睡觉呢！”

huā hé zhōng tū rán xiān qǐ hēi sè de jù làng bǎ fēi tǎn xiān fān kù kù hóu diào jìn le hé lǐ
哗！河中突然掀起黑色的巨浪，把飞毯掀翻，酷酷猴掉进了河里。

kù kù hóu gāo hū shā hé shang jiù mìng
酷酷猴高呼：“沙和尚救命！”

zhǐ jiàn shuǐ zhōng zuān chū yì tiáo hēi lóng shǒu chí gāng chā yì bǎ zhuā zhù le kù kù hóu
只见水中钻出一条黑龙，手持钢叉，一把抓住了酷酷猴。

hēi lóng è hěn hěn de shuō wǒ wǎn shang shī mián zhōng wǔ shuì jiào jiù pà rén chǎo wǒ gāng shuì zháo nǐ jiù dà hǎn dà jiào jiǎo le wǒ de hǎo mèng gāi dāng hé zuì
黑龙恶狠狠地说：“我晚上失眠，中午睡觉就怕人吵。我刚睡着，你就大喊大叫，搅了我的好梦，该当何罪？”

kù kù hóu jiě shì shuō wǒ bú shì yǒu yì de duì bu qǐ
酷酷猴解释说：“我不是有意的，对不起！”

shā hé shang pǎo guò lái hēi lóng nǐ bǎ zhè zhī xiǎo hóu zi huán gěi wǒ fǒu zé wǒ dǎ làn nǐ de tóu
沙和尚跑过来：“黑龙，你把这只小猴子还给我！否则我打烂你的头！”

nǐ zhè ge bèn dàn shàng cì méi dǎ guò wǒ lùn wǔ de nǐ bù xíng gěi nǐ lái diǎn er wén de wǒ gěi nǐ chū de nà dào tí nǐ zuò chū lái le ma zhè me jiǔ le zěn me hái méi gěi wǒ dá àn hēi lóng bú xiè de shuō
“你这个笨蛋，上次没打过我，论武的你不行，给你来点儿文的，我给你出的那道题，你做出来了吗？这么久了，怎么还没给我答案？”黑龙不屑地说。

hng dá àn gěi nǐ shā hé shang biàn chū yì zhāng zhǐ rēng gěi le hēi lóng
“哼！答案给你！”沙和尚变出一张纸，扔给了黑龙。

hēi lóng jiǎn qǐ zhǐ kàn le yì yǎn yōu nǐ wén de méi shū nà
黑龙捡起纸看了一眼：“呦，你文的没输，那
wǒ hái shi hé nǐ lái wǔ de ba fǎn zhèng yě shuì bu zháo le wǒ hé nǐ
我还是和你来武的吧！反正也睡不着了，我和你
dà zhàn sān bǎi huí hé hēi lóng jǔ chā jiù cì kàn wǒ de gāng chā
大战三百回合！”黑龙举叉就刺：“看我的钢叉！”

shā hé shang bù gǎn dài màn lūn qǐ xiáng mó zhàng jiù zá jiē wǒ
沙和尚不敢怠慢，抡起降魔杖就砸：“接我
de xiáng mó zhàng
的降魔杖！”

shā hé shang hé hēi lóng dǎ zài
沙和尚和黑龙打在
le yì qǐ
了一起。

kù kù hóu kàn de mù bù
酷酷猴看得目不
zhuǎn jīng zuǐ lǐ yí
转睛，嘴里一
ge jìn er de
个劲儿地
hǎn kù
喊：“酷！

真酷！”

黑龙打累了，落到酷酷猴身边，对他说：“看你这小猴子长得挺聪明。你倒说说看，我能不能赢沙和尚？”

“行！”说着，酷酷猴拿出两张卡片，拿在手中，“这两张卡片一样，都是一面写着胜，另一面写着败。我扔下两张卡片，如果出现胜、胜，你必胜；如果出现一面胜，一面败，就打平；如果出现败、败，你必输无疑。”

“好，你扔吧！”

酷酷猴把两张卡片扔在地上，卡片滴溜溜转了几圈，倒了下来，出现了败、败两个字。

“啊，出现两个败字，天绝我也！走啦！”黑龙大叫一声，钻入水中。

沙和尚问酷酷猴：“小猴子，这是怎么回事？”

酷酷猴把卡片拾起来：“你看，卡片的两面都写着败，黑龙能不输吗？哈哈！”

酷酷猴解析

简单的幻方

故事中的题目是典型的三阶幻方，即在3×3的方格子里，按一定的要求填上1到9这九个数，让每行、每列、每条对角线上的三个数之和都相等。故事中的解法是先求出相等的和是多少。如果每个数不重复，就是把这九个数的和平均分成三份，所以用九个数的和45除以3得15。下一步是想填法。故事中的方法是技巧性比较强的方法，背后的原理是中间的格要加4次，四个角上的数要加3次，其余格中的数要加2次。因此，我们可以把所有算式都写出来，从1加几开始，如1+14=15，再想几加几等于14，写出两个算式：1+5+9=15，1+6+8=15。以此类推：2+4+9=15，2+5+8=15，2+6+7=15，3+4+8=15，3+5+7=15，4+5+6=15。从算式中可以看出：5加了4次，填在中间格；2、4、6、8加了3次，放在四个角；1、9、7、3用了2次，填在剩下的格里。还要综合考虑，因为5+10=15，所以1和9、2和8、3和7、4和6要在一条线上。这样，就能一次填对了。

酷酷猴考考你

将5、6、7、8、9、10、11、12、13这九个数填在下图中，使每行、每列、每条对角线上的三个数的和都相等。

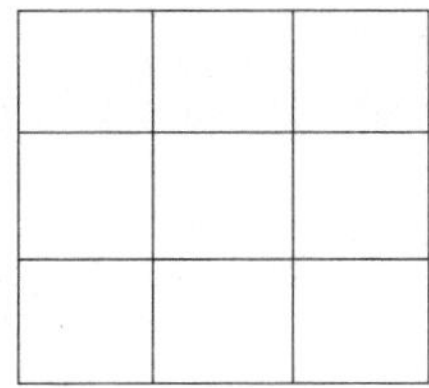

先斗银角大王

xià pǎo le hēi lóng kù kù hóu hé shā hé shang yì tóng gǎn lù
吓跑了黑龙，酷酷猴和沙和尚一同赶路。

kù kù hóu shuō shā hé shang nǐ yǐ jīng sòng wǒ hěn yuǎn le
酷酷猴说：“沙和尚，你已经送我很远了，
bú yòng zài sòng le ràng wǒ zì jǐ zǒu ba
不用再送了，让我自己走吧！”

shā hé shang yáo yao tóu zhè yí dài shān gāo lín mì yāo guài jīng
沙和尚摇摇头：“这一带山高林密，妖怪经
cháng chū mò kàn lái dào píng dǐng shān le
常出没。看，来到平顶山了。”

zǒu shàng píng dǐng shān tā men fā xiàn le yí gè jiào lián huā dòng
走上平顶山，他们发现了一个叫“莲花洞”
de shān dòng kù kù hóu tàn tóu wǎng lǐ kàn
的山洞，酷酷猴探头往里看。

zhè ge dòng jiào lián huā dòng dòng lǐ yí dìng yǒu lián huā ràng wǒ
“这个洞叫莲花洞，洞里一定有莲花，让我
jìn qù kàn kan
进去看看。”

shā hé shang tí xǐng liú shén
沙和尚提醒：“留神！”

tū rán hū de yí zhèn guài fēng cóng dòng lǐ guā chū suí zhe guài
突然，呼的一阵怪风从洞里刮出，随着怪
fēng dòng lǐ fēi chū yí gè yāo guài shǒu lǐ ná zhe qī xīng jiàn
风，洞里飞出一个妖怪，手里拿着七星剑。

yāo guài dà hè wǒ nǎi yín jiǎo dài wang hé rén dà dǎn tōu kàn
妖怪大喝：“我乃银角大王，何人大胆，偷看

wǒ de shān dòng
我的山洞？”

wǒ shì kù kù hóu xiǎng kàn kan dòng lǐ yǒu méi yǒu lián huā zěn
“我是酷酷猴，想看看洞里有没有莲花，怎
me la
么啦？”

tōu kàn wǒ shān dòng de mì mì hái gǎn zuǐ yìng kàn jiàn
“偷看我山洞的秘密，还敢嘴硬，看剑！”
yín jiǎo dài wang jǔ jiàn zhí qǔ kù kù hóu
银角大王举剑直取酷酷猴。

shā hé shang yòng xiáng mó zhàng dǎng zhù yín jiǎo dài wang de qī xīng jiàn
沙和尚用降魔杖挡住银角大王的七星剑：
nǎ er lái de yín jiǎo mó guài xiū yào wú lǐ
“哪儿来的银角魔怪？休要无礼！”

yín jiǎo dài wang bǎ jiàn wǔ de yín guāng shǎn shǎn chī wǒ de xuē tiě
银角大王把剑舞得银光闪闪：“吃我的削铁
rú ní qī xīng jiàn
如泥七星剑！”

shā hé shang bǎ zhàng lūn de shuǐ pō bú jìn cháng chang wǒ lì dà
沙和尚把杖抡得水泼不进：“尝尝我力大
bàng chén de xiáng mó zhàng
棒沉的降魔杖！”

liǎng rén dà zhàn yì bǎi huí hé bù fēn gāo xià
两人大战一百回合，不分高下。
yín jiǎo dài wang qǔ chū yí gè hóng hú lu ná zài shǒu
银角大王取出一个红葫芦拿在手

中，底朝天，口朝地，高声叫道：“让你尝尝我紫金红葫芦的厉害！我叫你一声，你敢答应吗？”

沙和尚嘴一撇：“别说是叫一声，就是叫十声，你沙爷爷也敢答应！”

银角大王叫：“沙——和——尚！”

“唉！”沙和尚一答应，立刻被吸进了葫芦里。

沙和尚纳闷儿：“怎么回事？我被吸进葫芦里了！”

银角大王锁好葫芦口的密码锁：“哈哈！我锁好密码锁，回洞喝酒去了！”

酷酷猴偷偷跟进洞里，见银角大王和几个妖怪正在开怀畅饮。

妖怪说：“大王果然厉害，把一百多千克重的沙和尚硬装进小葫芦里了！”

银角大王得意地说：“不知道密码，沙和尚别想出来，哈哈！”说罢，举起酒杯，“咱们再干十杯！我没醉！”

不一会儿，银角大王和几个妖怪都喝得烂醉

如泥，酷酷猴趁机偷得葫芦，溜出洞去。

酷酷猴看到葫芦上写着密密麻麻的字，凑近一看：

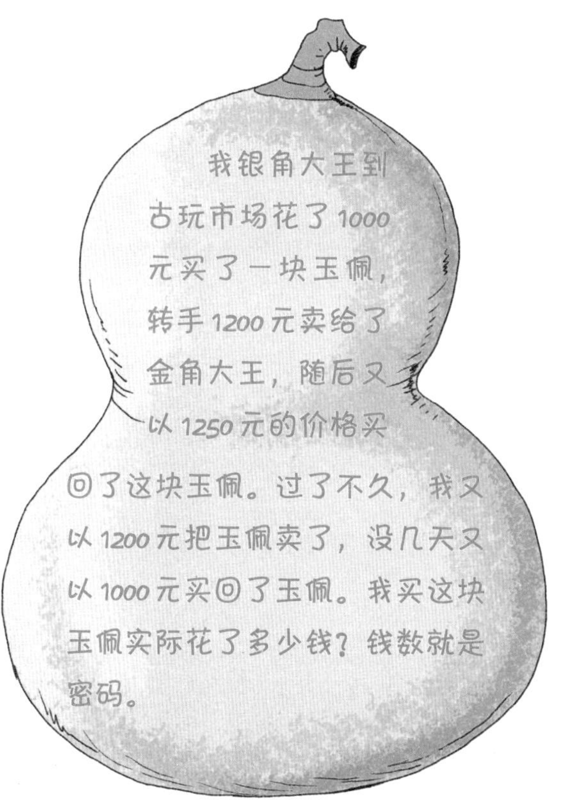

“这个银角大王真够能折腾的！不过，再能折腾，也难不倒我酷酷猴！”酷酷猴边自言自语边算，“我先算买的总钱数，1000+1250+1000=3250

元，再算卖的总钱数1200+1200=2400元，最后算买卖相差的总钱数3250−2400=850元。买玉佩实际花了850元，密码是850。”

酷酷猴打开密码锁，沙和尚跳出了葫芦，要找银角大王算账：“这个魔头竟敢用暗器伤我，我要和他再战三百回合！”

“沙和尚不要动怒！”酷酷猴举着葫芦，“葫芦现在在咱们手里，咱们也酷一把！”

“怎么酷？”

酷酷猴说：“你把那个银角大王叫出来。”

沙和尚对着洞口高喊：“银角小贼，快快出来受死！”

银角大王醉意全消，提剑出了山洞，看见沙和尚，觉得十分奇怪：“咦，沙和尚，你怎么跑出来了？”

酷酷猴叫他的名字：“银——角——大——王！”

“唉！”银角大王一答应，也被吸进葫芦里。

酷酷猴笑着说：“乖乖！你也一样进来。”

tū rán tiān kōng zhōng chū xiàn le jīn jiǎo guài wu hé rén dà
突然，天空中出现了金角怪物：“何人大
dǎn gǎn bǎ wǒ de xiōng di zhuāng jìn hú lu lǐ
胆，敢把我的兄弟装进葫芦里！”

kù kù hóu shuō zhè kěn dìng shì jīn jiǎo dài wang le
酷酷猴说：“这肯定是金角大王了！”

酷酷猴解析

分类解决问题

故事中的问题比较复杂，买进卖出了好几次。分类处理能让复杂问题简单化，以便于解决问题。

第一种分类的方法是故事中介绍的方法，分成买进和卖出两类，分别求出买进和卖出的总价，再求它们的差，计算结果就是实际花的钱数。

第二种方法是以最初买进的价钱1000元为参考标准，分别思考每次买卖少花的钱数和多花的钱数：第一次用1200元卖出，赚了200元，也就是比1000元少花了200元；第二次以1250元买回玉佩，也就是比1000元多花了250元；第三次又以1200元卖出，也就是比1000元少花了200元；第四次又以1000元买了回来，相当于少花了200+200-250=150元，实际花了1000-150=850元。

酷酷猴考考你

顾客向售货员购买15元的物品，付了一张面值50元的钞票，售货员没有零钱找，便向相邻的柜台兑换零钱。当交易完毕顾客走后，邻柜发现这张50元钞票是假币，于是该售货员又还给邻柜50元钱。该售货员遭受了多少元的损失？

再斗金角大王

jīn jiǎo dài wang dài zhe liǎng gè xiǎo yāo jīng xì guǐ hé líng lì chóng
金角大王带着两个小妖——精细鬼和伶俐虫
lái le
来了。

jīn jiǎo dài wang yì zhǐ shā hé shang tū hé shang kuài bǎ wǒ de
金角大王一指沙和尚："秃和尚，快把我的
xiōng di yín jiǎo dài wang fàng le bù rán de huà ràng nǐ men sǐ wú zàng
兄弟银角大王放了，不然的话，让你们死无葬
shēn zhī dì
身之地！"

shā hé shang hēi hēi yí zhèn lěng xiào nǐ xià hu xiǎo hái er qù ba
沙和尚嘿嘿一阵冷笑："你吓唬小孩儿去吧！"

jīng xì guǐ líng lì chóng gěi wǒ bǎ zhè ge hé shang hé xiǎo hóu
"精细鬼、伶俐虫，给我把这个和尚和小猴
zi ná xià jīn jiǎo
子拿下！"金角
dài wang yì shēng lìng xià
大王一声令下，
jīng xì guǐ hé líng lì chóng
精细鬼和伶俐虫
gè chí yì bǎ wān dāo
各持一把弯刀，
bèn shā hé shang hé kù kù
奔沙和尚和酷酷
hóu shā qù
猴杀去。

“吃我一杖！”沙和尚只一降魔杖就把精细鬼打死了。

金角大王抛出法宝幌金绳：“沙和尚，尝尝我幌金绳的厉害！”

“哇！”沙和尚想逃走已经来不及了，幌金绳一匝接一匝地把他捆了个结实。

沙和尚挣扎着说：“坏了，我被幌金绳捆了。”

金角大王哈哈大笑：“谅你也逃不出我的手心！”

那边伶俐虫追杀酷酷猴，横砍一刀：“看刀！”

酷酷猴跳起来，抓住树枝上了树："嘻，我上树了。"

"你往哪里逃？我也会上树。"伶俐虫爬树继续追。

"吃我一泡尿！"酷酷猴从树上冲他撒了一泡尿。

"这是什么武器？臊死啦！"伶俐虫快被尿熏晕了。

酷酷猴笑着说："这叫生化武器，只有我们猴子才有。嘻嘻！"

酷酷猴把伶俐虫捆了起来，缴了他的弯刀问："快告诉我，念什么咒语才能让幌金绳松绑？"

伶俐虫晃晃脑袋："只有说出幌金绳的长度，才能松绑。"

酷酷猴把刀放在他的脖子上："快告诉我，幌金绳有多长？"

伶俐虫说："这个我不知道。只见过金角大王用它量过身高。"

“量的结果是什么？”

“金角大王把幌金绳折成3段去量，绳子比他多出2米；金角大王把幌金绳折成4段去量，绳子还比他多出1米。”

“这个难不倒我酷酷猴！”酷酷猴边说边画图，“折成3段多2米，幌金绳比金角大王身高的3倍多6米；折成4段还多1米，幌金绳比金角大王身高的4倍多4米。”

“不对吧？是多2米和1米啊，怎么让你搞成了6米和4米！要是算错了，可是会越绑越紧的啊！”伶俐虫把脑袋摇成了拨浪鼓。

“不信你看图！”

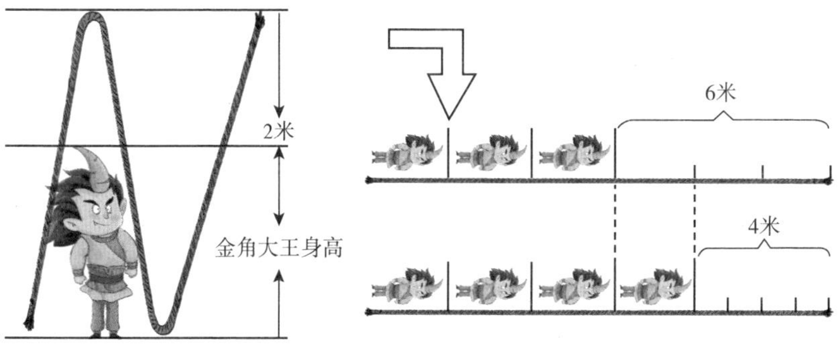

“还真是这么回事！佩服！”伶俐虫向酷酷猴竖起了大拇指。

“金角大王的身高就是6－4＝2米，幌金绳的长度就是2×3＋6＝12米。算出来啦！”酷酷猴高兴地喊。

沙和尚冲酷酷猴喊：“快帮我把绳子解开！”

酷酷猴冲沙和尚喊：“12米！”

沙和尚正摸不着头脑，突然发现捆绑自己的幌金绳自动松开了：“嘿，绳子松开了。我要去找金角老妖算账去！”

见到金角大王，沙和尚喊道：“金角老妖吃我一杖！”

仇人见面分外眼红，金角大王狂叫：“你还我兄弟，看剑！”

金角大王用剑，沙和尚用杖，打在了一起。

酷酷猴拿着紫金红葫芦，口冲下，底朝上，叫道：“金——角——大——王！”

金角大王不由得答应：“唉——”

kù kù hóu dǎ kāi hú lu kǒu jīn jiǎo dài wang bèi xī jìn le hú lu
酷酷猴打开葫芦口，金角大王被吸进了葫芦。

yín jiǎo dài wang kàn hú lu gài bèi dǎ kāi biàn xiǎng cóng hú lu lǐ chū
银角大王看葫芦盖被打开，便想从葫芦里出
lái jié guǒ yòu bèi jīn jiǎo dài wang tuī le jìn qù
来，结果又被金角大王推了进去。

yín jiǎo dài wang shuō dà gē wǒ yào chū lái
银角大王说："大哥，我要出来！"

jīn jiǎo dài wang shuō xiōng di zán liǎ yí kuài er jìn qù ba
金角大王说："兄弟，咱俩一块儿进去吧！"

kù kù hóu bǎ huǎng jīn shéng hé zǐ jīn hóng hú lu dì gěi le shā hé
酷酷猴把幌金绳和紫金红葫芦递给了沙和
shang nǐ lái chǔ lǐ yí xià ba
尚："你来处理一下吧！"

shā hé shang ná zhe liǎng jiàn bǎo bèi náo nao tóu shuō à wǒ
沙和尚拿着两件宝贝，挠挠头说："啊，我
xiǎng qǐ lái le tīng dà shī xiōng shuō guo zhè dōu shì tài shàng lǎo jūn de
想起来了，听大师兄说过，这都是太上老君的
dōng xi hú lu shì zhuāng dān yào de huǎng jīn shéng shì tài shàng lǎo jūn de
东西，葫芦是装丹药的，幌金绳是太上老君的
kù yāo dài
裤腰带。"

kù kù hóu chī jīng de shuō ǎ yòng zhè me cháng de kù yāo
酷酷猴吃惊地说："啊？用这么长的裤腰
dài zhè yāo děi duō cū ya
带！这腰得多粗呀！"

shā hé shang duì kù kù hóu shuō wǒ yào gǎn jǐn qù zhǎo dà shī xiōng
沙和尚对酷酷猴说："我要赶紧去找大师兄
bāng máng kàn kan zěn me chǔ zhì hú lu lǐ de yāo guài kù kù hóu nǐ
帮忙，看看怎么处置葫芦里的妖怪。酷酷猴，你
zì jǐ yào duō jiā xiǎo xīn zán men jiù cǐ bié guò
自己要多加小心。咱们就此别过！"

kù kù hóu gǒng shǒu huí lǐ dào shā hé shang zán men hòu huì
酷酷猴拱手回礼道："沙和尚，咱们后会
yǒu qī
有期！"

酷酷猴解析

巧解较复杂差倍问题

故事中的题目是比较复杂的差倍问题，解题的第一个关键是读懂题意，合理转化。折成3段多2米时，是每一段都比金角大王的身高多2米；折成4段多1米时，是每一段都比金角大王的身高多1米。所以，可以转化理解成：幌金绳的长度比金角大王身高的3倍多6米，比金角大王身高的4倍多4米，再利用数量和倍数的对应关系，求出金角大王的身高，进而求出幌金绳的长度。

酷酷猴考考你

用一根绳子量桌子的长度，将绳子对折1次量多8米，对折2次量多2米，桌子长多少米？绳子长多少米？

卫兵排阵

告别了沙和尚，酷酷猴独自在树林里走着，忽然听到后面有人喊：“大师兄救命！”

酷酷猴回头一看，只见猪八戒正被几只蚊子精追得仓皇逃窜。

猪八戒边跑边喊：“猴哥救命！蚊子精咬死我了！”

酷酷猴不敢怠慢，立刻拿出“蚊虫喷杀剂”，对猪八戒说：“老猪，快藏到我身后。”

酷酷猴高叫一声：“瞧我的厉害！”噗——一阵“蚊虫喷杀剂”猛喷过去，蚊子精高喊“哎哟，没命啦”，纷纷落地。

猪八戒握住酷酷猴的手说：“感谢大师兄救命之恩！”

酷酷猴摇摇头说：“老猪，你认错人啦！我不是你的大师兄孙悟空。”

猪八戒仔细端详着酷酷猴：“嘿，你还真不是我的大师兄。孙猴子不戴太阳镜，不穿T恤衫和牛仔裤。总之，孙猴子没有你酷！不过，你是猴子，凡是猴子都是我的师兄，你就算我的小师兄吧！我说小师兄，你叫什么名字？”

“大家都叫我酷酷猴。”

“酷酷猴？”猪八戒笑着说，“小师兄的名字真酷！”

酷酷猴笑了笑说：“马马虎虎，你就叫我小猴哥吧。”

不一会儿，猪八戒就打了个大哈欠：“哈——真困哪！”

“困了就睡吧！”

“不敢哪！我老猪睡着了就打呼噜，妖精听到呼噜声还不来吃我？”

“那怎么办？”酷酷猴也犯难了。

“有办法了！”猪八戒眼睛一亮，“我学大师兄，在地上画一个魔阵，我躺在魔阵里面睡，就可以高枕无忧了！”说完就在地上画了一个4×4的方阵。

酷酷猴问：“你画的魔阵有魔力吗？”

猪八戒懊丧地摇摇头：“也是，我没有孙猴子的法力，画的阵一点儿魔力也没有！”

“那还是没用啊！”

猪八戒眼珠一转：“嘿，我有办法啦！你等着。”没过多久，猪八戒带来山羊、小熊、兔子和松鼠，高兴地说：“哈，我找来4个卫兵，让他们帮我站岗放哨，我就可以在方阵里睡大觉啦！”

山羊和兔子问：“我们站哪儿放哨？”

“这4×4的魔阵有16个方格，让他们站在哪儿最好呢？”猪八戒开始挠头。

猪八戒问酷酷猴：“小猴哥，你给出个主意，怎么排好？”

酷酷猴眨巴一下眼睛：“你排方阵是为了睡觉安全，最好的排法是，每行每列都能有一个卫兵，这样妖精不管从哪个方向来，都能被卫兵发现。”

猪八戒皱起眉头：“每行每列都有一个卫兵的话，那需要16个呀！我只有4个兵，不够！”

酷酷猴解释说：“每行每列都能有一个卫兵，并没有说每个格里都要有一个卫兵啊！”

猪八戒犯难了：“那要怎么排呀？”

“我来教你吧！”酷酷猴说，“你把一个卫兵随意放一个位置。为方便起见，我们给每行每列用字母和数字标一标吧。”

“随意放一个位置？那我就把山羊放在b2格。”猪八戒说着就把山羊放在了方格里。

“当你把山羊放到b2格时，他就能守卫b行、2列。换句话说，b行、2列的敌人由山羊对付，剩下的三个卫兵就不用放在b行、2列了。”酷酷猴说。

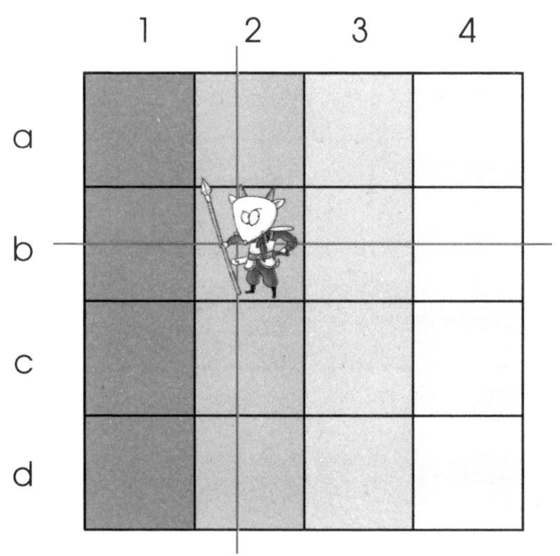

“那剩下的卫兵是不是可以放在a、c、d行和1、3、4列？”猪八戒问。

“是的，你的脑子动得挺快呀！”酷酷猴说。

“谢谢小猴哥夸奖！那我再把小熊放在d4格吧。对了，剩下的两个卫兵就不能放在d行和4列了。就剩下a、c行和1、3列了。”猪八戒说。

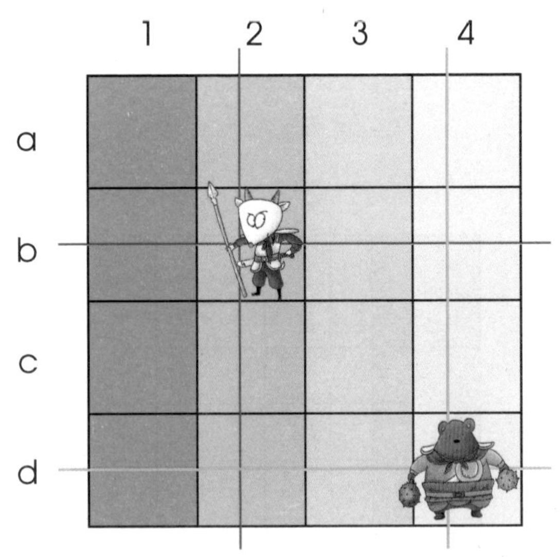

“没想到排兵布阵里还有这么好玩儿的数学游戏，谢谢小猴哥，你教我的游戏太好玩儿了！下面我把兔子放在a3格，那么a行和3列就不能放松鼠了，看看，松鼠能放在哪里呢？”猪八戒兴致越来越高。

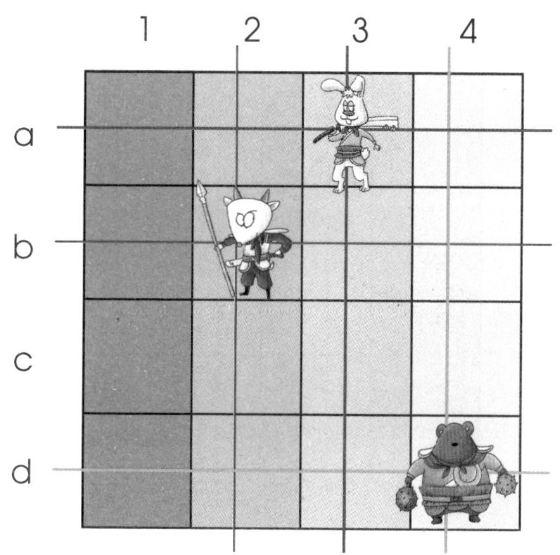

“唉！可怜的松鼠就剩下一个位置了，只能放在c1格了。哈哈！终于把我的卫兵安排好了，我可以安心地睡大觉啦！”

猪八戒边说，边扭着肥肥的屁股，跳起了扭屁股舞。

“你先别高兴得太早了！如果你总是用这一种排卫兵的方法，妖精们就会想办法攻破你的卫兵阵！”酷酷猴给猪八戒泼了一盆冷水。

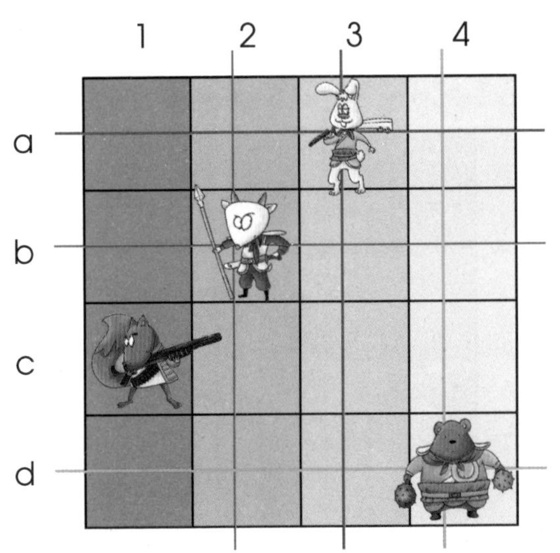

“那我该怎么办呢？”猪八戒被吓了一跳，立即问。

“这个简单，要知道这是个有魔力的卫兵阵，你可以不断变换卫兵的排阵方法，这样一共有576种排法呢！保准让妖精们眼花缭乱。”酷酷猴说。

“576种？有那么多？你别忽悠我了！”猪八戒不相信地说。

“这是真的。你排的第一个卫兵山羊可以放在16个格的任何一个格，他就有16种位置；第二个卫兵小熊就不能站在第一个卫兵山羊所在的行和列了，他就剩下9个位置了；第三个卫兵兔子就不能站在山羊和小熊所在的行和列了，他就剩下4个位置了；最后一个卫兵松鼠，只剩下一个位置可站了。把他们四个的位置组合起来，一共就是16×9×4×1=576种排法。”酷酷猴说。

猪八戒按照酷酷猴说的数了数，眼前一亮：“真是这么回事！这真是个魔阵呀！哈哈！如果我每天变一次阵，那妖精们就不敢进攻我了！刚才是今天的排法，我再把明天和后天的都排出来！”

猪八戒拍拍酷酷猴的肩膀：“小猴哥，你的数学可比我大师兄孙悟空强多啦！看来我可以睡一个安稳觉了。”

酷酷猴解析

位置的组合

故事中的题目是在方阵中每行每列只放一个元素的排列组合问题。第一个元素可以放的位置是方阵中所有的位置，第二个元素可放的位置就是去掉了第一个元素所在的行和列的所有位置，在剩余的位置里挑选，依此类推。到最后一个元素时就只剩一个位置了。把这些元素的所有可能位置数相乘，得出的乘积就是排法的种数。

酷酷猴考考你

小明、小红和小亮三个人玩方格游戏，在下面3×3的方阵中，每行每列只能站一个人，一共有多少种站法？

黑云上的妖怪

“八戒，你安心睡吧！再见了！”酷酷猴刚想走，猪八戒急忙拦住他。猪八戒说：“咱俩不能拜拜。你还要和我一起去除妖呢！”

“除妖？”酷酷猴摇摇头说，“我不会法术，怎么和你一起去除妖怪？”

“你会数学就成！”猪八戒拉着酷酷猴往天上一指说，“刚才我看见飘来一片黑云，上面站着许多小妖，数了数一共是34个小妖。我刚要数男妖和女妖各有多少个时，小妖们飘的速度还真快，眨眼的工夫，黑云就飘到了前面的山头，下来了一半的男妖，天上剩下的男妖比女妖少了4个。”

“你想让我算什么？”酷酷猴问。

“我想知道男妖、女妖各多少，男妖多还是女妖多。”猪八戒回答道。

“你管是男妖还是女妖呢，只要是妖精，你只管打不就成了？”酷酷猴不解地说。

“唉！我老猪千好万好，就是一点不好，我太怕女妖了，但愿是男妖多，否则我就要搬救兵了！”猪八戒无奈地说。

“原来是这样，那要好好算算！”酷酷猴接过话，立即算起来，“下来一半男妖，天上

还剩下一半男妖，男妖的一半比女妖少4个，如果你特想知道女妖的数量，我就先把女妖看成1份来数。还是先画张图吧，这样你就能听明白了。”

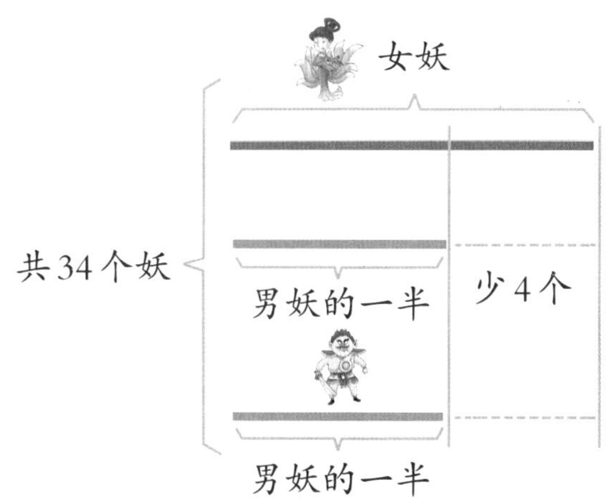

酷酷猴画完图接着说：“我们把女妖看成1份，男妖的一半要和女妖同样多就要添加4个，另一半要变成和女妖同样多，也要添加4个，这说明所有的男妖比2份女妖的总数少8个。也就是说，总共添上8个男妖，其中每半份各添4个，加上女妖一共就是同样的3份了。34+8=42个，42÷3=14个女妖，14×2−8=20个男妖。”

“14个女妖，也不少啊！20个男妖我能对付，14个女妖就归你了。我见了女妖就害怕，我打不过女妖！”猪八戒不好意思地说。

“啊？让我去打女妖？”酷酷猴没想到猪八戒让他去对付女妖。他眼珠一转，然后对八戒说，“如果你能先求出男妖的数量，我就去对付女妖！”

“先求出男妖的数量？容我想想！把男妖看成1份，女妖就比男妖……嗯？我再看看图，有了！可以把男妖的一半看成1份，女妖比男妖的一半多4个，去掉4个就是男妖的一半了，34－4＝30个，30÷3＝10个。咦？男妖怎么只有10个呢？和你刚才算的不一样呀！”猪八戒说。

“当然不一样了，10个是男妖的一半。你少算了一步，男妖有10×2＝20个。就算你对吧，看来14个女妖还是要归我呀。”酷酷猴有些无奈地说。

酷酷猴话音刚落，猪八戒就拿着钉耙去追妖精：“20个男妖给我留下，我一耙一个，把你们都耙成筛子！”

女妖们问猪八戒："那谁和我们过招儿？"

猪八戒一指："你们去找那个酷酷猴！"

女妖们一阵怪叫，一齐奔向酷酷猴："快来受死！"

酷酷猴一捂脑袋："哇！我怎么办哪？硬着头皮上吧！"

酷酷猴解析

谁是一份的数

故事中的题目，把谁看成一份数是解题的关键。题目中的女妖、男妖和男妖的一半三种数量虽然都可以看成一份数，但把男妖的一半或女妖看成一份数更好理解。一份数变了，解题所用的数量关系和算式也随之改变了。第一种解法是把女妖看成一份数，用男妖的总数去和女妖比，用和倍思想解题。当然，也可以用男妖的一半和女妖比，把每个男妖的一半都转化成女妖数，用和倍思想求出女妖数后，再求男妖的一半，最后求男妖数。第二种方法是把男妖的一半看成一份数，将女妖转化成男妖的一半，用和倍思想先求出男妖的一半，再求男妖数和女妖数。

酷酷猴考考你

妈妈给小红买来铅笔和签字笔共22支，拿走铅笔的一半，剩下的铅笔比签字笔少1支，签字笔和铅笔各有几支？

路遇四手怪

酷酷猴刚和女妖交上手，猪八戒就慌慌张张地跑来，喊着：“不好啦！小猴哥救命！”

只见猪八戒身后有一个四手怪追来，四只手分别拿着宝剑、砍刀、狼牙棒、大锤。四手怪大叫：“猪八戒，你往哪里走！”

酷酷猴不解：“八戒，你有那么大的本领，还打不过他？”

猪八戒抹了一把头上的汗：“如果他好好跟我打，哪里是俺老猪的对手！可是他边打边换手里的武器，而我就一把钉耙，很难对付他。”

酷酷猴说：“这个好办，你也变出四只手来，准备四种兵器，变得他眼花缭乱。你本来就比他厉害，肯定能打败他！”

"这个主意好！我准备钉耙、大刀、板斧、长枪四样武器，不断变化，让他应接不暇。不过，我有多少变法呢？"

酷酷猴说："可以算出来。为了简化问题，可以先假设第一只手固定拿着钉耙，而让其他三只手变换拿法：

第一只手	第二只手	第三只手	第四只手
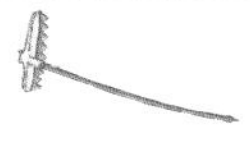	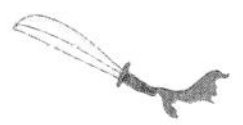	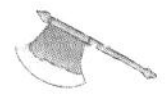	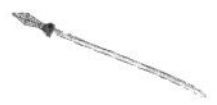
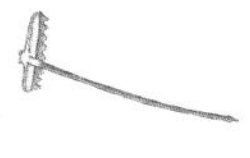	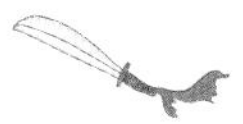	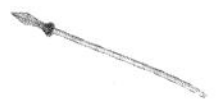	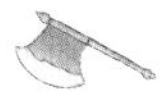
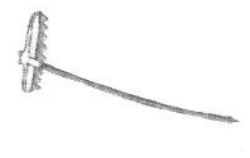	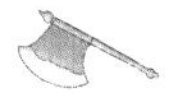	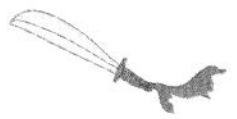	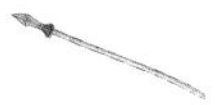
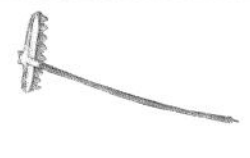	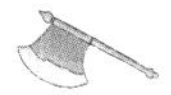	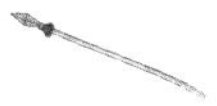	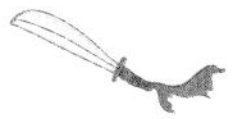
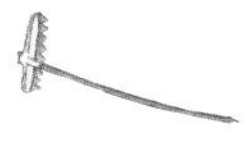	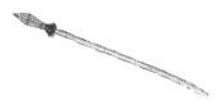	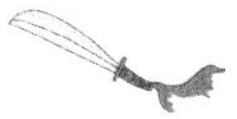	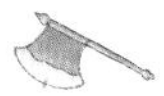
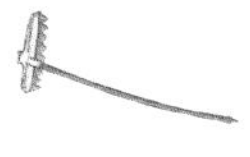	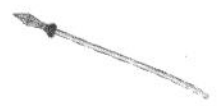	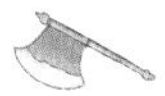	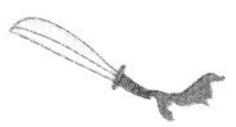

"你看！当第一只和第二只手拿钉耙和大刀时，把板斧和长枪互换位置；当第一只和第二只手拿钉耙和板斧时，大刀和长枪互换；当第

一只和第二只手拿钉耙和长枪时，大刀和板斧互换。这样，有6种拿法。”

猪八戒的脸色由多云转晴，说道：“哦，才6种拿法，不多，不多！我记得住！”

酷酷猴提醒：“别高兴得太早了，这只是在第一只手拿着钉耙固定不变的条件下，有6种拿法。”

猪八戒忙问：“如果第一只手不固定拿着钉耙呢？”

酷酷猴说：“第一只手固定拿大刀有6种拿法，固定拿板斧有6种拿法，固定拿长枪有6种拿法。一共是6×4=24种拿法。”

猪八戒说：“这么多种拿法，一个一个列举太费时间了，有没有更快的方法呢？”

“当然有了！我们把四手怪的四只手看作四个位置，第一只手可以从4种武器中选1种，有4种选法。当第一只手选了1种武器后，第二只手只剩3种武器可选了，有3种选法。这时，第三只手只剩下2种选法了，第四只手就只有1

种选法了。可以这样列算式：

第一只手　第二只手　第三只手　第四只手

4　×　3　×　2　×　1=24

“一共24种。”酷酷猴回答。

猪八戒来了精神：“只要他的变化有数，我就不晕。四手怪，看我的变化！长——”猪八戒突然又长出两只手，四只手分别拿着钉耙、大刀、板斧、长枪，和四手怪的四件武器一对一地打在了一起。

猪八戒边打边变化四只手拿武器的顺序，交手一次就变一次。四手怪开始还能抵挡，随着

猪八戒变化的次数增多，四手怪越来越招架不住了，边打边喊："好你个猪八戒，学得倒很快，我变你也变，花样比我变得还多！"

猪八戒得意地说："我有高人指点，不像你随便瞎变，我是变化有序的！看我又变了！"

突然，猪八戒一用力，把四手怪的四件武器全钩了过来："你别瞎换喽，都给我过来吧！"

四手怪大惊："啊，我的家伙全没了！"

趁四手怪愣神的工夫，猪八戒赶上去就是一耙："吃俺老猪一耙！"猪八戒打败了四手怪。

猪八戒晃了晃脑袋："20个男妖，我打败了1个，还剩多少个？"

酷酷猴乐弯了腰："哈哈，八戒，你是打晕了吧？20减1这么简单都算不出来？还剩19个呀！"

猪八戒一本正经地说："这24种变化我一一变来，能不晕吗？你观战时，没见我有重复变化的吧？"

酷酷猴也严肃起来："你的脑子变聪明了，还真没有重复变化的，就是按表格列的规律变的，不简单呀！"

猪八戒得意地说："和聪明人在一起当然要变聪明了，哈哈！"

酷酷猴解析

简单的排列

故事中的题目是简单的排列问题。第一种解法是列举法，通过有序思考，让物体1固定在第一个位置，物体2在第二个位置，物体3和物体4互换位置，便是两种拿法。物体3放在第二个位置，物体2、4互换位置，也是两种拿法。物体4放在第二个位置，物体2、3互换位置，还是两种拿法。这样，物体1固定在第一个位置时，一共有六种拿法。同理，物体2、3、4各固定在第一个位置时，分别有六种拿法。第二种解法是直接计算法，4个物体对应4个位置，第一个位置可以从4个物体中选，后面的位置可选的物体递减1，最后一个位置只有1个物体可选，它们的乘积是总共的排列方法。建议在掌握第一种方法的基础上学习第二种方法。

酷酷猴考考你

小红和爸爸、妈妈、弟弟四人排成一排照相，一共能拍出多少张位置不同的照片？

智斗蜘蛛精

猪八戒没得意多久，很快就被蜘蛛精、狐狸精、老鼠精、蛇精四个女妖围在了中间。

蜘蛛精尖声叫道：“大耳朵和尚，你往哪里走!”

猪八戒大吃一惊：“啊，四个女妖！”只见四个女妖排成一个方阵，把猪八戒围在中央，各持武器齐攻过来。

蛇精大喊："杀死猪八戒，吃红烧猪肉！"

"吃俺老猪的肉就罢了，竟然还要红烧！"猪八戒生气了，"俺老猪是不愿意和你们这些女妖斗，难道还真怕你们不成？看耙！"

看到猪八戒的钉耙砸来，蜘蛛精喊道："姐妹们，变阵！"

其他三个女妖齐声答应："是！"四个女妖的位置发生了变化。

蜘蛛精又喊："姐妹们，变！变！变！"

四个女妖的位置不断变化，猪八戒捂着脑袋，高叫："哎呀！晕死我了！"他败下阵来，拖着钉耙来找酷酷猴。

“八戒，不要怕！这四个女妖谁是头儿？”

“发号施令的是蜘蛛精！”

“擒贼先擒王，你集中力量打蜘蛛精！”

听到打蜘蛛精，猪八戒来了脾气：“你站着说话不腰疼！这四个女妖位置乱换，我怎么知道蜘蛛精会在哪个位置？”

酷酷猴说：“她们的位置看似变化无穷，其实是有规律的。八戒，你再去和她们战上几个回合。”

猪八戒极不情愿地前去战斗，说道：“我一喊‘晕’，你可得马上来救我！”

酷酷猴点头：“你一晕就下来。”

猪八戒抡起钉耙直奔四个女妖杀去：“我老猪

吃了抗晕药，再和你们大战三百回合！看耙！”猪八戒又和四个女妖战在了一起。

蜘蛛精下令：“姐妹们，准备变阵！变！变！变！”女妖又开始不断变阵，酷酷猴在一旁记录。

猪八戒又有点儿招架不住，他喊着：“小猴哥，你快点儿，我又犯晕啦！”他拖着钉耙败下阵来。

酷酷猴扶住猪八戒，说：“你没白晕，我找到她们的变化规律了！”

酷酷猴拿出画的图给猪八戒讲：“为了研究方便，我把每个位置都编上一个号，她们是这样变化的。”

1	2
3	4

猪八戒摇晃着脑袋说：“看不懂！”

酷酷猴解释说：“蜘蛛精刚开始时在3号位置，她的变化规律是：

àn shùn shí zhēn fāng xiàng zhuàn dòng　měi jīng sì cì biàn huà yòu huí dào yuán lái de wèi zhì

“按顺时针方向转动，每经四次变化又回到原来的位置。”

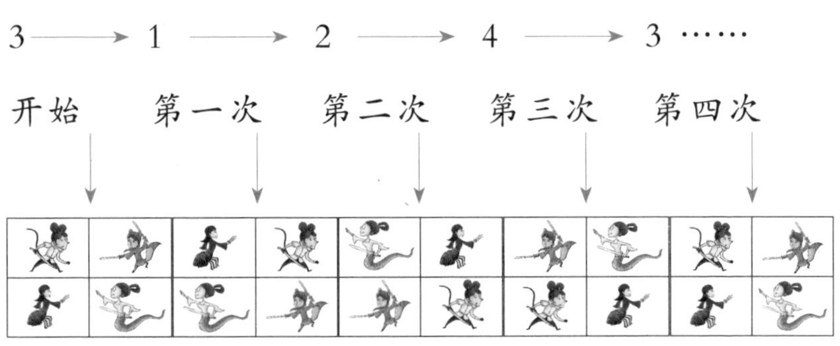

zhū bā jiè wèn　zhǐ shì zhī zhū jīng zhè yàng biàn ma　qí tā sān gè yāo jing shì zěn me biàn de

猪八戒问：“只是蜘蛛精这样变吗？其他三个妖精是怎么变的？”

kù kù hóu shuō　qí tā sān gè yāo jing de biàn huà guī lǜ hé zhī zhū jīng de shì yí yàng de　shǔ de biàn huà shì　hú de biàn huà shì　shé de biàn huà shì　rú guǒ zhī zhū jīng bù hǎo dǎ

酷酷猴说：“其他三个妖精的变化规律和蜘蛛精的是一样的。鼠的变化是1→2→4→3→1……狐的变化是2→4→3→1→2……蛇的变化是4→3→1→2→4……如果蜘蛛精不好打，先打这些妖精也可以呀！她们也是按顺时针方向转动，每变化四次又回到原来的位置。”

开始　　第一次　　第二次

猪八戒两手一摊：“找到规律有什么用啊？她们一变阵，我还是不知道蜘蛛精在哪儿呀！”

酷酷猴说：“你把四个位置号码记住，她们每变一次阵，你就喊一次，我让你往哪个位置上打，你就往哪个位置上打！怎么样？”

“行！”猪八戒又和四个女妖打在了一起。

猪八戒边打边喊：“一次变阵，二次变阵……十一次变阵。”

酷酷猴忙喊：“往4号位置上打！”

猪八戒狠命往4号位置打了一耙：“蜘蛛精看耙！”

只听蜘蛛精一声惨叫，被打死了。其他女妖见头儿已死，便一哄而散。

猪八戒拍着酷酷猴的肩头：“小猴哥，你还真有两下子！你是怎么算的？”

酷酷猴说：“她们四次为一个循环。蜘蛛精的位置变化规律是：变一次时在1号位置，变两次时在2号位置，变三次时在4号位置，变四次时在3号位置……”

猪八戒又问：“你怎么知道到第十一次变阵时，蜘蛛精准在4号位置？”

“在她变到第十一次时，我做了一个除法，11÷4=2……3，说明她变化了两个完整的周期，现在是第三个周期的第三次变化，应该在4号位置。余数是几，就说明是第几次变化，找到这次变化的相应位置，准没错！”酷酷猴解释道。

猪八戒一挑大拇指：“小猴哥办法真高！”

酷酷猴解析

位置变化和周期

故事中的题目是观察物体位置变化规律的问题。物体位置的变化，要先观察变化方向，一般有两种方向：顺时针和逆时针。此题是每个物体每次按顺时针方向前移一格，由于图形中一共有四个位置，所以变化四次是一个周期。要求多次变化后某个物体的位置，要参照第一个周期的变化规律，即用总次数除以总位置数，余数是几，就是第一个周期中第几次变化后的位置。

酷酷猴考考你

按规律填出第四幅图中的图形，并回答第15次变化后▲的位置，用左上、左下、右上、右下描述。

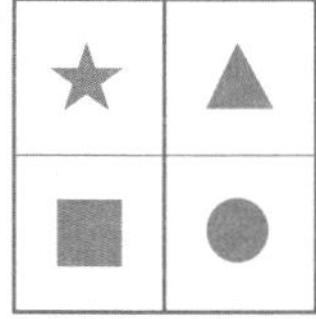 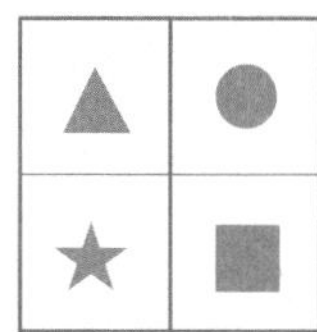 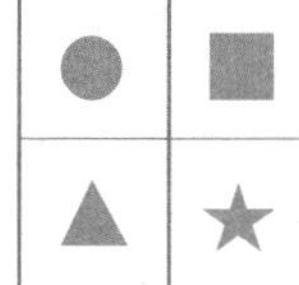 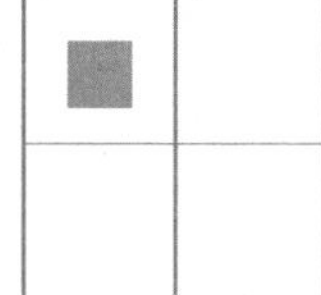

消灭蜘蛛精

猪八戒拉住酷酷猴的手说：“小猴哥，谢谢你帮忙！”

“能和大名鼎鼎的天蓬元帅猪八戒认识，也是我酷酷猴的福分。我还有事，八戒再见啦！”就这样，酷酷猴和猪八戒分手了。

猪八戒扛着钉耙，嘴里哼着小曲独自往前走：“打死妖精多快活，啦啦啦！再找点儿好吃的多美妙，啦啦啦！”

突然，一只大蜘蛛精拦住了八戒的去路。“该死的猪八戒，竟敢打死我的爱妻！拿命来！”

“哈，我打死一只母蜘蛛精，又来了一只公蜘蛛精。我就做做好事，让你和你老婆做伴去吧！看耙！”八戒和公蜘蛛精打在了一起。

两人大战了一百回合，八戒渐渐不是对手。

八戒心想：我只长了两只手，你却长有八条腿，我是顾上顾不了下，顾左顾不了右呀！

三十六计，走为上计！八戒虚晃一耙，转身就跑。

公蜘蛛精在后面紧紧追赶。

猪八戒跑得气喘吁吁。突然迎面又来了几只蜻蜓精，每只都有三层楼高，堵住了八戒的去路。蜻蜓精大喊：“猪八戒，你往哪里走！”

八戒大吃一惊：“呀！这么大个儿的蜻蜓！我换条路跑。”另一条路上，几只蝉精又拦住了去路：“此路也不通！”

八戒边跑边叫：“小猴哥救命！”

公蜘蛛精说：“别说小猴哥，就是叫你大师兄来也没用啦！”蜘蛛精、蜻蜓精、蝉精逼向猪八戒，形成围攻之势。

也是八戒命不该绝，酷酷猴正好在附近的一个山洞里，他一把将八戒拉进洞：“八戒，快到这儿来！”

酷酷猴分析道：“蜘蛛、蜻蜓、蝉都怕鸟。我们必须请鸟来帮忙！”

八戒连忙说：“对对对，咱们快点儿请鸟来帮忙！”

酷酷猴说：“你先得告诉我有多少只蜘蛛精、多少只蜻蜓精和蝉精，我好决定请多少只不同种类的鸟来吃他们。”

八戒想了想，说：“我只记得三种妖精一共98只，蜘蛛比蜻蜓多1倍，蝉比蜘蛛多1倍。”

酷酷猴说：“我来画张图。”

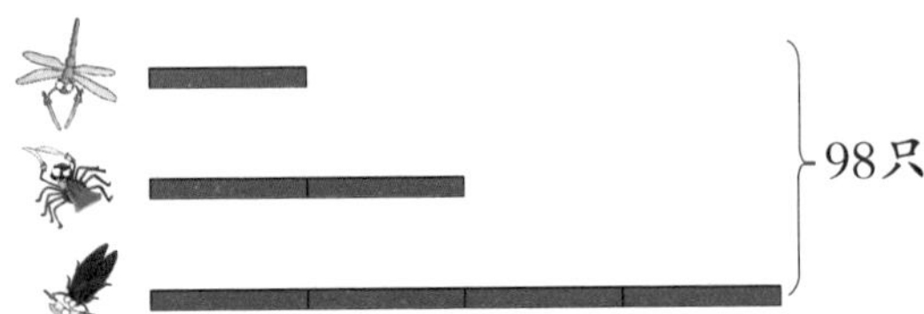

“从图上看，把蜻蜓看成1份，蜘蛛是这样的2份，蝉是这样的4份，一共是这样的7份，蜻蜓是98÷7=14只，蜘蛛是14×2=28只，蝉是28×2=56只。”

“小猴哥神算！我以后要好好向你学学！”猪八戒羡慕地对酷酷猴说。

酷酷猴用手做喇叭状，向天空中叫喊：“噢——来14只吃蜻蜓精的鸟、28只吃蜘蛛精的鸟、56只吃蝉精的鸟，鸟儿们快来呀！大家都有美食呀！”

呼啦啦，天空中飞来了一大群鸟。

为首的凤凰招呼同伴：“这里有蜘蛛、蜻蜓、蝉，都是很好吃的。”

zhòng niǎo hū yìng chī ya chī ya
众鸟呼应："吃呀！吃呀！"

gōng zhī zhū jīng cháng tàn yì shēng wán le kè xīng lái le
公蜘蛛精长叹一声："完了，克星来了！"

méi yí huì er zhī zhū jīng děng jiù bèi xiāo miè le
没一会儿，蜘蛛精等就被消灭了。

酷酷猴解析

简单的和倍问题

和倍问题的特点是，知道了几种数量的和以及它们各自的倍数，要求每种数量是多少。解题的一般方法是，先找到谁是一倍数，再弄清楚每种数量对应的倍数，最好通过画图的方法，找到数量和所对应的倍数和。先用"数量和÷倍数和=一倍数"求出一倍数，再分别求几倍数。

酷酷猴考考你

妈妈买来苹果、梨、橘子共90个，梨的个数是苹果的2倍，橘子的个数是苹果的3倍。苹果、梨、橘子各多少个？

分吃猪八戒

猪八戒正高兴呢，没想到逃得了初一，躲不过十五：这个山洞的另一处正是一胖一瘦两只狼精的巢穴。

瘦狼精心中窃喜：嘻，肥头大耳猪八戒！

胖狼精咽下一口口水："一顿美餐！"

胖狼精趁八戒不注意，一把将他拉进了山洞："乖乖，跟我进来吧！"

八戒高喊："小猴哥救命！"

"八戒！"酷酷猴刚想出手相救，瘦狼精就把洞口的门关上了，还说："请留步，猴子太瘦，白送我们都不吃！"

胖狼精把八戒捆在石柱上，瘦狼精往大锅里倒水。

pàng láng jīng cuī cù shuō　lǎo dì　kuài diǎn chái huo shāo shuǐ
胖狼精催促说：“老弟，快点柴火烧水，
hǎo dùn zhū ròu a
好炖猪肉啊！”

shòu láng jīng diǎn dian tóu　hǎo de　wǒ yě è zhe ne
瘦狼精点点头：“好的，我也饿着呢。”

bā jiè zhàn zhàn jīng jīng de wèn　nǐ men liǎ shì zhǔn bèi yí cì bǎ
八戒战战兢兢地问：“你们俩是准备一次把
wǒ dōu chī le　hái shi fēn jǐ cì chī
我都吃了，还是分几次吃？”

pàng láng jīng lū le yí xià xiù zi　guò guo yǐn　yí cì chī wán
胖狼精撸了一下袖子：“过过瘾，一次吃完
suàn la
算啦！”

shòu láng jīng què bù tóng yì　yí cì chī wán　bú dàn làng fèi
瘦狼精却不同意：“一次吃完，不但浪费，
hái yào bǎ zán liǎ chēng sǐ　guò rì zi yào yǒu jì huà　jīn tiān wǒ men
还要把咱俩撑死！过日子要有计划。今天我们
xiān bǎ zhū bā jiè píng jūn fēn chéng fèn　chī fèn　míng tiān zài bǎ shèng
先把猪八戒平均分成3份，吃1份。明天再把剩

下的猪肉平均分成3份，吃1份。这时，还剩下160千克，留着我们以后慢慢享用！”

胖狼精流着口水，不耐烦地说：“要不你瘦成猴样儿呢，太抠门儿了！咱们今天和明天到底各能吃多少呢？今天才吃1份，让我吃不饱可不行！”

瘦狼精安慰胖狼精道：“你别急！我算算，肯定让你吃得肚歪！”

胖狼精不放心地说：“怎么算？你可别算错了！”

瘦狼精胸有成竹地说：“没问题！我先画张图。”

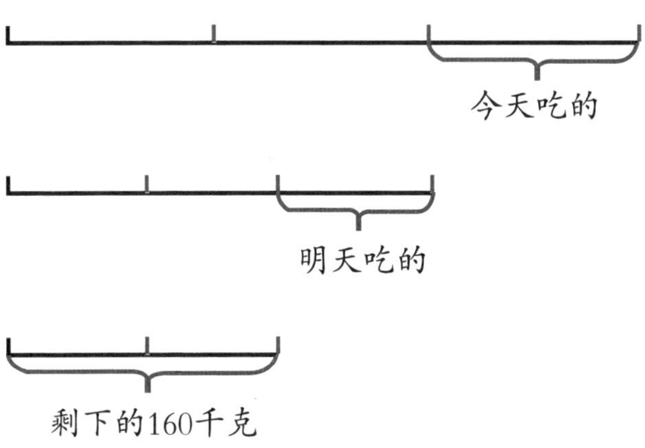

胖狼精又问："今天吃的能比明天吃的多多少？"

瘦狼精说："我给你算算你就知道了。剩下的160千克是2小份，每1小份是160÷2=80千克，明天吃1小份是80千克。今天吃完后还剩3小份（也是2大份）是80×3=240千克。今天吃1大份是240÷2=120千克。"

胖狼精高兴得手舞足蹈："今天能吃大餐了！这头肥猪是120×3=360千克，我们真是太走运了！"

瘦狼精接着烧开水，胖狼精继续磨刀。

酷酷猴在洞外敲门："快开门！快放了猪八戒！"

瘦狼精朝外面喊："小猴子，老实在外面等着，待会儿给你几根猪毛尝尝！"

胖狼精笑着说："哈哈！吃猪毛？别有一番味道！"

酷酷猴一看叫门没用，转身就走："你们俩

děng zhe wǒ qù zhǎo lǎo xióng
等着，我去找老熊！”

pàng láng jīng tīng shuō zhǎo lǎo xióng xīn lǐ yì jīng bù hǎo lǎo
胖狼精听说找老熊，心里一惊：“不好！老
xióng shēn qiáng tǐ zhuàng zán men zhè dòng mén tā yí zhuàng jiù kāi
熊身强体壮，咱们这洞门，他一撞就开！”

bā jiè tīng le kě gāo xìng le hā zhuàng kāi mén wǒ jiù yǒu
八戒听了可高兴了：“哈！撞开门，我就有
jiù la
救啦！”

shòu láng jīng méi tóu yí zhòu bié huāng lǎo xióng yǒu yǒng wú móu
瘦狼精眉头一皱：“别慌！老熊有勇无谋，
wǒ men zhǐ néng yǐ zhì qǔ shèng
我们只能以智取胜！”

pàng láng jīng wèn zěn me gè yǐ zhì qǔ shèng fǎ
胖狼精问：“怎么个以智取胜法？”

shòu láng jīng còu dào pàng láng jīng de ěr biān shuō wǒ men zhè
瘦狼精凑到胖狼精的耳边说：“我们这
yàng
样……”

pàng láng jīng tīng wán pāi zhe shǒu shuō hǎo zhǔ yi lǎo xióng de
胖狼精听完，拍着手说：“好主意！老熊的
shù xué chà dào jiā le zhè xià yǒu hǎo xì kàn le
数学差到家了！这下有好戏看了！”

酷酷猴解析

多次平均分与倒推

故事中的题目是多次平均分后用倒推法解决问题。这种题目的解题关键是先弄清楚每次平均分的总量是多少，再找到每次平均分份数之间的关系。例如：题目中第一次平均分的2份与第二次平均分的3份是相等的。最后用倒推解题。

酷酷猴考考你

幼儿园老师买来一些糖果，第一天先平均分成4份，取1份分给小朋友。第二天把剩下的糖果又平均分成4份，取1份分给小朋友。这时，还剩下36块。第一次、第二次分别分给小朋友多少块糖？老师一共买来多少块糖？

救出猪八戒

酷酷猴领着老熊来到洞前，刚要让老熊撞门，抬头看见洞门上贴着一张字条：

老熊：

你要是能解出下面这道题，把答案写在（ ）里，洞门你一推就开。如果你凭蛮力撞门，洞门的定时炸弹就会引爆，我们将同归于尽。

瘦狼精、胖狼精和猪八戒一起称体重，共500千克。猪八戒被吃了一半后，三人再称体重就剩下320千克了。3只瘦狼精和2只胖狼精共重340千克。瘦狼精、胖狼精、猪八戒各多少千克？

老熊看完题，头摇得跟拨浪鼓似的：“我有劲撞门，可没脑子做题呀！”

“你别急，我不怕解题。我来！”酷酷猴拍着

胸脯对老熊说，“我们先画出图来。”

酷酷猴说：“猪八戒的一半重是500−320=180千克，猪八戒的体重是180×2=360千克。”

“咦，你一画图，我就明白了。那怎么求两只狼精的体重呢？”老熊兴奋地说。

"求两只狼精的体重稍微麻烦点儿，先求出两只狼精的体重和：500－360＝140千克。还是接着画图吧。"酷酷猴说。

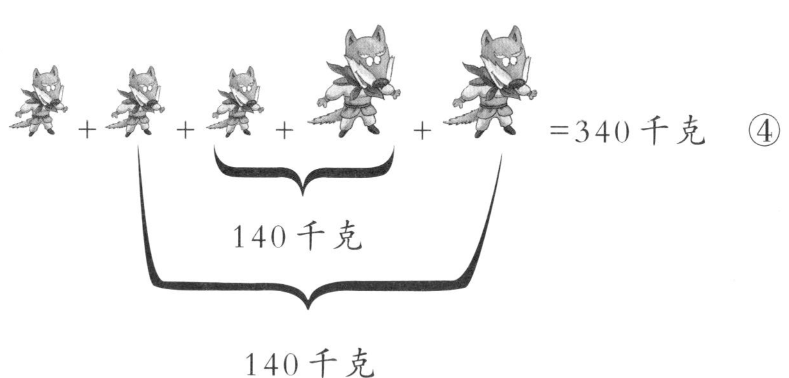

酷酷猴刚画完图，老熊就迫不及待地说："我看出来了，340－140－140＝60千克，是一只瘦狼精的体重；140－60＝80千克，是一只胖狼精的体重。"

"对了！老熊，你变聪明了！"酷酷猴夸赞道。

"我把答案填到门上的括号里。让这两只恶

狼知道知道，我老熊是有脑子的！”老熊边说边把答案填到了洞门上，山洞门一推就开了。

酷酷猴忙说：“快进去救八戒！”

胖狼精一看老熊闯了进来，双臂用力大喊一声：“呀——呀——长！”变成一只巨狼，张口来咬，“我吞了你们！”

老熊也不含糊：“难道我还怕你不成？长，长，长！”老熊也长成一头顶天立地的巨熊。

巨熊大吼：“尝我一拳！”随即把巨狼打翻在地。

胖狼精大叫：“哎呀！我再胖也没用！”

瘦狼精心想：胖狼精都不是老熊的对手，我更不成，赶紧溜吧！“呀——呀——缩！”瘦狼精立刻变成一只小狼，企图溜走。

老熊早就看在眼里。“你就是变成耗子大小，也别想逃走！”老熊伸手把变小的瘦狼精抓在手中。

瘦狼精直蹬腿，喊道：“熊爷爷饶命！”

lǎo xióng yòng lì wǎng dì shàng yì shuāi bǎ shòu láng jīng shuāi yūn le
老熊用力往地上一摔，把瘦狼精摔晕了。

kù kù hóu gǎn jǐn jiù xià bā jiè
酷酷猴赶紧救下八戒。

bā jiè duì lǎo xióng hé kù kù hóu lián lián gǒng shǒu dào xiè yào
八戒对老熊和酷酷猴连连拱手道谢：“要
bú shì lǎo xióng hé xiǎo hóu gē lái jiù wǒ zǎo jiù bèi fēn chéng xǔ duō
不是老熊和小猴哥来救，我早就被分成许多
duàn le liǎng zhī è láng jīng hái yào màn màn xiǎng yòng wǒ de ròu hǎo
段了，两只恶狼精还要慢慢享用我的肉。好
cǎn ya
惨呀！”

kù kù hóu hā hā dà xiào bā jiè nǐ suàn táo guò yì jié le
酷酷猴哈哈大笑：“八戒，你算逃过一劫了，
yào shi méi yǒu qí tā shì zán men hái shi zài jiàn ba
要是没有其他事，咱们还是再见吧。”

bā jiè shuō kǒng pà dāi bu liǎo duō huì er wǒ hái děi jiào nǐ
八戒说：“恐怕待不了多会儿，我还得叫你。”

酷酷猴解析

图形算式比较

故事中的解题方法是，先将题目中的数量关系用图形算式表示出来，再进行比较，再根据比较结果解题。求猪八戒的体重时，通过比较发现两个图形算式的差（①-②）就是猪八戒体重的一半。求瘦狼精的体重，是通过图形算式的比较，发现在④中有2个③，④与2个③的差就是瘦狼精的体重。图形算式比较的方法有很多，要根据具体题目灵活应用。

酷酷猴考考你

水果店运进一批水果。苹果、梨、橘子各1箱，共重180千克。卖了半箱橘子后，还剩145千克。已知2箱苹果和3箱梨共重280千克。1箱苹果、1箱梨、1箱橘子各重多少千克？

八戒巧夺烤兔

八戒扛着钉耙、哼着小曲在路上走着："没被老狼吃掉多快乐，多呀多快乐！"

突然，八戒闻到阵阵香味，肚子立刻发出咕噜咕噜声。八戒吸了吸鼻子："咦，哪儿来的香味？真香呀！我肚子饿极了。"

八戒四下张望，发现有一群猪精围坐成一圈，有1只野猪精、2只花猪精、3只黑猪精、4只白猪精。中间有一只小兔子已经被柴火烤得焦黄。猪精们都两眼直勾勾地看着烤熟的兔子，流着口水议论着："我们10只猪精吃一只烤兔，可怎么分呢？"

八戒咽了咽口水，凑了过去："烤兔肉，好香呀！你们10只猪精怎么分呢？干脆送给我老猪吧！”

一只长有獠牙的野猪精回头看了一眼猪八戒，气愤地说：“我们还不够吃呢，送给你，想得美！”

猪八戒一听这话，气得瞪起眼说：“你们也太不好客了，我乃赫赫有名的猪八戒，今日前来造访，你们理应拿出好吃的兔肉招待我！”

猪八戒话音刚落，10只猪精齐刷刷地站了起来，摆出了要围攻猪八戒的架势。

野猪精带头说：“什么赫赫有名的猪八戒，我没听说过。你要是敢抢我们的兔子肉，我们就打死你，这下还有肉吃了！”

猪八戒眼珠一转，心想：好汉不吃眼前亏，他们人多，打不过，还是想个法子吧。有了！

猪八戒话锋一转，说：“我刚才是和你们开玩笑呢。不过，这么一只烤兔，你们10只猪精分，一人能吃上一小口就不错了，还不够逗馋虫的呢！”

猪精们齐声问："那该怎么办？"

猪八戒转转眼珠说："我给你们出个好主意。你们比武，进行淘汰赛吧，谁得冠军，兔肉就都归他了！"

野猪精点头说："是个好主意。不过，我们都是笨脑子，还是你给我们安排比赛吧。我们要比赛几场呢？"

一听这话，猪八戒连连摇头说："我也是个笨猪呀！不过，我有个小猴哥，嘿，数学别提有多棒了！我这就叫他来。"

八戒扯着脖子喊："酷酷猴！小猴哥！你快来，我有要紧事找你！"

没过多久，酷酷猴从树上跳了下来："八戒，什么事？是不是又遇到妖精了？"

"是妖精又是同类。"八戒说，"请你帮忙算一算，10只猪精要进行多少场淘汰赛才能决出冠军？"

"这个好办！"酷酷猴说，"我给你们画张图吧。"

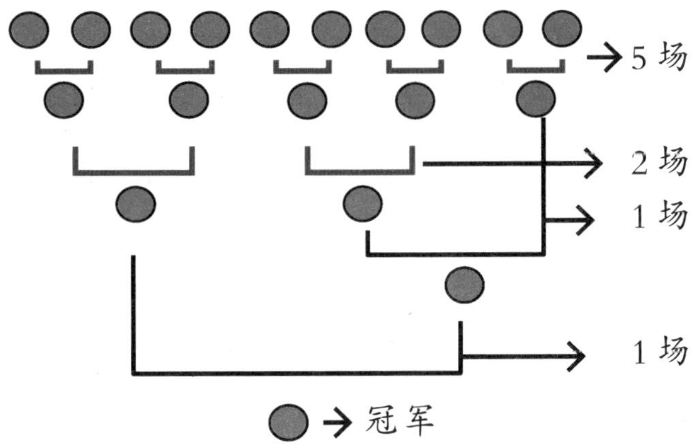

酷酷猴画完图说："看图你们就知道怎么比赛了，你们一共要比 5+2+1+1=9 场。"

"要进行 9 场比赛！吃上一顿兔子肉可真是不容易呀！如果是 100 只猪精，那要比赛多少场呢？照这样画图不得累死呀！"猪八戒挠着头说。

"还有更简单的计算方法，100 只猪精比赛 99 场。因为最后只有一只是冠军，要淘汰 99 只，所以要赛 99 场。"酷酷猴说。

"这个方法好，省脑子！以后我就能带着我的小猪崽儿们玩淘汰赛啦！哈哈！"

那边野猪精急得直跳脚，说：“你俩别聊了！快安排比赛吧，要不兔子都烤煳了。”

酷酷猴当指挥，猪八戒当裁判。猪精们个个拿出看家的本领参赛。经过9场激烈的比赛，野猪精夺得了冠军。

野猪精得知自己是冠军后，放下手中的兵器就直奔烤兔。站在烤兔旁的猪八戒看到野猪精跑过来，连忙一手抓起烤兔，一手拉着酷酷猴，撒腿就跑。

野猪精急红了眼，对猪精们喊：“猪八戒抢

走了烤兔，大家快追！”一边喊，一边带领猪精们追赶猪八戒。

酷酷猴解析

比赛的场次

淘汰赛是体育比赛中的一种。故事中的第一种解法是通过画图列举出每轮比赛的场数，最后求出总场数。第二种解法是逆向思考，因为要出现一名冠军，就要淘汰掉其他的选手。每淘汰一名选手就需要一场比赛，所以，比赛的场数比选手的人数少1。

酷酷猴考考你

15个队进行乒乓球淘汰赛，要比赛多少场才能比出冠军？

猪八戒的饭量

酷酷猴和猪八戒一起逃跑，八戒边跑边吃烤兔：“烤兔真香！你来一口。”

酷酷猴摇摇头：“我不吃。听人家说，你八戒功夫不错啊，怎么会打不过10只小小的猪精？”

八戒一脸苦相：“我肚里没食啊！你没听说‘猪是铁，饭是钢’吗？”

“不对！是‘人是铁，饭是钢’！你吃多少个馒头才能打败他们？”

“有馒头？我也吃不了多少个。这次我也和你卖个关子，我打败一只猪精需要吃▲●个馒头，打败5只猪精需要吃★●个馒头。如果要打败10只猪精，就要吃★●＋★▲＋★■个馒头了！

①▲ × ● ＝24　　　　②● × ■ ＝40

③★ × ■ =45　　　　④▲ × ■ =15

“我老猪费尽了猪脑子才编出这道题来考考你，如果你算不出来，那10只猪精就归你对付啦！哈哈——”

“这个好办！由①得1×24=24，2×12=24，3×8=24，4×6=24；由②得1×40=40，2×20=40，4×10=40，5×8=40；由④得1×15=15，3×5=15。在②和④中都有■，■可能是1或5。如果■是1，●就是40，▲就是15，①中▲和●的乘积就不能得出24了。所以，■=5，●=8，▲=3。再看③★ ×5=45，★=9。你打败10只猪精要吃98+93+95=286个馒头。吃这么多，真是世界头号大饭桶呀！”酷酷猴算完后，大吃一惊地说。

“才200多个，不多不多！这些馒头能给我很大的能量去战胜10只猪精呢！”猪八戒说道。

“说得有道理！八戒，你等着，我给你找馒头去！”说着，酷酷猴一晃，就没影了。

过了一会儿，酷酷猴赶着一辆驴车，拉来一

车馒头："车上是300个馒头，你敞开吃吧！"

八戒大嘴一咧，大拇指一竖："小猴哥，真是好兄弟！我就不客气了，吃！"

吭哧吭哧，转眼工夫，八戒把一车馒头都吃了。

八戒抹了抹嘴，打了一个饱嗝："300个馒头进肚，我要把10只小猪精打个屁滚尿流！小猪精快来受死！"

这时10只猪精也赶到了。

yě zhū jīng zhǐ zhe zhū bā jiè jiào dào huán wǒ men de kǎo tù
野猪精指着猪八戒叫道："还我们的烤兔！"

bā jiè pāi pai zì jǐ de dà dù zi hēi hēi kǎo tù zǎo jìn dào
八戒拍拍自己的大肚子："嘿嘿，烤兔早进到

wǒ de dù zi lǐ le nǐ dào wǒ dù zi lǐ qù qǔ ba
我的肚子里了，你到我肚子里去取吧。"

yě zhū jīng yì huī shǒu dì xiong men shàng zhī zhū jīng
野猪精一挥手："弟兄们，上！"10只猪精

bǎ bā jiè hé kù kù hóu tuán tuán wéi zhù
把八戒和酷酷猴团团围住。

酷酷猴解析

找关系解图形算式

故事中的图形算式，有三个图形在两个或三个算式中重复出现。解题最好从重复出现次数最多的图形入手，这样便于找到和利用算式之间的联系。先通过有序思考列举出每个算式所有可能的情况，然后通过算式之间的关系确定出现次数最多的图形代表的数，再求出其他图形表示的数。

酷酷猴考考你

在下面的算式中，每种图形各表示几？

▲×●=28　　●×■=35

■×★=30　　▲×■=20

速战速决

八戒高举左手，大声喝道："慢！你们凭借人多取胜，虽胜犹败呀！说出去，你们在咱们猪界可不好混哪！"

"你说怎么比？"野猪精带头问。

"要我说，你们一个一个和我单打独斗！"猪八戒答道。

"这不行！这样不公平！你个头儿那么大，我们一个一个和你打，肯定吃亏！"野猪精反驳道。

"你们分类上也可以。2只花猪精一起和我打，3只黑猪精一起和我打，4只白猪精一起和我打，至于你野猪精，个头儿也不小，还非常凶猛，你就自己和我打吧。我要把你们个个打败！"猪八戒说。

“这样打倒是可以。不过，你刚才把我们的烤兔抢走了，我们还饿着肚子呢！我们和你打完还要去找东西吃呢。你不要让我们等的时间太长，否则，我们还是要一起和你打！”野猪精说。

“这个好办！我让我的小猴哥帮助算算，按什么顺序打，让你们等的时间最短。”猪八戒说，“小猴哥，我打败2只花猪精要用5分钟，打败3只黑猪精要用10分钟，打败4只白猪精要用8分钟，打败1只野猪精要用15分钟。你帮我安排个顺序，让他们等候的总时间最短。”

酷酷猴马上答道：“你打的顺序是：2只花猪精、4只白猪精、3只黑猪精、1只野猪精。”

“我明白了，先打时间短的，最后打时间长的。花猪精，你们放马过来，吃我一耙！”猪八戒边说边举起钉耙向两只花猪精打去。

“住手！还没算我们一共要等多长时间呢！时间太长，我们可不干！”野猪精大声喝住了猪八戒。

“我来算！”酷酷猴说，“假设你们先打完的猪精要么被打死，要么被打败后立即逃跑找东西吃，这样，猪八戒第一轮和2只花猪精打时，你们10只猪精都要等5分钟；第二轮和4只白猪精打时，除去打完的2只花猪精外，剩下的8只猪精都要等8分钟；第三轮和3只黑猪精打时，剩下的4只猪精都要等10分钟；最后一轮和野猪精打时，只有1只野猪精要等15分钟。这样等候的总时间是5×10+8×8+10×4+15×1=169分钟。”

“等这么长时间，不用打我们就被饿死了！不行！”野猪精大声喊了起来。

“这是你们10只猪精等候的总时间，不是每只猪精都等这么长时间。”酷酷猴解释道。

“那我们每只猪精要等多长时间呢？”野猪精问。

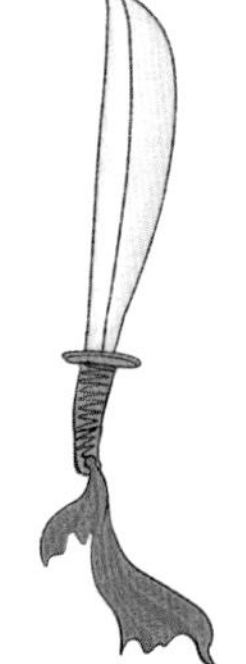

“这也不难，换种算法就行了。我列个式子看看。”酷酷猴说。

$$\underbrace{5}_{\text{花}}\times 2+(\underbrace{5+8}_{\text{白}})\times 4+(\underbrace{5+8+10}_{\text{黑}})\times 3+$$

$$(\underbrace{5+8+10+15}_{\text{野}})\times 1=169\text{分钟}$$

“每只花猪等5分钟，每只白猪等13分钟，每只黑猪等23分钟，每只野猪等38分钟。”酷酷猴说。

“闹了半天，我等的时间最长！”野猪精不满地喊了起来。

“别啰唆了！我手都痒痒了，开打吧！”猪八戒边喊边和2只花猪精打成了一团。5分钟不到，2只花猪精被猪八戒打得落荒而逃。

吃饱了的猪八戒越战越勇，又经过两轮激

战，4只白猪精和3只黑猪精也都成了猪八戒的手下败将，纷纷逃跑了。

“我来了，我和你拼了！”野猪精龇着獠牙，大喊着举起大刀朝猪八戒砍来。猪八戒闪身一躲，大喝一声：“野猪！吃爷爷的搂头盖顶！”一钉耙打死了野猪精。

酷酷猴笑着说：“吃饱的八戒确实厉害。打跑

了9只，打死了1个。”

八戒嘿嘿一笑：“小意思，对了，我要赶快走了，一会儿还要去赴宴。”

酷酷猴解析

最短等候时间

故事中的题目包括的问题有两个：一是怎样安排做事的顺序，可以使总等候时间最短。应该按做事时间从短到长的顺序来安排，这样总等候时间最短。二是怎样计算最短总等候时间。第一种方法是按做事的顺序计算总等候时间，即先算第一个人做事时大家的总等候时间，再算第二个人，依此类推；第二种方法是分别计算每个人的总等候时间，再相加。

酷酷猴考考你

小明、小红、小刚去办公室找老师，小红改错题需2分钟，小明找老师谈话需10分钟，小刚找老师问一个问题需5分钟。怎样安排顺序使三人的总等候时间最短？最短的总等候时间是多少？

八戒买西瓜

酷酷猴问猪八戒："谁请你吃饭？"

八戒乐呵呵地说："牛魔王！老牛！如果饭菜好，我会请你去的。拜拜！"八戒和酷酷猴挥手告别。

猪八戒腾云驾雾，只一会儿的工夫就来到牛魔王的住所芭蕉洞，牛魔王和铁扇公主在洞口迎接。

牛魔王问候说："哈，八戒老弟，近来可好？"

"好，好。牛兄、牛嫂都好！"猪八戒想赶紧吃饭，自己率先进了洞。

还没等坐下，八戒就问："今天请我吃什么？"

牛魔王知道猪八戒的饭量，忙说："全是好吃的，管饱！"

八戒搓着双手："可是我来得匆忙，什么礼物都没带，吃白饭不大好意思。"

牛魔王说："咱们兄弟还客气什么？这样吧，你嫂夫人喜欢吃西瓜，你帮助去买80个西瓜吧。"

听了牛魔王的话，铁扇公主站起来阻拦道："大王，此事不可！谁都知道八戒粗心大意，这80个西瓜让他运，回来不会剩几个好的。"

八戒有点儿不高兴："嫂夫人，你也太看不起八戒了！我敢写军令状，如果西瓜损坏严重，八戒情愿受罚！"

铁扇公主也寸步不让："好！咱们就写军令状！由牛魔王代劳。"

牛魔王很快就写出了军令状：

军令状

八戒去买西瓜80个，凡运回1个完整的西瓜，奖励猪肉馅儿包子1个。如果弄坏1个西瓜，不但不奖励猪肉馅儿包子，还要赔偿4个猪肉馅儿包子。

猪八戒

八戒看了军令状直摇头："我说老牛，把猪肉馅儿换成别的馅儿成不成？我不能自己吃自己呀！"

"好说，换成羊肉馅儿包子吧！"

八戒赶着一大队牛车，满载西瓜在山路上行进。八戒对牛吆喝："都给我拉得平稳点儿！谁不好好拉车，回去我改吃牛肉馅儿包子啦！"

一头牛央求道："猪八戒，千万别把我们宰了做牛肉馅儿！"

这头牛一紧张，车子一歪，几个西瓜滚了下

去，八戒赶紧去扶车。

八戒大叫：“我的西瓜呀！这是怎么说的？我说要出事来着！”

只听得“咕噜咕噜，啪……”，有几个西瓜摔碎了。

八戒心疼得直跺脚：“我说牛呀牛，你摔的不是西瓜，是羊肉馅儿包子！你靠边儿！我自己拉还稳当点儿。”于是，八戒亲自拉起了车。

这头牛不服气：“你自己拉？那摔的西瓜会更多，你回去恐怕要改吃猪肉馅儿包子啦！”

八戒一听大怒：“大胆！敢吃猪爷爷的肉！”他一挺身，咕噜咕噜，啪！啪！又有几个西瓜滚下了车摔坏了。

拉车的其他牛都笑了：“哈哈！他摔的更多！”

八戒愤愤地说：“你们等着，回去我再跟你们算账！”

拉西瓜的车队经历了千辛万苦，终于到了芭蕉洞洞口，八戒冲洞里喊：“牛哥，牛嫂，快来搬西瓜吧！”

牛魔王和铁扇公主迎了出来："嘿！八戒还真成，没把西瓜都摔了！"

八戒抹了一把头上的汗："嫂子给我数数，我摔了多少西瓜？我能吃到多少包子？"

"我来数！"铁扇公主认真数了一遍，"西瓜我数过了，我只能告诉你，你摔的西瓜个数乘8再减1，就是没摔的西瓜个数。但你必须自己算算摔了多少个西瓜。如果算不出来，不但一个包子都吃不上，其他的好吃的也吃不上了！"

“啊？！”八戒立刻傻眼了，噘着嘴说，“算不出摔破的西瓜数，不但吃不上肉包子，什么好吃的都没的吃了。哪有这样请客的！”

他没别的办法，只能找酷酷猴来帮忙。八戒又开始呼叫酷酷猴：“小猴哥快来呀！我这儿出事啦！”

酷酷猴果然又出现了。“八戒，出什么事啦？”

得知事情的来龙去脉后，酷酷猴安慰道，“别急，放心，一定能让你吃上所有好吃的！”

八戒一听，小猪眼发亮了，说：“谢谢小猴哥！你帮我算对了，我让牛魔王也请你吃好吃的！”

“我先画张图。”酷酷猴边说边画图，“用  代表你摔的西瓜，没摔的西瓜就是8份 −1。”

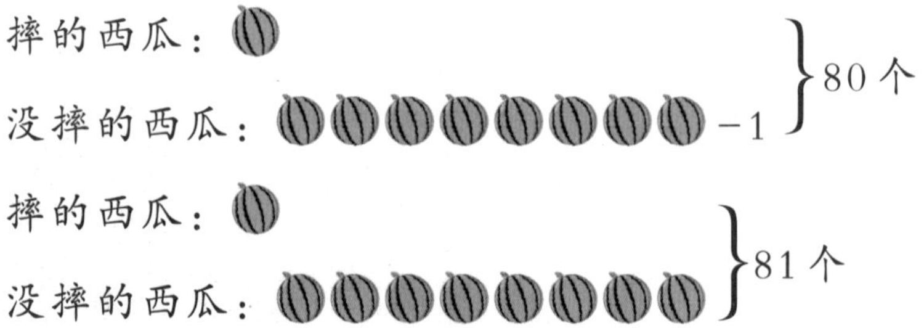

摔的西瓜：

没摔的西瓜： −1

} 80个

摔的西瓜：

没摔的西瓜：

} 81个

“如果把没摔的西瓜添上1个，没摔的西瓜就是8份，把这1个西瓜添上了以后，两种西瓜的和也多了1个，就是81个。81个里有9份，1份代表81÷9=9个西瓜。”酷酷猴画完图后接着说。

猪八戒激动地说：“我知道了。我才摔了9个西瓜，不多不多。有80−9=71个西瓜没摔，我能吃71−9×4=35个包子。这么点儿包子，哪能满足我的大胃口呀！小猴哥跟我走，找牛魔王要好吃的去！”

酷酷猴解析

画图解比较复杂的应用题

故事中的题目是较复杂的应用题。画图分析是比较好理解的方法。一般的方法是把原数用一个图形表示，把乘几得到的数用几个图形表示，乘几就用几个图形表示。如果是乘几减几，先添上少几的数，（两数的和+少几的数）÷图形总数=一个图形代表的数。

酷酷猴考考你

学校买来篮球和足球共18个，篮球个数乘2减3所得是足球的个数。篮球和足球各多少个？

妖王和妖后

牛魔王和铁扇公主宴请了猪八戒和酷酷猴。猪八戒张开大嘴，敞开肚皮，一阵猛吃。酒足饭饱之后，两人告别了牛魔王和铁扇公主。

一路上，猪八戒挺着大肚子，打着饱嗝，哼着小曲：“美味佳肴下了肚，生活就是美呀就是美！”

酷酷猴笑着对猪八戒说：“今天沾了八戒的光，吃了这么多好吃的。我先走一步了！”

猪八戒冲酷酷猴点点头，哼着小曲接着往前走，一路走一路唱：“包子进了肚，多呀多舒服！啦啦啦——”

土地神突然从地下钻了

出来，拦住八戒的去路：“猪大仙不可再往前走啦！”

“怎么回事？”八戒不解，“朗朗乾坤，平平大路，怎么不让往前走了？出事啦？”

“猪大仙有所不知，前面山上最近出了一个妖王和一个妖后，功夫十分了得，山上大小动物几乎被他俩吃光了！”

“呀！还有比我能吃的？不行！你带着我去会会他俩。”八戒拉起土地神就走。

土地神连连摆手：“去不得，去不得。小神可不敢去，危险哪！”

“有我八戒在，你怕什么？走！”八戒硬拉着土地神往前走。

土地神连连作揖：“猪大仙，饶了小神吧！”

八戒不听那一套，拉着土地神继续往前走，走着走着，隐约听到不远处传来了说话声，走近一看，是一个黑头发小孩和一个黄头发小孩在大声争论。

土地神立刻停住了脚步说：“这两个小孩就是妖王和妖后！你可要小心！”说完，就消失没影了。

“溜得真快！看把你吓的，两个小妖精有什么可怕的！”

八戒一边自言自语，一边挺着大肚子走上前问：“你们两个谁是妖王，谁是妖后？”

两个小孩停止争论，同时扭过头，黄头发小孩对八戒说：“你来得正好，你帮我们算算。我让同伴算算我们两天一共捉了多少只小猪精，可是同伴把第一个加数个位上的0看成了6，把第二个加数十位上的5看成了3，结果得63，正确的结果应该是多少？如果你算对了，我就告诉你我们谁是妖王，谁是妖后。”

猪八戒摸着光头，心里盘算着：这两个小妖精欺负到我们猪家族来了，我得好好收拾他们。还是求酷酷猴来帮忙吧。

想到这儿，八戒大喊：“小猴哥，快来呀！”

酷酷猴真是招之即来：“我刚走，怎么又叫我？”

“真是不好意思，可是没你不成呀！快帮我算算这道题的正确答案是多少。”猪八戒叽叽咕咕地把题说给了酷酷猴听。

“这题小意思！第一个加数个位上的0看成了6，多看了6，和也多了6，第二个加数十位上的5看成了3，少看了20，和也少了20。所以，正确的结果是63－6+20=77。”酷酷猴一口气把题解完了。

“小猴哥，你说得真快，可我还不太明白呢，怎么给两个小妖精讲呀？”猪八戒为难地说。

“这个好办，再换个解法。把正确的和错误的算式都列出来，解竖式谜就成了！”酷酷猴立即动笔列出了两个算式。

正确：

$$\begin{array}{r} \square\ 0 \\ +\ 5\ \square \\ \hline \square\ \square \end{array}$$

错误：

$$\begin{array}{r} \square\ 6 \\ +\ 3\ \square \\ \hline 6\ 3 \end{array}$$

“第一个加数十位上的数没错，第二个加数个位上的数没错，可以通过错误的算式，先求出第二个加数的个位数字是7，第一个加数的十位数字是2，正确的算式就是20+57=77。”

酷酷猴话音刚落，猪八戒就迫不及待地说：“这下我明白了！”

猪八戒冲着黄发小孩大喊：“我算出来了，你们两个两天一共抓了77只小猪精！快告诉我谁是妖王！”

“我就是！”黄发小孩大叫道。

“我今天要好好教训一下你这个小妖精，替那些可怜的小猪精报仇！”

bā jiè lūn qǐ dīng pá zhí bèn huáng fà xiǎo hái dǎ qù yāo wáng
八戒抡起钉耙直奔黄发小孩打去：“妖王，
cháng chang nǐ zhū yé ye dīng pá de lì hai hāi
尝尝你猪爷爷钉耙的厉害！嗨！”

huáng fà xiǎo hái chòng hēi fà xiǎo hái yí lè xī xī zán liǎ yǒu zhū
黄发小孩冲黑发小孩一乐：“嘻嘻！咱俩有猪
ròu chī le shuō wán huáng fà xiǎo hái hǎn le yì shēng qǐ tū
肉吃了。”说完，黄发小孩喊了一声：“起！”突
rán xuán zhuǎn zhe shēng qǐ yì gǔ jí qiáng de huáng sè xuàn fēng bǎ bā jiè juǎn
然旋转着升起一股极强的黄色旋风，把八戒卷
shàng le bàn kōng
上了半空。

bā jiè máng shuō hēi hēi nǐ yào bǎ wǒ nòng dào nǎ er qù
八戒忙说：“嘿，嘿，你要把我弄到哪儿去？”

huáng fēng juǎn zhe bā jiè wū de yì shēng fēi jìn yí gè shān dòng
黄风卷着八戒呜的一声飞进一个山洞。

wǒ gǎn jǐn qù bān jiù bīng kù kù hóu gāng xiǎng pǎo hēi fà
“我赶紧去搬救兵！”酷酷猴刚想跑，黑发
xiǎo hái shuǎi chū yì gēn cháng shéng
小孩甩出一根长绳：
xiǎo hóu zi nǎ lǐ
“小猴子，哪里
zǒu tā yòng
走！”他用
cháng shéng bǎ kù
长绳把酷
kù hóu kǔn le
酷猴捆了

gè jiē jie shī shī
个结结实实。

hēi fà xiǎo hái gāo xìng de shuō xiān chī zhū ròu zài hē hóu tāng
黑发小孩高兴地说："先吃猪肉，再喝猴汤！"

酷酷猴解析

改错题——加法算式

故事中的第一种方法是根据加法算式中加数与和的关系改错。加数增加或减少多少，和也减少或增加多少。第二种方法，是在错中找到不错的数，先求出不错的数是多少，再求出正确的结果。

酷酷猴考考你

小明在做一道加法题时，把第一个加数个位上的3看成了2，把第二个加数十位上的6看成了9，结果得128。正确的结果是多少？

猪八戒遇险

山洞内，大锅里哗哗地烧着水，猪八戒和酷酷猴分别被捆在两根木桩上。两个小孩喊了一声“变”，分别变成了一个黄发男妖和一个黑发女妖。

黄发男妖说：“我说夫人呀，咱们又有好吃的了。你赶紧熬猴汤炖猪肉，我累了一天，让我一个小时之内吃上美味大餐吧！”

黑发女妖面露难色地说：“老公呀！我不是不心疼你呀，可一个小时是无论如何都吃不上美味大餐的。熬猴汤要用40分钟，炖猪肉要先用2分钟时间切葱姜，再用20分钟时间剁猪肉，然后烧热油2分钟，最后炖猪肉35分钟。这些事一件件做完一共要用40+2+20+2+35=99分钟，早就过一个小时了！”

黄发男妖着急地说："必须想一个好办法。我快馋死也快饿死了！"

猪八戒小声地对酷酷猴说："这个可恶的男妖，看样子是要把咱俩炖了早点儿下肚。你说，他有办法在一个小时内吃上用咱俩的肉做的美味大餐吗？"

"办法当然有。他可以再烧上一口大锅，用来烧猪肉。这样，在熬猴汤的同时，他可以先用20分钟剁猪肉，然后用2分钟烧热油，在烧热油的同时切葱姜，最后炖猪肉用35分钟。这时，猴汤早熬好了。一共用20+2+35=57分钟。他能在一个小时内吃上美味大餐。"酷酷猴回答。

"天哪！不到一个小时，咱们就成了他们的美味大餐了！"猪八戒吓出了一身冷汗。

这时，只听黄发男妖气急败坏地说："反正我要马上吃

上美味大餐！我再烧上一口大锅，把他俩同时下锅！”

眼见危险临近，酷酷猴提醒猪八戒：“你还不叫你大师兄孙悟空！”

“对呀！你不提醒，我还真忘了！”八戒敞开喉咙叫，“大——师——兄——快来救命啊！”

黑发妖后催促：“大王，猪八戒呼叫孙大圣了，你还不快动手！”

“我这就动手！”黄发妖王刚举起刀子，孙悟空就从天而降。

孙悟空说：“来不及动手喽！俺老孙来也！”

黄发妖王大吃一惊：“啊？这孙猴子来得这么快！”

孙悟空使棒，黄发妖王使大刀，黑发妖后使软鞭，乒乒乓乓，三人战在了一起。

八戒在一旁提醒：“猴哥，妖王会刮黄旋风，可

lì hai la néng bǎ nǐ dài shàng bàn kōng
厉害啦，能把你带上半空。”

guǒ rán huáng fà yāo wáng dà hǎn yì shēng qǐ zhǐ tīng wū
果然，黄发妖王大喊一声：“起！”只听呜
de yì shēng yòu guā qǐ huáng sè xuàn fēng
的一声又刮起黄色旋风。

sūn wù kōng bìng bù huāng zhāng tā cóng shēn shàng bá xià yì bǎ hóu máo
孙悟空并不慌张，他从身上拔下一把猴毛，
xiàng kōng zhōng yì sǎ hóu máo dōu juǎn rù xuàn fēng zhōng zhè xiē hóu máo dào
向空中一撒，猴毛都卷入旋风中。这些猴毛到
le xuàn fēng lǐ biàn chéng wú shù gè xiǎo sūn wù kōng wéi zhù yāo wáng jiù dǎ
了旋风里变成无数个小孙悟空，围住妖王就打。

dǎ dǎ dǎ
“打！打！打！”

huáng fà yāo wáng huāng máng yìng zhàn āi yā zhè me duō sūn
黄发妖王慌忙应战："哎呀！这么多孙
wù kōng
悟空！"

yāo wáng bèi yí zhòng xiǎo sūn wù kōng dǎ luò zài dì dà jiào
妖王被一众小孙悟空打落在地，大叫：
yā wǒ wán le
"呀！我完了！"

kàn bàng sūn wù kōng zhào zhe yāo hòu yòu shì yí bàng
"看棒！"孙悟空照着妖后又是一棒。

yāo hòu cǎn jiào āi yō méi mìng la suí jí jiù bèi sūn
妖后惨叫："哎哟！没命啦！"随即，就被孙
wù kōng yí bàng dǎ sǐ le
悟空一棒打死了。

酷酷猴解析

合理安排时间

故事中的问题是合理安排时间的问题。在能完成所有任务的前提下，通过合理安排时间，使完成所有任务的总时间最短。如何做到时间最短呢？就是把能同时做的事情同时完成，这样就节省了时间。例如：用电饭煲煮饭的同时，可以洗菜、切菜、炒菜等。要根据生活实际灵活安排。

酷酷猴考考你

小飞起床后要做6件事情：叠被3分钟，刷牙洗脸4分钟，烧开水10分钟，冲牛奶1分钟，吃早饭8分钟，整理书包2分钟。请你帮他安排一下，用尽可能短的时间完成这些事。

荡平五虎精洞

通过猪八戒的介绍，酷酷猴认识了孙悟空。

酷酷猴一抱拳："久仰孙大圣的大名！"

悟空嘻嘻一笑："咱们都是猴子，一家人嘛，不要客气！"

突然，山风大作，地动山摇。

八戒大叫："不好！一股妖风刮来了！"

呜——一阵狂风过后，前面出现金色、银色、白色、黑色、花色五只虎精。

金虎精指着猪八戒说："我们五虎兄弟明天都要结婚，想炖一锅红烧猪肉吃，暂借你一用！"

八戒急了："都把我做成红烧肉了，那还是借吗？吃进肚子里还能还吗？"

金虎精两只虎眼一瞪："既然猪八戒不识好歹，弟兄们，上！"

五只虎精一齐扑了上来。

“你们五只大猫还反了不成？打！”孙悟空手执金箍棒，八戒抡起钉耙，酷酷猴赤手空拳和五虎战到了一起。

“杀——”“杀——”喊杀声不断。

天色已晚，金虎精下令收兵：“弟兄们，今天天色已晚，咱们先各自回洞休息，明日再战！”

众虎精答应：“是！”

八戒累得敞开衣服，躺在地上大口喘气：“这五只恶虎还真厉害！照这样打下去，明天我大概要成红烧肉了！”

孙悟空皱起眉头：“要想个办法才成！”

酷酷猴灵机一动：“我听他们说各自回洞，说明他们五虎不住在一起。咱们今天晚上一个一个消灭他们，来个各个击破！”

八戒翻了个身：“主意虽好，可是咱们不知道他们住在哪儿啊。”

孙悟空说：“这个好办！问问当地的土地神。

土地神快出来！”

吱的一声，土地神从地里钻了出来。

土地神赶紧向孙悟空行礼：“大圣来此，小神未曾远迎，还请恕罪！”

孙悟空命令：“快把五虎精的洞穴位置给我详细画出来！”

土地神不敢怠慢，立即画出了五虎精所住洞穴图。

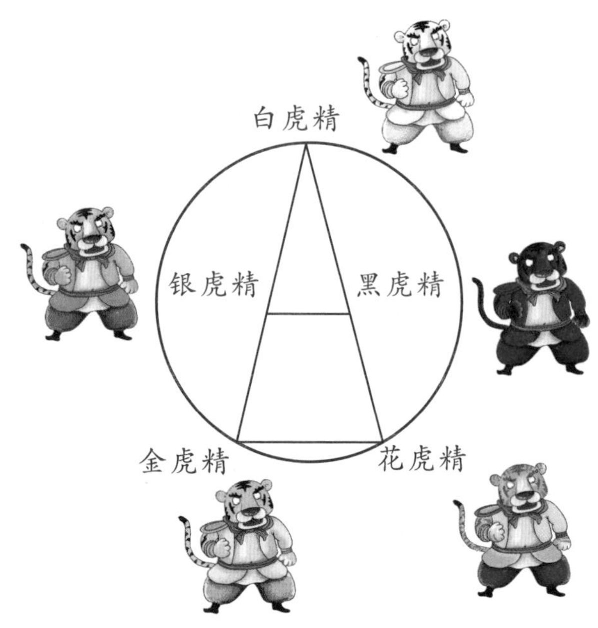

sūn wù kōng shuō wǒ men yí dìng yào chèn tiān hēi bǎ tā men xiāo miè diào
孙悟空说：“我们一定要趁天黑把他们消灭掉，
suǒ yǐ bù néng zǒu chóng fù lù wǒ men yīng gāi zǒu nǎ ge dòng xué ne
所以不能走重复路。我们应该走哪个洞穴呢？”

zhè jiàn shì ràng xiǎo hóu gē xiǎng bàn fǎ tā shù xué hǎo zhū
“这件事让小猴哥想办法！他数学好！”猪
bā jiè háo bù yóu yù de tuī jiàn kù kù hóu
八戒毫不犹豫地推荐酷酷猴。

wǒ xiān zǐ xì kàn kan zhè zhāng tú kù kù hóu biān shuō biān zài tú
“我先仔细看看这张图。”酷酷猴边说边在图
shàng biāo shù
上标数。

xiǎo hóu gē nǐ xiě de hé shì shén me yì si ya zhū
“小猴哥，你写的3和4是什么意思呀？”猪
bā jiè bù jiě de wèn
八戒不解地问。

wǔ hǔ de shān dòng zhèng hǎo shì tú xíng de gè jiāo chā diǎn wǒ
“五虎的山洞正好是图形的5个交叉点，我

在每个点标的数表示经过这个点，可以沿着图中的线往几个方向走。单数表示单数点，双数表示双数点。这张图中，银虎精和黑虎精的点都是单数点，其他虎精的点都是双数点。所以，我们可以从银虎精开始打，最后打黑虎精，也可以从黑虎精开始打，最后打到银虎精。这两种打法，都能保证把所有的虎精都打了，还不走重复的路。天黑前肯定打完！”

“好主意！我们开打吧！”孙悟空带头钻进银虎精的洞穴。银虎精呼噜呼噜睡得正香呢。

“死到临头还打呼噜？吃我一棒！”孙悟空举棒就打，一棒下去，银虎精一命呜呼了。

孙悟空又陆续解决了白虎精、金虎精和花虎精。

八戒不甘示弱：“猴哥解决了四只，这只黑虎精留给我吧！看耙！”猪八戒一耙把黑虎精也结果了。

八戒拍拍身上的土：“天还没亮，五只虎精全部报销！”

孙悟空一竖大拇指：“酷酷猴算得好！”

酷酷猴一竖大拇指：“孙大圣打得好！”

“哈哈……”

酷酷猴解析

有趣的一笔画

判断一个图形能不能一笔画成，首先看这个图形是不是连通图，如果是连通图，再看图中的每个点能沿着图上的线向几个方向走，能向几个方向走，就标上数几。数是单数，这个点就是单数点；数是双数，这个点就是双数点。只有两种情况能一笔画成：一种是这张图上所有的点都是双数点，从任意一个点起笔，再到这个点落笔；另一种情况是只有两个奇数点，其他的点都是偶数点，可以从一个奇数点起笔，到另一个奇数点落笔。故事中的题目是一笔画的知识在生活中的应用。

酷酷猴考考你

下面的图形能一笔画成吗？

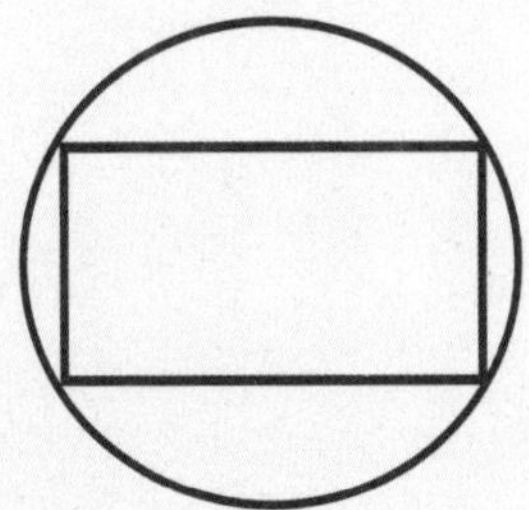

悟空戏数学猴

荡平五虎精洞后，孙悟空一抱拳：“我到前面山上找个朋友，马上就回来！”

八戒说：“大师兄快点儿回来啊！”

酷酷猴一回头，发现孙悟空不见了：“咦，孙悟空怎么不见了？”

猪八戒摆摆手：“猴哥？猴脾气，待不住！由他去吧！”

这时土地神赶着一大群羊走了过来。

八戒好奇地问：“真新鲜！怎么堂堂的土地爷改行放羊了？”

土地神尴尬地说：“孙大圣让我放羊，我不敢不放呀！”

八戒问：“你看见我大师兄了？他在哪儿？”

tǔ dì shén zhǐ zhe yáng qún shuō　sūn dà shèng jiù zài yáng qún lǐ
土地神指着羊群说："孙大圣就在羊群里。"

kù kù hóu shí fēn hào qí　á　sūn wù kōng biàn yáng le　nǎ zhī yáng shì sūn wù kōng
酷酷猴十分好奇："啊，孙悟空变羊了？哪只羊是孙悟空？"

yì qún yáng wéi zhù kù kù hóu　dōu shuō zì jǐ shì sūn wù kōng
一群羊围住酷酷猴，都说自己是孙悟空。

jiǎ yáng　miē　wǒ shì sūn wù kōng
甲羊："咩——我是孙悟空。"

yǐ yáng　miē　wǒ shì sūn wù kōng
乙羊："咩——我是孙悟空。"

kù kù hóu zuò sūn wù kōng zhuàng　zhào nǐ men zhè yàng shuō　wǒ hái shi sūn wù kōng ne
酷酷猴做孙悟空状："照你们这样说，我还是孙悟空呢！"

tǔ dì shén ràng yáng pái chéng yì pái　rán hòu huà le jǐ zhāng tú duì
土地神让羊排成一排，然后画了几张图对

酷酷猴说："下面圆的空格中数的和是几，孙悟空就是第几只羊。"

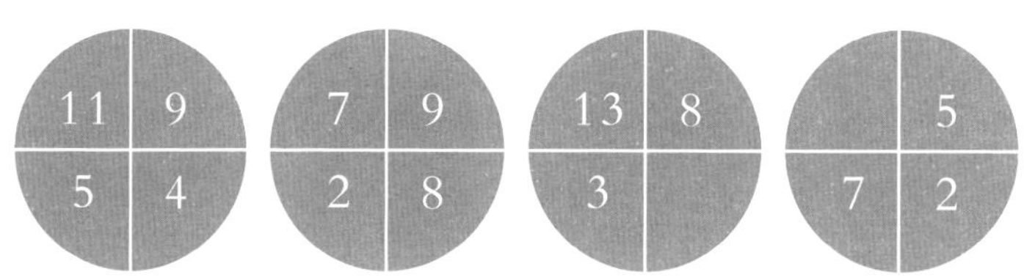

八戒笑了笑说："这是大师兄在考小师兄呀！我先来试试吧。咦，这张图应该怎么看呢？"

酷酷猴说："这样的图要从横、竖、斜各个方向观察，做加、减、乘、除的运算，直到找到规律为止。"

"知道了，我来试试看。横看，11+9=20，5+4=9，7+9=16，2+8=10，没规律。再做减法、乘法、除法，没规律。竖看、斜看，还是没规律。哎呀，没招了！"猪八戒累得直喘粗气。

酷酷猴说："你怎么没想到还可以做不同的运算呢？横看第一个圆，11+9=20，5×4=20；

第二个圆7+9=16，2×8=16。从这些可以看出，第一行两个数的和等于第二行两个数的积。”

“那我知道了。第三个圆：13+8=21，21÷3=7，空格填7。第四个圆：7×2=14，14－5=9，空格填9。7+9=16，第16只羊是大师兄！”猪八戒说。

“算对了！八戒变聪明了！”酷酷猴夸赞完猪八戒，走到16号羊跟前说，“现身吧，孙大圣！”

“哈哈！酷酷猴果然数学不错呀！”孙悟空翻了一个跟头，大笑着现了原形。

酷酷猴解析

找图形中数的规律

故事中的题目是根据图形中数的排列规律填数。这类题目要根据图形的特点进行观察，主要观察数字已填满的图形中数的规律。可以从横、纵、斜等不同的方向观察，进行加、减、乘、除等运算，较复杂的题目也可做综合运算探寻规律。

酷酷猴考考你

下图中的“？”处应填几？

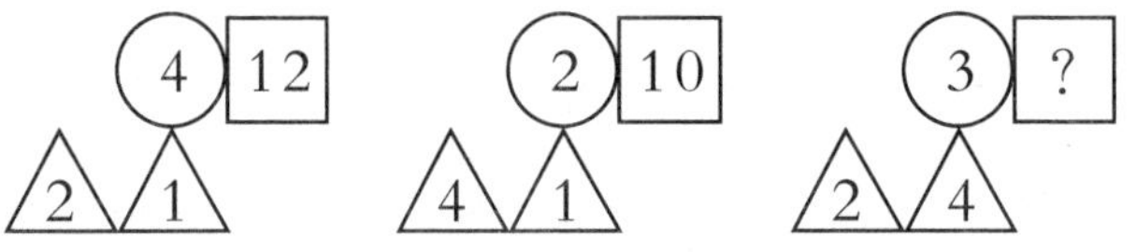

哪只小猴是大圣

孙悟空来了兴致，说：“光考你一个问题不能证明你数学好，我要再考考你！”

孙悟空又出了一个问题。他先画了一个3×3的格子，然后对酷酷猴说：“我拔下13根猴毛，加上我自己，一共变出14只形态各异的小猴。按规律排，我本来应该站在方格的右下角，但我偏站在3×3方格外边一排的6只小猴当中，你能把我找出来吗？”

说完，孙悟空拔下一撮猴毛，往空中一抛，喊了一声“变”，立刻变出了13只小猴。孙悟空一转身，变成了第14只小猴，和其他小猴混在了一起。

八戒为难地说：“这么多小猴，都长得差不

多，怎么找出大师兄？”

酷酷猴却不以为然：“要细心观察才能发现差异。你看，这些小猴手臂有向上、水平、向下三种，裙子有三角形、矩形、半圆形三种，脚有圆脚、方脚、平脚三种。”

“对！”

“你再看，方格中的8只小猴全都不一样，但是他们的排列是有规律的。从方格外边6只小猴中找出哪只小猴，放到空格中能符合他们的规律？”

八戒看了一会儿，高声说：“我看出规律啦！方格中每一行、每一列的3只小猴的手臂、裙子、脚都不一样！”

酷酷猴一竖大拇指：“八戒，真棒！你看把哪只小猴放到那儿合适呢？”

“从横向看，有手臂平伸的、有手臂向下的，有穿半圆形裙子的、有穿三角形裙子的，有方脚、有平脚，就缺一只手臂向上、穿矩形裙子、长着圆脚的小猴。纵向看也是如此。我认出来了，你就是孙悟空！”八戒走到6号小猴面前，把他揪了出来。

6号小猴一抹脸：“八戒真长本事啦！我就是你大师兄！”

酷酷猴解析

按规律填图

故事中的按规律填图题目的特点是：把图形分成若干部分观察，在每行每列中每部分都各出现一次，没有重复。

酷酷猴考考你

找规律，填出空格中的图形。

解救八戒

bā jiè yì mō dù zi wǒ è le qù nòng diǎn er chī de
八戒一摸肚子："我饿了，去弄点儿吃的！"
shuō wán biàn káng zhe dīng pá yáng cháng ér qù
说完便扛着钉耙扬长而去。

kù kù hóu dīng zhǔ bā jiè lù shàng xiǎo xīn yāo jing
酷酷猴叮嘱："八戒，路上小心妖精！"

guò le hǎo bàn tiān réng bú jiàn zhū bā jiè de yǐng er wù kōng yǒu
过了好半天，仍不见猪八戒的影儿，悟空有
diǎn er bú fàng xīn bā jiè gāi huí lái le ba
点儿不放心："八戒该回来了吧？"

hū rán kōng zhōng piāo piāo yōu yōu luò xià yì zhāng zhǐ tiáo lái
忽然，空中飘飘悠悠落下一张纸条来。

kù kù hóu shí qǐ zhǐ tiáo zhǐ jiàn shàng miàn xiě zhe
酷酷猴拾起纸条，只见上面写着：

猪八戒在我手上，要想找到他，把下面的算式改对。只能移动两根火柴棒，有三种改法，三种改法算式结果的和，就是找到猪八戒要走的千米数。限10分钟找到，否则就请你们吃猪肉馅儿饺子了。我的家在东面。

812+4+2=7

孙悟空大怒："何方妖孽敢用我师弟的肉包饺子吃，我要把他们打个稀巴烂！可是——我到哪里去找他们呢？"

酷酷猴不紧不慢地说："别急，我们把这两个火柴棒摆的算式改对就知道了！"

孙悟空看着纸条说："这个妖孽也够邪乎的，写个算式不用笔，竟然拿火柴棒摆。812+4+2=7，这错得也太离谱了吧，怎么改呢？"

酷酷猴说："容我想想。算式左边的数太大了，右边又太小了。要想办法把左边的数变小。有了，把812中2的下面一根移到1上就成了加号，这个算式变成了：

8+7+4+2=7

"这样就好办了，试着算算，8+7+4=19，19−2=17，把2前面的加号中竖放那根移到算式右边7的前面，算式就变成了8+7+4−2=17。"

8+7+4−2=17

孙悟空来了兴致："好玩儿，我也来试试！想出来了，把2前面加号中竖放着的火柴棒右移一点儿，移到2的前面，就变成了：

8+7+4−12=7

"哈！移对了！"

"孙大圣真棒！还有一种改法，容我好好想想。有了，还可以改成2+2−4+2=2！这下我们知道了，猪八戒就在往东17+7+2=26千米处。"

2+2−4+2=2

悟空马上腾云驾雾："酷酷猴，我带着你向东飞到26千米处，解救八戒去！"

到了地点，悟空问："为什么不见八戒的踪影？"正说话间，他看到一只野狗，心想：狗的鼻子特别灵，待我也变成野狗问问他。"变！"

悟空变成一只黑色的野狗，跑过去问："老兄，

nǐ wén dào zhū de qì wèi le ma
你闻到猪的气味了吗？”

yě gǒu diǎn dian tóu shuō dāng
野狗点点头说：“当
rán wén dào le cóng nà ge xiǎo dòng
然闻到了！从那个小洞
lǐ piāo chū lái zhū de chòu wèi hé huáng
里飘出来猪的臭味和黄
shǔ láng de sāo wèi
鼠狼的臊味！”

wù kōng máng duì kù kù hóu shuō
悟空忙对酷酷猴说：
bā jiè shì ràng huáng shǔ láng jīng gěi
“八戒是让黄鼠狼精给
zhuō dào dòng lǐ qù le wǒ jìn dòng kàn kan nǐ zài wài miàn rú cǐ zhè
捉到洞里去了，我进洞看看。你在外面如此这
bān
般……”

hǎo
“好！”

wù kōng yòu biàn chéng yì zhī xiǎo xī yì zuān jìn le xiǎo dòng lǐ jìn
悟空又变成一只小蜥蜴，钻进了小洞里。进
dòng hòu tā kàn jiàn zhū bā jiè bèi kǔn zài zhù zi shàng huáng shǔ láng jīng zhèng
洞后，他看见猪八戒被捆在柱子上，黄鼠狼精正
mó dāo huò huò ne
磨刀霍霍呢！

bā jiè duì huáng shǔ láng jīng shuō nǐ bié zuò měi mèng xiǎng chī wǒ de
八戒对黄鼠狼精说：“你别做美梦想吃我的
ròu děng yí huì er wǒ hóu gē lái le yí bàng zi jiù bǎ nǐ zá gè xī
肉，等一会儿我猴哥来了，一棒子就把你砸个稀
ba làn
巴烂！”

huáng shǔ láng jīng lěng xiào hēi hēi sūn wù kōng shì gè shù xué máng
黄鼠狼精冷笑：“嘿嘿，孙悟空是个数学盲，
tā suàn bu chū wǒ zài nǎ er
他算不出我在哪儿！”

八戒不服：“我还有个小猴哥酷酷猴，他数学就别提多棒了！”

黄鼠狼精不以为然：“你别吓唬我，一只小猴子能有我黄大仙聪明？”眼看刀磨得差不多了，他说，“你的两个猴哥都不来救你，我可饿极了。我先把你切成小块，然后再剁成肉馅儿慢慢吃！”黄鼠狼精正要动手，悟空现了形：“八戒别慌，我孙悟空来了！”

八戒见到了救星，大喊道：“猴哥快来救我！”

黄鼠狼精大吃一惊：“啊，孙悟空真来了！让你尝尝我的最新式武器！”黄鼠狼精冲悟空放了一个屁，噗——

八戒大叫一声：“哇——臭死啦！”

黄鼠狼精趁机从小洞钻出，正好被等候在此的酷酷猴按住了脖子：“黄鼠狼精，

nǐ wǎng nǎ lǐ táo
你往哪里逃？”

huáng shǔ láng jīng jué wàng le āi hái yǒu fú bīng wán le
黄鼠狼精绝望了：“唉，还有伏兵！完了！”

酷酷猴解析

火柴棒游戏

火柴棒游戏一般通过移动、添加或减少若干火柴棒，把不正确的算式改正确。改动之前，要认真观察算式左右两侧，比较大小，通过逐步调整，使左右结果相等。火柴棒游戏的解题方法很灵活，而且很多时候有多种解法，需要具体题目具体分析解决。

酷酷猴考考你

添加或去掉1根火柴棒，使算式成立。

15+17=22

魔王的宴会

悟空救出了八戒，和酷酷猴三人正往前走着，突然刮来一股狂风，风中带有许多碎石。

八戒倒吸一口凉气：“哎呀！飞沙走石，怎么回事？”

只见呼啦啦一群山羊、野兔、牛顺着风狂奔而来。

八戒忙问：“你们跑什么？出什么事啦？”

一只山羊告诉八戒：“熊魔王要宴请虎魔王、狼魔王、豹魔王……一大堆魔王。我们都要被这些魔王吃了，你长得这么肥，还不快逃？”

悟空问一头奔跑的老牛：“老牛，你知道熊魔王要宴请多少魔王吗？”

老牛回头一指：“洞口贴着告示，你自己去

kàn ba
看吧。”

wù kōng gēn ba jiè shuō zán men kàn kan gào shi qù
悟空跟八戒说：“咱们看看告示去。”

lái dào dòng kǒu wù kōng yì biān kàn yì biān yáo tóu zhè shàng miàn
来到洞口，悟空一边看一边摇头：“这上面

xiě de shì shén me ya wǒ zěn me kàn bu dǒng a
写的是什么呀，我怎么看不懂啊？”

zhǐ jiàn gào shi shàng xiě zhe
只见告示上写着：

> 山里的所有动物：
>
> 我熊魔王邀请各方魔王来赴宴，而你们都是做菜的原料，所以我们要吃谁，谁就赶紧自觉地来，直到我们吃饱、吃好为止。这次我请来的魔王个数是这样的：爱吃小动物的有58位，爱吃大动物的有79位，两种动物都爱吃的有36位。

“猴哥，我们不能眼看着这些大小动物被害呀。可这些魔王也太多了吧！58+79+36=173个，我和你恐怕不是他们的对手呀！”猪八戒不无担心地对孙悟空说。

“没有那么多，你算错了！”酷酷猴反驳道。

“算错了？不会吧？我再算算……还是那么多呀！”猪八戒拍着大肚皮说。

“不是计算错了，而是你被魔王出的题绕进去了！”酷酷猴着急地说。

“那你说来听听！”猪八戒饶有兴趣。

“画张图你就明白了！”酷酷猴画起了图。

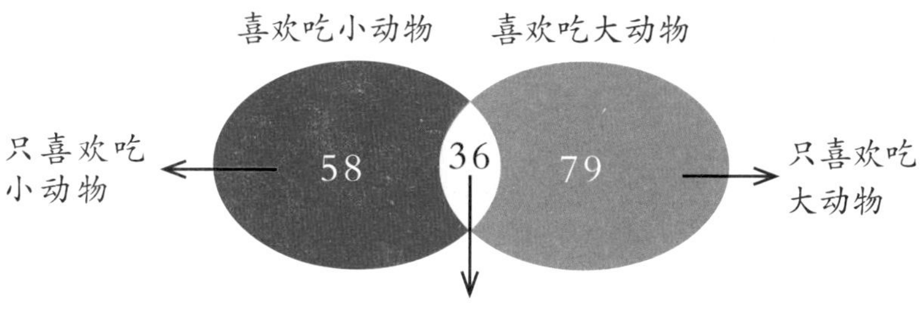

“红色的圈代表喜欢吃小动物的魔王，绿色的圈代表喜欢吃大动物的魔王，而两个圆圈中间交叉的部分是既喜欢吃小动物又喜欢吃大动物的魔王，这部分魔王既在红圈里数了一次，又在绿圈里数了一次，总共数了两次，所以，求魔王总数时要去掉一次。58+79−36=101，一共有101个魔王。”酷酷猴说。

“我的妈呀！猪八戒一下多算了72个魔王！我发现，魔王是由只喜欢吃小动物的，既喜欢吃小动物又喜欢吃大动物的和只喜欢吃大动物的三部分组成的。只喜欢吃小动物的有58−36=22个，只喜欢吃大动物的有79−36=43个，一共有22+43+36=101个魔王。”孙悟空说。

“孙大圣果然聪明，虽然计算麻烦点儿，但思路很好呀，佩服佩服！”酷酷猴夸赞孙悟空道。

孙悟空着急地说：“我们要赶紧把这些魔王消灭。我来分配任务，101个魔王，猪八戒消灭25个，酷酷猴消灭1个，剩下的都归我！”

猪八戒不服气地说：“小猴哥才消灭1个，我要消灭25个，太不公平了吧！”

“你才消灭25个，我要消灭75个呢，比你多多了！快杀进去吧！”孙悟空带头冲进了山洞。

“杀——”猪八戒和酷酷猴跟了进去。

洞里杀得昏天黑地。

战斗结束了，酷酷猴清点被消灭的魔王：“熊魔王一共请来了100个魔王，加上他自己一共是101个。我消灭1个，悟空和八戒各消灭50个！”

八戒一捂脑袋：“哇！我和孙猴子消灭的魔王一样多！我又亏了！

酷酷猴解析

重叠问题

重叠问题的特点是：两部分或多部分数量在计数时有共同拥有的部分。故事中的第一种解法是常用的方法，即从两部分数量的总和中去掉多出的重叠部分，就是实际的总数。第二种解法是把总数分成没有重叠的三个部分，先求出各部分的数量，再求出总数。

酷酷猴考考你

二（1）班同学报名参加舞蹈和歌唱两项比赛，每人至少参加一项。有27人参加舞蹈比赛，有30人参加歌唱比赛，两项都参加的有10人。二（1）班有多少人？

捉拿羚羊怪

悟空、酷酷猴和八戒边走边聊天。

悟空深有感触地说："我要拜酷酷猴为师，学习数学。"

八戒也说："我也学！"

酷酷猴谦虚地说："咱们互相学习。"

突然，一阵狂风刮来，遮天蔽日，伸手不见五指。

悟空警告："一股妖风！要多加注意！"

八戒捂着眼睛说："我什么也看不见了！"

狂风过后，他们发现酷酷猴不见了。

八戒着急了："猴哥，酷酷猴不见了！"

"看来他是被妖孽抓去了！"

八戒不明白："妖精抓他干什么？吃？他身

shàng lián diǎn er ròu dōu méi yǒu yào chī jiù zhuā wǒ chī ya
上连点儿肉都没有！要吃就抓我吃呀！”

hái shi bǎ tǔ dì shén huàn lái wèn wen tǔ dì shén
“还是把土地神唤来问问，土地神！”

tǔ dì shén cóng dì xià zuān chū lái dà shèng huàn xiǎo shén yǒu hé fēn fù
土地神从地下钻出来：“大圣唤小神有何吩咐?”

gāng cái yì gǔ yāo fēng wéi hé guài suǒ shī
“刚才一股妖风，为何怪所施？”

huí bǐng dà shèng cǐ nǎi líng yáng guài suǒ shī de yāo fǎ
“回禀大圣，此乃羚羊怪所施的妖法。”

wù kōng shuō tā zhuā zǒu le wǒ de rén kuài dài wǒ qù zhǎo líng yáng guài
悟空说：“他抓走了我的人。快带我去找羚羊怪！”

tǔ dì shén dài zhe wù kōng hé bā jiè lái dào yí gè shān dòng qián shān dòng de dà mén jǐn bì mén shàng huà yǒu yí gè tú xíng
土地神带着悟空和八戒来到一个山洞前。山洞的大门紧闭，门上画有一个图形。

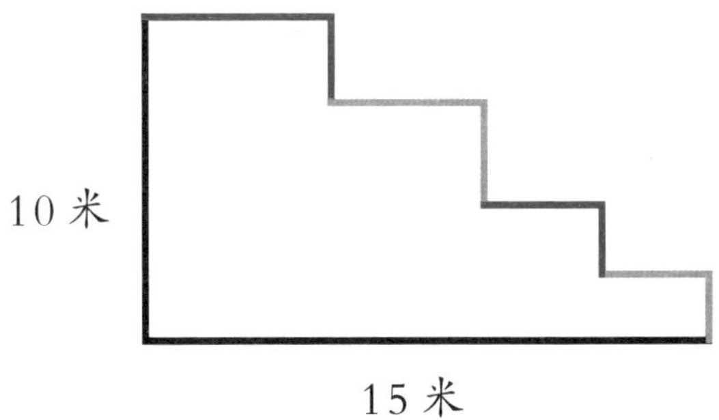

tǔ dì shén shuō líng yáng guài jiù zhù zài zhè ge shān dòng lǐ
土地神说：“羚羊怪就住在这个山洞里。”

sūn wù kōng shuō zhè shì gè shén me qí guài de tú zěn me dǎ kāi dòng mén ne
孙悟空说：“这是个什么奇怪的图？怎么打开洞门呢？”

土地神回答："这是羚羊怪出的一道考题，进山洞要走图右面的红绿色台阶，羚羊怪想在台阶上铺满地毯，进洞者必须算出铺地毯的总长度，算对了，洞门自动打开。"

猪八戒听完瘫坐在地上："这下完了！原来可以找酷酷猴算，可现在找谁算呀？"

孙悟空说："我们自己试着算算！要知道总长度，就要知道每小段的长度。"

"对了，我有尺子，我们拿尺子一段一段量吧。3分米，2分米，1分米……"猪八戒量得很认真。

"不对！这张图是示意图，不是实际的长度。你别看图上标着10米、15米是实际长度，可图上有那么长吗？"孙悟空提醒猪八戒。

猪八戒说："看来咱俩是没招儿了，还是问问酷酷猴吧！"

"待我化成小飞虫，飞进洞里，问问酷酷猴。变！"悟空化作小飞虫，从门缝钻进了洞里。

八戒十分羡慕："我咋没有这种化成小飞虫的本事？"

洞里，羚羊怪正和酷酷猴谈话。

羚羊怪阴阳怪气地说："听说你的数学特别好，你教会我数学，我的本事可就比孙悟空大了！"

酷酷猴态度十分坚决："你学会数学是为了对付孙悟空，我不教！"

羚羊怪用他巨大的角死死地顶住酷酷猴的前胸："如果你不教我数学，我就用角顶死你！"

"你学数学的目的不纯，顶死我也不教！"

羚羊怪见硬逼不成，于是气哼哼地走到一边去另想办法了。

孙悟空变成的小飞虫飞到了酷酷猴的耳朵上，悄悄地说："酷酷猴不要害怕，我是孙悟空，快告诉我，这张图上红绿色部分的长度怎么求？"

孙悟空变的小飞虫立即变出一张纸，纸上画着洞门上的图，在

酷酷猴面前一闪，就不见了。

酷酷猴小声说：“把横线下移，把竖线左移。”

“我知道该怎么办了！”孙悟空边说边画起了图。

“酷酷猴，我这就回来救你！”小飞虫飞到洞外。

酷酷猴叮嘱：“快点儿！”

羚羊怪十分奇怪：“你在和谁说话呢？”

酷酷猴把头一扬：“我自言自语！”

悟空飞到洞外现出原身，和八戒会合。

看着孙悟空画的图，猪八戒立即大声说：“我会算了，所有横短线的总长度和15米一样长，所有竖短线的总长度和10米一样长，铺地毯的总长度是15+10=25米。”

八戒刚说完，山洞的大门就自动打开了。

“乖乖，我刚说完，门就自动打开了！”

悟空一挥手：“快进洞救酷酷猴！”

悟空和八戒双战羚羊怪，一阵激烈的战斗过后，悟空抓住羚羊怪就要打，酷酷猴在一旁求情：“慢！羚羊怪只是想学数学，没有害人之意，就饶了他吧。”

酷酷猴解析

平移比较求长度

故事中的解题方法是通过平移，找到未知长度线段与已知长度线段的关系，通过比较，求出未知线段的长度。平移时，要通过观察，对未知线段进行分类，找到合适的比较标准。例如：故事中的解法是把所有横向的线段分为一类，与已知的横向线段比较；把所有竖向的线段分为一类，与已知的竖向线段进行比较。

酷酷猴考考你

求下图中红色线段的总长度。

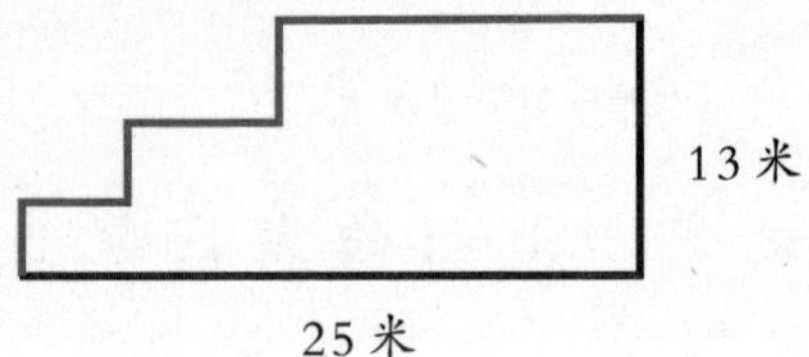

重回花果山

wù kōng tū rán shuō dào xiàn shí yāo niè héng xíng wǒ yào huí lǎo
悟空突然说道："现时妖孽横行，我要回老
jiā huā guǒ shān qù kàn kan wǒ de hóu zǐ hóu sūn shì fǒu píng ān
家花果山去，看看我的猴子猴孙是否平安。"

tīng shuō qù huā guǒ shān bā jiè hé kù kù hóu zhēng xiān kǒng hòu de
听说去花果山，八戒和酷酷猴争先恐后地
shuō wǒ yě qù
说："我也去！"

sūn wù kōng yì huī shǒu zán men dōu qù sūn wù kōng dài zhe
孙悟空一挥手："咱们都去！"孙悟空带着
bā jiè kù kù hóu yì qǐ huí dào le lǎo jiā huā guǒ shān shuǐ lián dòng
八戒、酷酷猴一起回到了老家花果山水帘洞。

lái dào huā guǒ shān zhǐ jiàn shān shàng huā cǎo quán wú lín shù jiāo
来到花果山，只见山上花草全无，林树焦
kū shān fēng yán shí dǎo tā wù kōng jiàn cǐ qíng jǐng bù jīn dào xī le
枯，山峰岩石倒塌。悟空见此情景，不禁倒吸了
yì kǒu liáng qì zhè shì zěn me la
一口凉气，这是怎么啦？

huā guǒ shān de hóu zi tīng shuō sūn dà shèng huí lái le qīng cháo ér
花果山的猴子听说孙大圣回来了，倾巢而
chū dōu lái yíng jiē gè zhǒng xiān guǒ měi jiǔ bǎi le shàng lái
出，都来迎接，各种鲜果美酒摆了上来。

huí dào jiā wù kōng gǎn kǎi wàn qiān wǒ yǒu yí duàn shí jiān méi
回到家，悟空感慨万千："我有一段时间没
huí jiā le nǐ men kě hǎo a
回家了，你们可好啊？"

众猴你看看我，我看看你，一片沉默……

孙悟空双目圆瞪："怎么，出事啦？是谁敢来欺负你们？"

众猴齐声回答："是群狼！"

孙悟空想了一下说："我一定要找他们算账！除此之外，你们也要练一些防敌的本领。下面我来操练你们，老猴们听令！"

下面站出一群老猴："得令！"

"一、二、三……"猪八戒开始一只一只地数有多少只老猴。

"慢！"一只老猴阻止了猪八戒，"我们听说这次大王带回来一位数学高手叫酷酷猴，我们很想见识一下他的本领，特出

一题考考他。请看题！”

（1，3，5），（2，6，10），（3，9，15），（4，12，20）……

“这些数组是按一定规律排列的，第九组三个数的和就是我们老猴的总数。酷酷猴能算出来吗？”

“小猴哥数学超棒，肯定能算出来！”猪八戒举起钉耙说。

“让我好好观察一下。有了！每个数组中的第一个数是1的乘法口诀中的数，分别是1、2、3、4……，第九组是9。每个数组中的第二个数是3的口诀中的数，分别是3、6、9、12……，第几组就是3乘几，第九组就是3×9=27。每个数组中的第三个数都是5的口诀中的数，第几组就是5乘几，第九组就是5×9=45。所以第九个数组是（9，27，45），它们的和是9+27+45=81。不过，还有个方法，把每个数组的和算出来，分别是9、

18、27、36……，从第二个数组开始，第几组的和就是用第一组的和乘几。第九组就是9×9=81，无论怎么算，都是81只老猴。”

酷酷猴一口气算完，老猴们个个听得目瞪口呆，异口同声地说：“果然名不虚传，数学就是棒呀！”

孙悟空大吃一惊："想当年我离开花果山时，有四万七千只猴子，现在老猴剩得不多了，伤心哪！你们这些老猴以后要多跟酷酷猴学数学，做到既会打仗又会算题，要文武双全，更好地保护自己嘛！现在，由酷酷猴操练你们。"

酷酷猴爽快地答应："没问题！老猴们听我的口令！"

操练开始，老猴们按照酷酷猴的口令，做着各种动作。

酷酷猴喊："一、二、三，杀！""一、二、三，挠！""一、二、三，咬！"

酷酷猴解析

按数组排列的规律填数

故事中的第一种解法，是把每个数组中的第一个元素抽出来，组成一个数列，第二个、第三个元素也分别抽出来，组成数列，再根据每个数列的排列规律，写出问题要求的数组中的数。第二种方法是因为问题要求的是数组的和，所以，分别求出每个数组的和，将这些和组成数列，根据数列排列的规律，写出问题所要求的和。

酷酷猴考考你

写出下列数组中第8个数组中3个数的和。

(2，5，7)，(4，10，14)，(6，15，21)，(8，20，28)……

排兵布阵

sūn wù kōng hé kù kù hóu xùn liàn lǎo hóu men zhèng dài jìn er tū rán
孙悟空和酷酷猴训练老猴们正带劲儿，突然
yì zhī xiǎo hóu lái bào bào gào sūn yé ye yì qún è láng yòu lái xí
一只小猴来报：“报告孙爷爷，一群恶狼又来袭
jī wǒ men
击我们！”

wù kōng jiù dì lái le gè kōng fān lái de zhèng hǎo wǒ men xiàn
悟空就地来了个空翻：“来得正好！我们现
zài yào shāng liang yí xià rú hé pái bīng bù zhèn yíng zhàn
在要商量一下如何排兵布阵迎战。”

zhū bā jiè shuō hái pái shén me bīng bù shén me zhèn ya nà
猪八戒说：“还排什么兵、布什么阵呀，那
duō fèi nǎo zi gān cuì zán men jiù yì yōng ér shàng luàn dǎ yí tòng
多费脑子！干脆，咱们就一拥而上，乱打一通
ba yǐ wǒ hé dà shī xiōng de běn shi zhǔn néng bǎ zhè qún láng dǎ de pì
吧，以我和大师兄的本事，准能把这群狼打得屁
gǔn niào liú
滚尿流！”

sūn wù kōng shuō wǒ men hái shi bú yào qīng dí láng qún fā qǐ
孙悟空说：“我们还是不要轻敌，狼群发起
qún gōng shì fēi cháng nán duì fu de wǒ hé yì xiǎo qún láng guò le guò zhāo
群攻是非常难对付的，我和一小群狼过了过招
er fèi le hǎo dà de jìn cái bǎ tā men dǎ pǎo
儿，费了好大的劲才把他们打跑！”

kù kù hóu dā qiāng dào sūn dà shèng suǒ yán jí shì dǎ zhàng
酷酷猴搭腔道：“孙大圣所言极是。打仗

还是要讲究战术的。狼群擅长群体攻击，要想对付他们，我们必须好好排兵布阵，保证战胜狼群。”

“你说得倒轻松，我们怎么安排这些猴子呢？”猪八戒问。

酷酷猴说：“孙大圣，你赶紧派只猴子去观察群狼是怎么进攻的！”

没过一会儿，派去观察的猴子回来报告：“狼群是从东、西、南、北四个方向围攻我们的。”

“这好办！群狼既然是从四个方向包围我们，我们就让老猴和青壮年猴分别站成两个正方形，老猴战老狼，壮年猴战壮年狼。”酷酷猴说。

“我同意酷酷猴的方法！不过，81只老猴能围成一个正方形吗？每边站多少只老猴呢？”孙悟空说。

“81只老猴不能围成每边个数相等的正方形。要想围成每边个数相等的正方形，可以让一只老猴在队前举旗，剩下的80只老猴就可以围成正方形了。”酷酷猴说。

“那每边站多少只老猴呢？”孙悟空问。

“这还不好算？80÷4=20，每边20只猴！”猪八戒抢先回答。

“不对！每边21只猴！正方形四个顶点上的猴属于两条边，要数两次。所以，用80÷4+1=21只，或者，80+4=84，84÷4=21只。不明白的话请看图！”酷酷猴说。

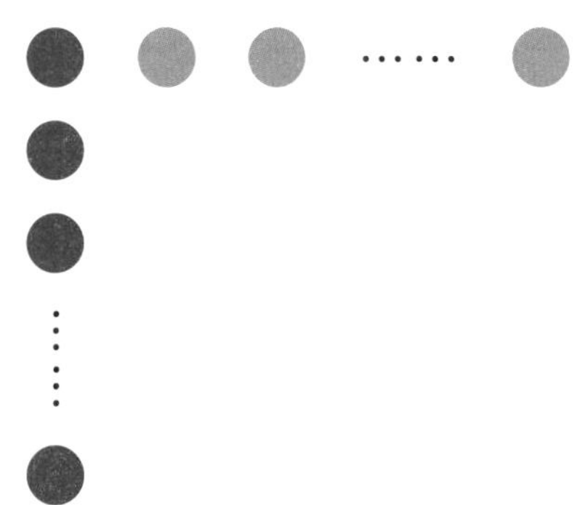

“我看明白了！顶点上的红色圆代表的老猴在横边和竖边各数了一次。”猪八戒恍然大悟地说。

“我们赶紧出战吧！猪八戒带领老猴，我带领青壮年猴，迎战群狼！”孙悟空发令道。

“让我带老猴，真是太看不起我了！老猴们，出发！”猪八戒一边抱怨一边举着钉耙率领老猴们向山下冲去。

青壮年猴子看到狼群分外眼红，个个奋勇杀敌：“杀！挠！咬！”

孙悟空一马当先杀了出来：“恶狼拿命来！”

群狼见孙悟空来了，惊恐万状，立刻跪在地上投降：“我的妈呀！孙大圣回来了，我们投降！”

悟空往下一指：“你们给我滚出花果山1000千米，永

shì bù dé huí lái
世不得回来！”

shì qún láng jiā zhe wěi ba láng bèi táo cuàn
“是！”群狼夹着尾巴狼狈逃窜。

酷酷猴解析

计算正方形每边的人数

故事中的题目是知道正方形一圈的人数，求每边的人数。在正方形每个顶点都站人，每边人数都相等的前提下，第一种方法是：一圈人数 ÷4+1=每边人数，第二种方法是（一圈人数 +4）÷4=每边人数。

酷酷猴考考你

40名同学要围坐成一个正方形的队形，每个顶点都站人，每边有多少名同学？

智斗神犬

群猴刚要庆祝胜利，突然一名小猴急匆匆来报：“报告孙爷爷，大事不好！群狼在一只瘦狗的带领下又杀回来了！还抓了我们七只猴子兄弟。”

悟空大惊：“啊？竟有这事？”

放眼望去，只见二郎神的神犬带着群狼杀了回来，神犬很瘦，在群狼中显得很弱小。

悟空冷冷地说：“我当是谁呢，原来是二郎神的神犬。”

神犬汪汪叫了两声：“大圣，好久未见，近来可好？”

“听说你抓了我的七只小猴，我和恶狼的事，你管得着吗？”

“不错，我是抓了七只小猴子。狼和狗是同

zōng láng de shì wǒ bù néng bù guǎn na
宗，狼的事我不能不管哪！”

shén quǎn yì shēng lìng xià bǎ xiǎo hóu zi dài shàng lái qī zhī
神犬一声令下：“把小猴子带上来！”七只
xiǎo hóu bèi dài shàng lái měi zhī xiǎo hóu de bó zi shàng dōu tào zhe yí gè
小猴被带上来，每只小猴的脖子上都套着一个
dà tiě huán tiě huán chuàn lián zài yì qǐ
大铁环，铁环串联在一起。

shén quǎn zhǐ zhe sūn wù kōng jiào dào nǐ yí dìng xiǎng yào jiù chū zhè
神犬指着孙悟空叫道：“你一定想要救出这
xiē xiǎo hóu zi ba zán men xiān wǔ dòu zài zhì dòu xiān jiào liàng liǎng gè
些小猴子吧？咱们先武斗，再智斗。先较量两个
huí hé rú guǒ nǐ men dōu yíng le wǒ men jiù chū gè wèn tí kǎo kao nǐ
回合，如果你们都赢了，我们就出个问题考考你
men rú guǒ dá duì le wǒ men jiù fàng le zhè qī zhī xiǎo hóu
们，如果答对了，我们就放了这七只小猴！”

sūn wù kōng shuō yì yán wéi dìng kāi shǐ ba
孙悟空说：“一言为定！开始吧！”

kù kù hóu shēng qì de shuō dōu tào zài yì qǐ le yě tài cán
酷酷猴生气地说：“都套在一起了，也太残
rěn le
忍了！”

shén quǎn yì shēng kuáng fèi è láng zhèn zhōng cuān chū le yì zhī è
神犬一声狂吠，恶狼阵中蹿出了一只恶
láng ér zhè biān chū zhàn de shì bā jiè
狼，而这边出战的是八戒。

è láng xiōng hěn de shuō wǒ xiǎng chī féi zhū ròu áo
恶狼凶狠地说：“我想吃肥猪肉！嗷——”

bā jiè yǎo zhe yá gēn er wǒ xiǎng chuān láng pí ǎo shā
八戒咬着牙根儿：“我想穿狼皮袄！杀！”

méi zhàn jǐ gè huí hé bā jiè yì pá dǎ zài láng de dù zi shàng
没战几个回合，八戒一耙打在狼的肚子上：
chī wǒ yì pá láng cǎn jiào yì shēng jiù sǐ le
“吃我一耙！”狼惨叫一声就死了。

sūn wù kōng shuō dì yī gè huí hé wǒ men shèng le
孙悟空说：“第一个回合我们胜了！”

shén quǎn yòu jiào yì shēng sān zhī è láng tóng shí cuān chū dì èr
神犬又叫一声，三只恶狼同时蹿出：“第二
gè huí hé kàn wǒ men de
个回合看我们的！”

wù kōng yíng zhàn lái de hǎo
悟空迎战：“来得好！”

wù kōng zhǐ yòng jīn gū bàng cháo sān zhī è láng yì tǒng jiù bǎ tā men
悟空只用金箍棒朝三只恶狼一捅，就把他们
chuān zài le yì qǐ zhè cì lái gè táng hú lu ba xī xī
穿在了一起：“这次来个糖葫芦吧！嘻嘻……”

shén quǎn dào xī le yì kǒu liáng qì sūn dà shèng guǒ rán lì hai
神犬倒吸了一口凉气：“孙大圣果然厉害！
dì èr huí hé wǒ men shū le
第二回合我们输了！”

sūn wù kōng shuō dòu wǔ jié shù gāi dòu zhì le nǐ men chū
孙悟空说：“斗武结束，该斗智了，你们出
tí ba
题吧！”

神犬说："这七个连在一起的铁环，每个环的宽度都是5厘米，长度是30厘米。问题是：连在一起的七个环拉直后的长度是多少？"

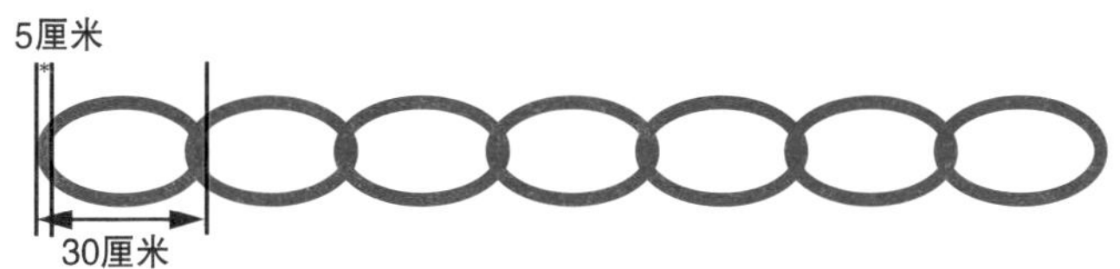

"这还不简单，长度不就是30×7=210厘米吗？"猪八戒说。

"错了！看图！"酷酷猴说。

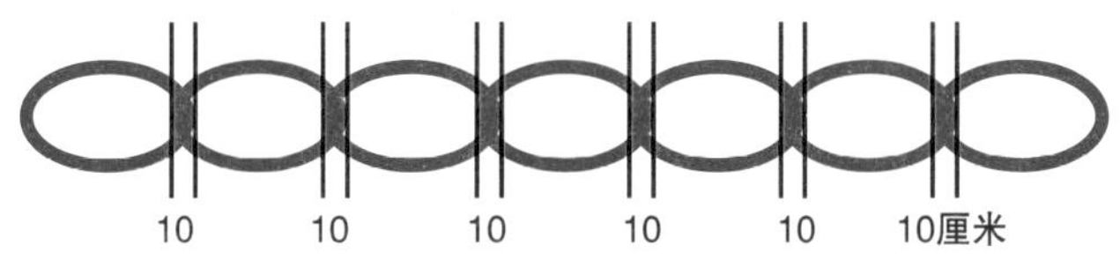

"两个环连接一次，长度就减少5+5=10厘米，7个环连接6次，一共减少10×6=60厘米，所以，总长度是30×7=210厘米，210−60=150厘米。还可以把这些环分类考虑，两端的两个环只算一个环宽，中间的环不算环宽，两端的两个环的长度是30−5=25，25×2=50厘米，中

间有7－2＝5个环，每个环的长度是30－5×2＝20厘米，5个环是20×5＝100厘米，总长度是50＋100＝150厘米。”

猪八戒说：“这下我明白了！小狗，酷酷猴算对了，你们把七只小猴放了吧！”

“我咬死你这个酷酷猴！汪汪！”神犬直向酷酷猴冲去。

悟空说：“别咬酷酷猴，有本事你冲我来！”悟空迎了上去。

神犬和悟空战在了一起。

“吃我一棒！”神犬后腿挨了孙悟空一棒。

“妈呀！疼死我了！我找二郎神去！”神犬一瘸一拐地逃跑了。

求连套环的长度

若干个环连在一起，总长度比挨着摆放的总长度减少了。第一种方法是：连套几次就减少几个环宽的2倍长度。连套的次数=环数-1，连套的总长度=每个环的长度×环数-环宽×2×（环数-1）。第二种方法是：把环分两类，两端的两个是一类，每个环的长度是环的长度-环宽；中间的环是另一类，每个环的长度是环的长度-2个环宽。

酷酷猴考考你

求下面连套环的总长度。

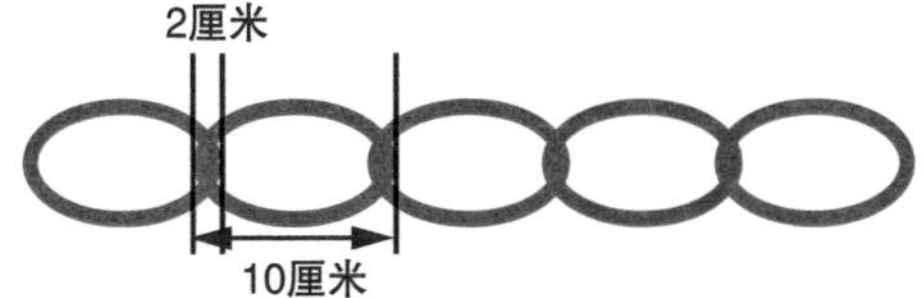

真假酷酷猴

二郎神手执三尖两刃枪，带着受伤的神犬赶来报仇。只见二郎神仪表堂堂，两耳垂肩，双目闪光，腰挎弹弓。

神犬往前一指："就是那个孙猴子打伤了我的腿！"

二郎神满脸怒气："大胆泼猴，竟敢打伤我的爱犬！"

酷酷猴问："这个神仙是谁？"

悟空回道："你连他都不认识？他就是二郎神呀！此人非常善于变化。"

二郎神举起三尖两刃枪 向悟空刺来："泼猴吃我一枪！"

悟空冲二郎神做了个鬼脸："也不说几句客

气话，上来就打！那我就不客气了。”

二郎神和悟空乒乒乓乓打在了一起，从地面一直打到了空中。

“咱俩还是斗斗变化吧！”突然二郎神化作一股清风走了。

悟空收住手中的金箍棒：“正打得来劲，怎么跑了？”

悟空一回头，发现了两个一模一样的酷酷猴。

八戒说：“这里面一定有一个是二郎神变的！”

悟空和八戒小声商量：“八戒，你看这怎么办？”

八戒想了一下，小声地说：“我有办法了。酷酷猴数学特好，二郎神是个数学白痴。可以出一道数学题考考他俩。”

说完，猪八戒在地上画起了图。

……

八戒对真假酷酷猴说：“你俩听着，你们算一下前65个图形中，■比●多几个。听懂了吗？”

猪八戒说完，两只酷酷猴就认真地算了起来。

猪八戒走上前去查看两只酷酷猴算的情况，只见左面的酷酷猴在地上一个一个地画着图形，一边画一边嘀咕：“这么多图形，画完还要数，太麻烦了！”

右面的酷酷猴只是列了几个算式，答案就已经算出来了。

孙悟空问猪八戒：“算得对吗？”

猪八戒尴尬地回答：“师兄，我只会出题，可不会算哪！不过，我能肯定左边的是假酷酷猴，右边是真酷酷猴。”

孙悟空不无担心地说：“你能肯定吗？我可别打错了！”

猪八戒说：“完全肯定，酷酷猴数学非常好，做题方法很简单，速度很快，左面的酷酷猴的方法太笨了，肯定不是真的！”

“好！就听你的！”孙悟空说完，举起金箍棒朝左边的酷酷猴打了一下，“二郎神，露馅儿了，吃我一棒！”

“不好！被老猪识破了。”二郎神现形逃走。

二郎神在空中冲酷酷猴一抱拳：“小神想

请教这位小猴哥，你是怎么算得这么快的？”

八戒在一旁笑了：“嘿嘿，没想到二郎神挺喜欢学数学！”

酷酷猴说：“这些图形的排列是有规律的！你一个一个画，太笨了！这八个图形●▲■■■■★★是一组一组重复的。$65 \div 8 = 8 \cdots\cdots 1$，这65个图形中有这样的8组图形，还有一个第九组的●。第一种算法：一共有$4 \times 8 = 32$个■，一共有$1 \times 8 + 1 = 9$个●，■比●多$32 - 9 = 23$个。第二种算法：每一组■比●多$4 - 1 = 3$个，8组多$3 \times 8 = 24$个，再减去第九组的1个●，是$24 - 1 = 23$个。”

“谢谢你的指教，后会有期！”二郎神说完，转身腾空就要离去。

“且慢！哪里跑！”孙悟空立即腾空拦住了二郎神的去路。

酷酷猴解析

周期问题

故事中题目的解法是：先通过有余数除法计算出前几个图形中有几个完整的周期，多几个图形。第一种求差的方法是先算出两种图形的总数再求差。第二种求差的方法是先求一个周期中两种图形的差，再求几个周期的差。但要注意，不要忘记计算不完整周期中的图形。

酷酷猴考考你

……

前80个图形中★比■多多少个?

双猴斗二郎神

“二郎神，还是吃我一棒吧！”孙悟空抡棒就打。

“我能怕你这个泼猴？看枪！”二郎神挺枪就扎，两个人又打到了一起。

“我老孙今天找到对手了！过瘾！”孙悟空的金箍棒一棒紧似一棒地向二郎神砸来。

二郎神举枪战金箍棒，二人连打十几个回合。二郎神有些招架不住了，孙悟空一棒砸下来，二郎神手中的枪当啷落地。二郎神赤手空拳败下阵来，刚想逃，孙悟空一棒将二郎神打倒在地。

酷酷猴连声叫好：“孙大圣厉害！”

孙悟空满不在乎地说：“酷酷猴，你不知道，就二郎神的那几下枪法，还真不是我的对手！”

二郎神一听到“酷酷猴”三个字，立即推开孙悟空的金箍棒，兴奋地从地上蹦了起来：“这几日听说有个数学天才酷酷猴来到这里，原来就是你呀。我对数学很感兴趣，特从天上下来请教。”说完，他便向酷酷猴抱拳鞠躬。

孙悟空见状说：“原来你是来向酷酷猴学数学的，那就饶你不死吧。酷酷猴，给他出题吧。”

酷酷猴在地上画了一个图形，对二郎神说：“数数这个图形中一共有多少个正方形。”

1	2	3	4	5	6
7	8	9	10	11	12
13	14	15	16	17	18

二郎神说：“这还用算？每行6个，有3行，一共是6×3=18个！”

酷酷猴说：“你只数了最小的正方形。应该

这么想：

“这么大的有 6×3=18 个。

“这么大的有（1、2、7、8），（2、3、8、9），

（3、4、9、10），（4、5、10、11），（5、6、11、12），（7、8、13、14），（8、9、14、15），（9、10、15、16），（10、11、16、17），（11、12、17、18），共 10 个。

“这么大的有（1、2、3、7、8、9、13、14、

15），（2、3、4、8、9、10、14、15、16），（3、4、5、9、10、11、15、16、17），（4、5、6、10、11、12、16、17、18），共 4 个。

“一共有 18+10+4=32 个。”

二郎神听完，说道：“酷酷猴不愧是数学天

才，不过，这种方法还是有点儿麻烦，告诉我还有没有更快的方法。”

酷酷猴说：“看来二郎神是真的爱学数学呀！更快的方法当然有了！你只要先数出最小的的个数并列出算式6×3=18，然后让每个因数减1，列算式5×2=10，就是大一圈的的个数，然后再把5×2的每个因数减1，列算式4×1=4，就是更大一圈的的个数，直到有一个或两个因数出现1就数完了。”

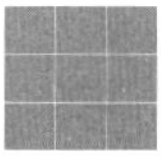

“又学一招，谢谢了！”二郎神向酷酷猴双手抱拳表示谢意。

二郎神一边腾空一边喊：“我要回到天上学数学去了！告辞，后会有期！”眨眼的工夫，二郎神就不见了。

酷酷猴解析

数正方形

故事中第一种数正方形的方法是按正方形的大小分类一个一个地数。先数单个的小正方形，再数由4个小正方形组成的大正方形，依此类推。在数大一些的正方形时，要注意有序思考，按从左向右的顺序一列一列前移地数，直到移到最后一列。第二种方法是在第一种方法的基础上总结出的简单计算方法：先列出求最小单个正方形的算式，然后，每个因数减1再相乘，得到由4个小正方形组成的大一圈的正方形个数，然后在此基础上每个因数再减1相乘，得到由9个单个小正方形组成的更大一圈的正方形个数，依此类推，直到一个或两个因数是1为止。

酷酷猴考考你

下面图形中一共有多少个正方形？

砍不死的蟒蛇

酷酷猴凭借超强的数学解题能力，让二郎神佩服得五体投地。

猪八戒竖起大拇指夸奖酷酷猴：“小猴哥真厉害，用数学知识就战胜了二郎神。”

孙悟空问：“学数学有没有窍门呀？说给我们听听！”

“窍门是要自己多动脑筋总结出来的。说给你们听，你们也用不好。”酷酷猴说。

“不对吧？你是不想教我们，怕我们超过你吧？”孙悟空不高兴地说。

“孙大圣误会了！我现在还有事，先走一步了。”酷酷猴说。

“你不教我们，我会想办法让你教的。”孙悟

kōng guǐ mì de xiào zhe shuō
空诡秘地笑着说。

kù kù hóu bìng méi yǒu duō xiǎng zhuǎn shēn gào bié le sūn wù kōng hé zhū
酷酷猴并没有多想，转身告别了孙悟空和猪
bā jiè
八戒。

kù kù hóu zǒu zài lù shàng tū rán hòu miàn yì tiáo dà mǎng shé zhuī
酷酷猴走在路上，突然，后面一条大蟒蛇追
le shàng lái kù kù hóu dà chī yì jīng tiān na kuài pǎo
了上来。酷酷猴大吃一惊：“天哪，快跑！”

mǎng shé měng de yì cuān bǎ kù kù hóu chán zhù le
蟒蛇猛地一蹿，把酷酷猴缠住了。

kù kù hóu dà jiào lái rén na jiù mìng kě zài zhè huāng
酷酷猴大叫：“来人哪！救命！”可在这荒
jiāo kuàng yě méi rén lái jiù
郊旷野，没人来救。

wǒ hái shi zì jiù ba wǒ bǎ nǐ gē chéng jǐ duàn ràng nǐ yǒng
“我还是自救吧。我把你割成几段，让你永

远不能再害人！”酷酷猴掏出刀子，用力割蟒蛇。

酷酷猴终于把蟒蛇割成了几段，自己也累得瘫坐在了地上：“累死我了，我看你还敢逞强！”

突然，蟒蛇大笑两声开口说话了，把酷酷猴吓了一跳：“你割我的时候，我记了一下时间，你一共割了72分钟，每割一段用8分钟。数学专家，你算一算，我全长10米，如果每段割得一样长，那么每段长多少米？”

酷酷猴紧张地举起了刀子：“怪了，割断的蟒蛇还会说话？”

蟒蛇头说：“你不要害怕，只要你算对了，我就离开你。不然的话，我就死死缠住你！”

“你说话可要算数呀！”酷酷猴说。

“只要你给我讲明白，我就说话算数！”蟒蛇头说。

“一言为定！”酷酷猴没办法，只好开始计算。

“72÷8=9次，我割了你9次，把你割成了9+1=10段，每段长10÷10=1米。听明白了吗？”

酷酷猴说。

“没明白，为什么割了9次，却割成了10段呢？”蟒蛇头说。

“和你说不明白，还是画张图让你看明白吧。”酷酷猴说完，就在地上画了一张图。

1	2	3	4	5	6	7	8	9	10

“图我看明白了，这种问题有什么窍门吗？”蟒蛇头问。

“非要说窍门的话，你就记住，割的段数比次数多1。”酷酷猴答。

“还说窍门不能说，这不是说了吗？嘻嘻！”蟒蛇头坏笑了两声。酷酷猴吃惊地说：“啊？你到底是蟒蛇还是孙悟空？”

蟒蛇把头部和尾部接起来，又成了一条完整的蟒蛇，溜走了。

酷酷猴追了上去："你给我说清楚，你到底是谁？"

蟒蛇紧溜了几步，看酷酷猴没追上来，在地上打了一个滚儿，变成了孙悟空。

悟空笑了："嘻嘻！戏弄酷酷猴真好玩儿！我再变个花招儿。"

酷酷猴解析

锯木头问题

故事中割蟒蛇，即锯木头问题，涉及的数量关系是：段数=次数+1，次数=总时间÷锯一段的时间，每段长度=总长度÷段数。容易混淆的数量是段数和次数。所以，在解锯木头这个类型的题目时，一定要弄清楚哪个数量是段数，哪个数量是次数。

酷酷猴考考你

一根木头长16米，锯下一段用2分钟，一共锯了14分钟，木头被锯成了若干段，每段同样长。每段长多少米？

哭泣的小熊

没有追上蟒蛇，酷酷猴只好继续赶路。突然，他听见前面树林里传出一阵哭声。

酷酷猴心里琢磨：蟒蛇会不会是孙悟空变的？咦？树林里怎么会有人哭？

只见一只小熊正在伤心地哭泣。

酷酷猴连忙走上前问：“小熊，你为什么要哭呀？”

小熊哭丧着脸说：“我们老师给我们留了一道数学题，我不会做，回家后爸爸一定会狠狠打我的屁股！”

“为做一道数学题，不至于哭啊！不会做没关系，好好动脑筋想就行了！”酷酷猴说，“你把那道题说一遍。”

小熊说：“这道题好难呀！被除数、除数、商和余数的和是59，商是5，余数是3，求被除数和除数是多少。”

酷酷猴问：“你是怎么做的？”

小熊说：“我只是用59－5－3＝51，得到被除数和除数的和，再往下就不会做了。这道题让我想得脑袋都快爆炸了，还是不知道怎么做。一想到爸爸会打我屁股，我就不想回家了。”

酷酷猴说：“千万不能有这样愚蠢的想法！做不出题来没关系，好好想，想不出来就问呀！你第一步的做法是对的，后面的几步我给你讲。我先给你画张图。”

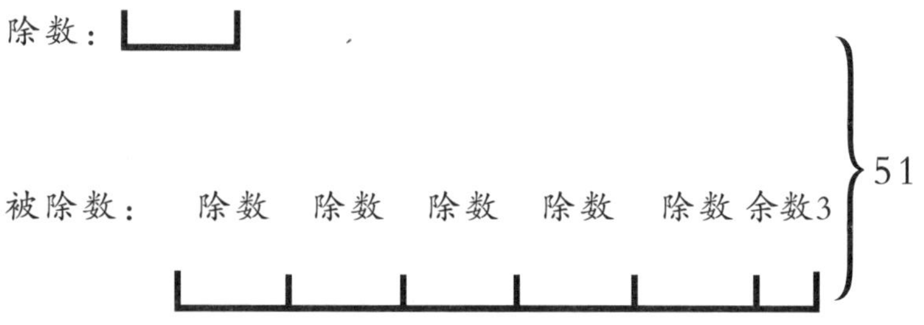

“你看图，因为商是5，说明被除数里有5个除数。因为余数是3，说明被除数里不但有5个除数，还多3。所以，51里有6个除数还多3，51－3=48，48÷6=8，除数是8，被除数是8×5+3=43。你听懂了吗？”酷酷猴画完图说。

“听懂了，做这样的题有什么窍门吗？”小熊问。

“窍门是，商是几，被除数里就有几个除数。如果还有余数，被除数里就有商个除数和余数。”

酷酷猴认真地回答。

小熊突然变成了孙悟空："我又学到一个数学秘诀，哈哈……"孙悟空笑着跑了。酷酷猴在后面追："果然是孙悟空变的！大圣，你别走！"

酷酷猴解析

根据除法中的数量关系解题

各种运算中都有数量关系，故事中的题目涉及的是除法中的数量关系。除法分没有余数的除法和有余数的除法两种。在有余数除法中，被除数=除数×商+余数。当知道有余数除法中的商和余数时，被除数和除数的关系就知道了。被除数中有商个除数和余数。当知道被除数和除数的和，求它们分别是多少时，算法为：除数=（和－余数）÷（商+1）。

酷酷猴考考你

被除数、除数、余数、商的和是93，如果商和余数都是7，被除数和除数各是几？

合力灭巨蟒

酷酷猴继续往前走，发现又有一条大蟒蛇跟在后面，酷酷猴以为又是孙悟空变的。

酷酷猴半开玩笑地说：“孙大圣，你又耍什么花招？又来找我要数学窍门吗？”

蟒蛇突然缠住了酷酷猴，张开血盆大口要吞下他：“这猴子虽说瘦了点儿，但吃进肚子里也能管个把小时。”

酷酷猴慌了：“你怎么真吃呀！大圣救命！”

说时迟那时快，悟空变成一只蜜蜂，飞近酷酷猴的耳边小声说：“不要害怕，你照着他的左眼猛击一拳，我就把你换出去！”

“好！”酷酷猴照着蟒蛇的左眼猛击一拳。

“啊！”蟒蛇大叫一声，悟空乘机变成酷酷

hóu tì huàn dào yuán lái de wèi zhì
猴，替换到原来的位置。

kuáng nù de mǎng shé jiào dào hái gǎn dǎ wǒ wǒ tūn le
狂怒的蟒蛇叫道：“还敢打我！我吞了
nǐ tā zhāng kāi dà zuǐ yì kǒu bǎ wù kōng biàn de kù kù hóu tūn le
你！”他张开大嘴，一口把悟空变的酷酷猴吞了
jìn qù
进去。

sūn wù kōng gāo xìng de shuō hā jìn mǎng shé dù zi lǐ qù wán
孙悟空高兴地说：“哈！进蟒蛇肚子里去玩
yí huì er
一会儿。”

lǐ miàn dì fang hái tǐng dà dài ǎn lǎo sūn liàn shàng yí lù gùn
“里面地方还挺大，待俺老孙练上一路棍！”
wēng wēng wù kōng zài mǎng shé dù zi lǐ shuǎ le qǐ lái mǎng shé téng de
嗡嗡！悟空在蟒蛇肚子里耍了起来，蟒蛇疼得
zhí dǎ gǔn er
直打滚儿。

āi yō téng sǐ wǒ le ráo mìng
“哎哟！疼死我了！饶命！”

这时，一条白蛇和一条黑蛇来救蟒蛇。

白蛇问：“蛇王，我们怎么帮你？”

蟒蛇指指自己的肚子：“孙悟空在我肚子里，你们帮不了我。”

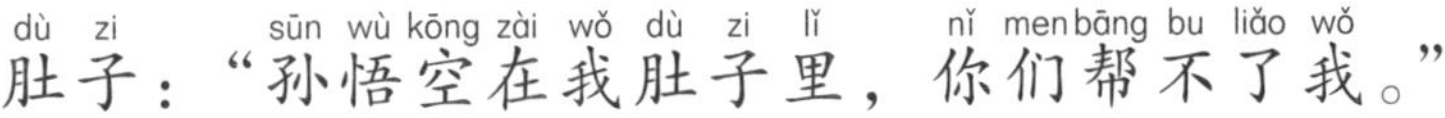

孙悟空在蟒蛇的肚子里说话：“呀！你还是蛇王呢！我来考你道题吧，如果你答对了，我就不练棍了。”

蟒蛇哀求：“只要大圣不在我肚子里练功，题目随便出。”

“听说你们蟒蛇最爱吃兔子了。现在两个笼子里分别关着一些兔子。第一个笼子里关了48只白兔子，第二个笼子里关着黑兔子。如果从第二个笼子里放

出20只黑兔子，黑兔子就比白兔子少16只，原来笼子里有多少只黑兔子？”

蟒蛇摇摇头：“我脑子笨，不会算。白蛇，你脑子好使，你会算吗？”

白蛇也摇摇头：“这题太难，我不会算。”

悟空叫酷酷猴：“酷酷猴，你来给他们算算。”

“来喽！”酷酷猴从树上跳了下来。

酷酷猴说：“这题太好算了！第一种解法，先求出现在笼子里还有多少黑兔子：48−16=32只。再求原来笼子里有多少只黑兔子，32+20=52只。第二种解法是假设不从笼子里放出20只黑兔子，黑兔子反而比白兔子多20−16=4只，原来黑兔子有48+4=52只。”

悟空在蟒蛇的肚子里问：“嘿，听明白没有？我们的酷酷猴也不能白给你算哪！”

蟒蛇乖乖地答道：“愿听大圣吩咐。”

悟空说：“把那条白蛇摔死！”

蟒蛇大吃一惊：“啊？把白蛇摔死？这怎么成！”

“不成，我就练棍！嗨！嗨！”悟空在蟒蛇肚子里又练起了棍。

“哎哟，疼死我啦！别练，别练！我摔，我摔！”蟒蛇用尾巴卷起白蛇，用力地摔在地上。

“下一个该我了，快逃吧！”黑蛇迅速逃跑。

悟空在蟒蛇肚子里问：“怎样处理黑蛇，还用我教你吗？”

“不用，不用！我全明白。黑蛇，你往哪里跑？”蟒蛇又依样卷起黑蛇摔下。

悟空把蟒蛇的肚子捅了个大洞：“我从这儿出来吧！”他从洞中飞出。酷酷猴拍手叫好。

蟒蛇大叫：“哇！我也没命啦！”

酷酷猴跳了起来：“噢！我们胜利啦！”

合力灭掉巨蟒之后，酷酷猴向孙悟空抱拳告别：“谢谢孙大圣及时相救，如果你以后想学数学，可以随时来找我，我们后会有期。”

酷酷猴解析

假设法解题

故事中的题目是已知一种量变化后与另一种量的数量关系，以及没有变化的数量，求另一种量变化前的数量是多少。第一种解法是常用的方法，即先求变化后的数量，再求变化前的数量。第二种解法是假设法，假设没发生数量的改变，计算出变化前的数量关系，然后再计算出变化前的数量是多少。

酷酷猴考考你

食堂有西红柿50个，还有一些黄瓜。中午做菜用了24根黄瓜，这时黄瓜的数量比西红柿的少了18。原来黄瓜有多少根？

数学知识对照表

书中故事	教材学段	知识点	难度	思维方法
智斗黑龙	三年级	简单的幻方	★★★	1. 有序思考 2. 不同角度思考
先斗银角大王	三年级	较复杂实际问题	★★	利用分类思想解题
再斗金角大王	三年级	差倍问题	★★★	1. 转化思想 2. 对应思想
卫兵排阵	三年级	排列与组合	★★★★★	排列与组合
黑云上的妖怪	二年级	和倍思想解题	★★★★	找对应解题
路遇四手怪	二年级	简单的排列	★★★★	排列与组合
智斗蜘蛛精	二年级	图形的位置变化	★★★★	利用规律解题
消灭蜘蛛精	三年级	和倍问题	★★★★★	不等变相等
分吃猪八戒	二年级	平均分和倒推	★★★★	逆向思考
救出猪八戒	二年级	用图形算式解题	★★★★	比较法解题
八戒巧夺烤兔	二年级	比赛场次问题	★★★★	1. 列举法解题 2. 逆向思考
猪八戒的饭量	二年级	找关系解图形算式	★★★★	根据联系解题
速战速决	三年级	最短等候时间	★★★★★	优化思想
八戒买西瓜	二年级	画图解较复杂应用题	★★★★	数形结合思想
妖王和妖后	二年级	改加法错题	★★★	1. 根据关系解题 2. 错中找不错

书中故事	教材学段	知识点	难度	思维方法
猪八戒遇险	二年级	合理安排时间	★★★★	优化思想
荡平五虎精洞	二年级	一笔画	★★★★	数形结合思想
悟空戏数学猴	二年级	找规律填数	★★★★	利用规律解题
哪只小猴是大圣	二年级	按规律填图	★★★	利用规律解题
解救八戒	二年级	火柴棒游戏	★★★★	尝试法解题
魔王的宴会	二年级	重叠问题	★★★★	集合思想
捉拿羚羊怪	二年级	通过平移求长度	★★★★	比较法解题
重回花果山	三年级	按规律填数	★★★★★	利用规律解题
排兵布阵	三年级	求正方形每边人数	★★★★★	模型思想
智斗神犬	二年级	求连套环的总长度	★★★★	1. 利用规律解题 2. 分类解题
真假酷酷猴	二年级	周期问题	★★★★	利用规律解题
双猴斗二郎神	三年级	数正方形	★★★★★	1. 有序思考 2. 利用规律解题
砍不死的蟒蛇	二年级	锯木头问题	★★★★	利用规律解题
哭泣的小熊	二年级	有余数除法中的数量关系	★★★★	根据关系解题
合力灭巨蟒	二年级	假设法解题	★★★★	用假设法解题

"考考你"答案

第9页：

10	5	12
11	9	7
6	13	8

第15页：50元

第22页：桌子长4米，绳子长24米。

第32页：36种

第37页：铅笔14支，签字笔8支。

第43页：24张

第51页：右下

第56页：苹果15个，梨30个，橘子45个。

第62页：第一次16块，第二次12块，共64块。

第68页：苹果50千克，梨60千克，橘子70千克。

第74页：14场

第78页：▲=4　●=7　■=5　★=6

第84页：顺序为小红改错题、小刚问老师问题、小明谈话。最短总等候时间为26分钟。

第91页：篮球7个，足球11个。

第98页：99

第103页：在烧开水10分钟的同时，叠被3分钟，刷牙洗脸4分钟，整理书包2分钟。然后冲牛奶1分钟，吃早饭8分钟，一共19分钟。

第110页：能

第115页：18

第119页：

第125页：15+17=32 或 5+17=22 或 15+7=22

第131页：47人

第138页：38米

第144页：112

第149页：11人

第155页：34厘米

第161页：35个

第166页：70个

第171页：2米

第175页：被除数70，除数9。

第181页：56根

征集令

亲爱的小朋友们：

我是酷酷猴！

怎么样，和我一起运用数学知识冒险的过程，是不是让你觉得数学真是又有趣、又有用呢？

你也想变身为数学小达人，和我一起冒险吗？那就快来参加我们的数学侦探小测试吧！答对即可加入我们的“数学侦探小分队”，还有机会和“数学爷爷”李毓佩、“数学妈妈”张小青亲密互动哟！

请用手机扫描二维码添加朝华出版社微信公众号，开始测试吧！

彩色注音

李毓佩数学大冒险

升级版

李毓佩　张小青　著

朝華出版社
BLOSSOM PRESS

“数学爷爷”李毓佩的话

我从事数学科普创作近40年，一直以来的创作初衷都是还数学本来生动、活泼、有趣的面貌。我以往的作品主要是针对小学中年级以上的孩子。这主要是因为小读者理解故事里的数学知识需要具备一定的数学基础，而我在大学任教，对低年级小孩子的课堂学习情况并不了解。

2015年春天，朝华出版社的编辑找到我，说希望我能和小学数学教师联手创作，在我的数学故事的基础之上，融入课堂数学学习的内容——仍然是数学故事的形式，但相关数学知识与小学低年级课堂学习同步，同时加入解题思路——让这些故事距离孩子的学习实际更近一些。我欣然应允了。

结果证明，这次合作是成功的：张小青老师在给低龄孩子们讲清楚、讲透数学知识上的能力，特别是她所提倡的“一题多解，启发孩子创造性思维”的创作思路，是我所认可的；新作既保留了数学故事的趣味性，又贴近课堂学习，对更多孩子产生了实实在在的帮助，影响了更多小读者。也正因此，三册书出版后，不但年年重印，还取得了《中国出版传媒商报》年度优秀教辅先锋奖、“第一阅读”年度新书儿童类第一名等荣誉。

一晃五年过去了，本着让这套书更好的初衷，我们进行了修订升级。全新的升级版，每册书都增加了两三个小故事，丰富了数学知识点。衷心希望这套书能继续影响和帮助更多孩子，让数学学习变得更生动有趣。因为，数学不是枯燥乏味的，也不仅仅是有趣好玩的，它更是有用的。

李毓佩

2021年春

“数学妈妈”张小青的话

时间过得真快呀，与朝华出版社和李毓佩教授合作的这套数学童话故事书已经问世五年多的时间了。

这套书出版至今，一直都很受孩子和家长的喜欢和认可，实现了我们的初衷：让更多的孩子喜欢数学，帮助孩子们深化理解和掌握课堂内的数学知识，并将这些知识拓展到课堂之外；提高孩子解决数学问题的能力，一题多解，培养孩子的发散思维能力，进而提升孩子的创造性思维能力。

李教授已经提到了这套书所获荣誉的情况，除荣誉之外，也得到了多方的肯定和非常好的反馈。

我们学校为每位数学老师购买了这套书，作为学校数学课的课外读物。我的很多学生也购买了这套书，孩子们都觉得：李爷爷的故事生动活泼有趣，张老师出的题目新颖好玩，解题思路多样而灵活，对课内和课外的数学学习都很有帮助。有些孩子通过阅读这套书，数学成绩有了很大的提高。学生家长反馈，这套书让他们知道如何对孩子进行专业的数学辅导了，并拓宽了对数学的认知。

这次改版，每册书都增加了两三个小故事，内容更丰富了，涵盖了更多的知识点，相信对孩子和家长的帮助会更大。期待新版书早日出版，希望一如既往地得到孩子和家长们的喜爱和肯定。

張小青

2021年春

目录

黑猩猩的来信 / 1

狒狒的真话和假话 / 8

山中鬼怪 / 13

黑猩猩发香蕉 / 20

换了新头领 / 26

跳木桩 / 32

请裁判 / 38

寻找长颈鹿 / 45

小猩猩的考题 / 52

击鼓的时间 / 58

兔子和鸡关在一起 / 63

鲜花在几个长方形里 / 69

遭遇鬣狗 / 77

狮王斗公牛 / 85

蚂蚁战雄狮 / 93

老鹰解难 / 101

鱼鹰捉鱼 / 108

毒蛇围攻 / 114

狒狒兄弟的年龄 / 120

神秘来信 / 128

要喝兔子粥 / 137

智斗鳄鱼 / 145

走哪条路 / 152

守塔老乌龟 / 159

要见木乃伊 / 168

猫家族的功劳 / 176

母狼分小鹿 / 183

打开密码锁 / 190

见面礼 / 201

露出真面目 / 208

数学知识对照表 / 213

“考考你”答案 / 215

黑猩猩的来信

花花兔是一只活泼可爱的小白兔。因为她特别爱穿花裙子，还爱在头上戴几朵小花，所以大家都叫她花花兔。

一天早上，花花兔拿着一封信匆匆跑来，一边跑一边喊：“酷酷猴，酷酷猴，有一封从非洲给你寄来的信。”

酷酷猴何许人也？他是一只小猕猴。这只小猕猴可不得了，他聪明过人，身手敏捷。

酷酷猴有两酷：他穿着入时，这是一酷；他数学特别好，解题思路独特，计算速度奇快，这是二酷。于是大家就把他叫作酷猴。

kù kù hóu tīng le yí lèng shéi huì cóng fēi zhōu gěi wǒ lái
酷酷猴听了一愣："谁会从非洲给我来
xìn kù kù hóu jiē guò xìn yí kàn yuán lái shì hēi xīng xing
信？"酷酷猴接过信一看，原来是黑猩猩，
zhǐ jiàn xìn shàng xiě zhe
只见信上写着：

> 请于▲月★●日前到来。过了这个日期，此信失效，恕不接待！
>
> 黑猩猩
>
> 3+3+3+3+8=▲×4=3×●-★
>
> ▲●★都是自然数，★小于3。

huā huā tù mán yuàn dào zhè ge hēi xīng xing yě zhēn shi
花花兔埋怨道："这个黑猩猩也真是
de zhí jiē gào su nǐ rì qī bú jiù xíng le ma hái fēi yào chū
的！直接告诉你日期不就行了吗？还非要出
gè tí ràng wǒ men suàn cuò guò rì qī tā hái bù jiē dài le
个题让我们算，错过日期他还不接待了！"

酷酷猴说："别急！黑猩猩是在和我比聪明。3+3+3+3+8=20，4个▲等于20，说明是4个相同的加数，会背乘法表就应该知道'四五二十'，▲是5，也就是5月。"

花花兔为难地说："酷酷猴大哥，我乘法表总是背不好，怎么办啊？"

"没关系，乘法不就是几个相同的数相加吗？我们可以把左边的等式变成4个相

同的数相加。已经有4个相同的3了，把8平均拆成4份，1份是2；每个3得1份，变成了4个5相加。”酷酷猴拿起笔写了起来：

```
3 + 3 + 3 + 3 + [8]
+   +   +   +
[2 + 2 + 2 + 2]
‖   ‖   ‖   ‖
5 + 5 + 5 + 5
```

“我懂了。”花花兔点点头，“可还要知道是5月几日呀！”

“我们接着算★和●各是多少。

“3+3+3+3+8=3×●−★，乘法表示相同的几个数相加，这里相同的加数是3，我们把不相同的8也尽量拆成3就好了……”

酷酷猴还没说完，花花兔就接过话茬儿说：“8拆成3+3+2，这个式子应该是3×6−2。”

“这个结果对吗？”酷酷猴疑惑地说，“3×6−2=16呀！”

“啊，忘了验算……”花花兔吐了吐舌头。

“可以多加一个3，再减1就行了。”说完，酷酷猴又拿起笔写了起来：

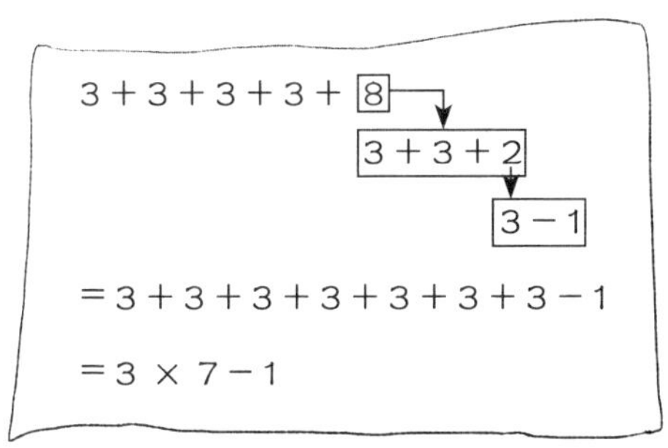

酷酷猴写完，花花兔兴奋地叫道：“我知道了！●＝7，★＝1，是5月17日！酷酷猴你真棒！”

“今天已经是5月10日了，还有一个星期的时间，要马上出发，否则真的来不及了。”酷酷猴有些着急地说。

花花兔疑惑地问：“非洲离咱们多远啊！你真的要去吗？”

酷酷猴点点头说：“人家热情邀请，哪有不去之理？”

花花兔竖起耳朵，拉着酷酷猴的手，撒

jiāo de shuō tīng rén jia shuō fēi zhōu tè bié hǎo wán ràng wǒ
娇地说："听人家说，非洲特别好玩，让我
hé nǐ yì qǐ qù ba
和你一起去吧！"

kù kù hóu wèn nǐ bú pà wēi xiǎn
酷酷猴问："你不怕危险？"

huā huā tù jiān dìng de shuō bú pà
花花兔坚定地说："不怕！"

nǐ kě bié hòu huǐ zán men xiàn zài jiù chū fā kù
"你可别后悔，咱们现在就出发！"酷
kù hóu yì huī shǒu jiù hé huā huā tù shàng lù le
酷猴一挥手，就和花花兔上路了。

huā huā tù yáo dòng zhe yì shuāng dà ěr duo wèn zán liǎ jiù
花花兔摇动着一双大耳朵问："咱俩就
zhè yàng zǒu dào fēi zhōu qù
这样走到非洲去？"

dāng rán bú shì kù kù hóu tuī chū yí liàng piào liang de tài
"当然不是。"酷酷猴推出一辆漂亮的太
yáng néng fēng dòng chē zán liǎ chéng zhè liàng chē qù
阳能风动车，"咱俩乘这辆车去。"

huā huā tù wéi zhe zhè liàng fēng dòng chē zhuàn le yí gè quān
花花兔围着这辆风动车转了一个圈
er chē zi hěn piào liang wài xíng hěn xiàng yí liàng pǎo chē chē
儿。车子很漂亮，外型很像一辆跑车，车
shēn shàng tiē mǎn le tài yáng néng diàn chí bǎn chē de hòu miàn hái
身上贴满了太阳能电池板，车的后面还
shù qǐ yí gè dà dà de fēng fān
竖起一个大大的风帆。

huā huā tù huái yí de wèn jiù zhè me yí liàng chē néng
花花兔怀疑地问："就这么一辆车，能
pǎo dào fēi zhōu ma
跑到非洲吗？"

kù kù hóu shuō zhè liàng chē kě shì xiàn zài zuì xiān jìn de
酷酷猴说："这辆车可是现在最先进的
qì chē le kěn dìng néng pǎo dào fēi zhōu
汽车了，肯定能跑到非洲！"

liǎng rén zuò shàng tài yáng néng fēng dòng chē chē zi fēi yì bān
两人坐上太阳能风动车，车子飞一般
de pǎo le qǐ lái chē shàng yǒu zì dòng dǎo háng yí kù kù hóu
地跑了起来。车上有自动导航仪，酷酷猴
gēn běn jiù bú yòng dān xīn zhǎo cuò fāng xiàng bú dào yì tiān de gōng
根本就不用担心找错方向，不到一天的工
fu tā men jiù lái dào le fēi zhōu
夫，他们就来到了非洲。

酷酷猴解析

连加改成乘法和乘减

连加改成乘法和乘减的依据是乘法的意义。解决问题的关键是确定相同加数和相同加数的个数。一般可保留连加算式中加数相同的部分，将不同的加数进行合理拆分。

酷酷猴考考你

请在每个括号里填入一个个位数，使等式成立：

7+7+7+7+12=(　　)×(　　)=7×(　　)-(　　)

狒狒的真话和假话

kù kù hóu gāo xìng de shuō wǒ men lái dào fēi zhōu la
酷酷猴高兴地说："我们来到非洲啦！"

huā huā tù mǒ le yì bǎ tóu shàng de hàn hǎo rè a
花花兔抹了一把头上的汗："好热啊！"

yì tóu dà xiàng xiàng tā liǎ zǒu lái kù kù hóu xiān xiàng dà
一头大象向他俩走来。酷酷猴先向大
xiàng jū gōng rán hòu xiàng dà xiàng dǎ ting qǐng wèn hēi xīng
象鞠躬，然后向大象打听："请问，黑猩
xing zhù zài nǎ er
猩住在哪儿？"

dà xiàng shàng xià dǎ liang le yí xià tā liǎ shuō kàn nǐ
大象上下打量了一下他俩，说："看你
men de yàng zi shì yuǎn dào ér lái de nǐ men zuò dào wǒ de
们的样子，是远道而来的。你们坐到我的
bèi shàng wǒ sòng nǐ men qù
背上，我送你们去。"

kù kù hóu bǎ fēng dòng chē ān zhì zài yí gè ān quán de dì
酷酷猴把风动车安置在一个安全的地
fang hé huā huā tù fēi kuài de pá dào dà xiàng de bèi shàng yí lù
方，和花花兔飞快地爬到大象的背上，一路
xīn shǎng zhe fēi zhōu dà cǎo yuán de měi jǐng
欣赏着非洲大草原的美景。

huā huā tù gāo xìng de shuō kàn qián miàn shì yì qún
花花兔高兴地说："看，前面是一群

bān mǎ
斑马。”

kù kù hóu yě xīng fèn bù yǐ qiáo nà er hái yǒu jǐ tóu
酷酷猴也兴奋不已：“瞧，那儿还有几头

xī niú
犀牛！”

dà xiàng tíng zài yí piàn shù lín qián shuō hēi xīng xing cháng
大象停在一片树林前，说：“黑猩猩常

dào zhè er lái wán er nǐ men jiù zài zhè fù jìn zhǎo tā ba
到这儿来玩儿，你们就在这附近找他吧！”

kù kù hóu hé huā huā tù tiào le xià lái shuō xiè xie
酷酷猴和花花兔跳了下来，说：“谢谢

dà xiàng
大象！”

tū rán cóng shù lín lǐ zuān chū sān zhī xiǎo fèi fèi chòng zhe
突然，从树林里钻出三只小狒狒，冲着

huā huā tù hū hū de jiào bǎ huā huā tù xià le
花花兔“呼！呼！”地叫，把花花兔吓了

yí tiào
一跳。

huā huā tù shī shēng jiào dào zhè shì shén me guài dōng xi
花花兔失声叫道：“这是什么怪东西？

xià sǐ rén la
吓死人啦！”

kù kù hóu yě bú rèn shi jiù hěn kè qi de
酷酷猴也不认识，就很客气地

wèn xiǎo fèi fèi qǐng wèn nǐ men shì
问小狒狒：“请问，你们是

shén me dòng wù
什么动物？”

xiǎo fèi fèi men xiào de qián yǎng hòu hé xī xī nǐ men
小狒狒们笑得前仰后合：“嘻嘻！你们
lián dà míng dǐng dǐng de fèi fèi dōu bú rèn shi
连大名鼎鼎的狒狒都不认识？”

kù kù hóu yòu wèn zhè piàn shù lín lǐ yǒu hēi xīng
酷酷猴又问：“这片树林里有黑猩
xing ma
猩吗？”

yì zhī gāo gè er de xiǎo fèi fèi qiǎng zhe shuō zhè lǐ yǒu
一只高个儿的小狒狒抢着说：“这里有
hěn duō hēi xīng xing ya wǒ hái jīng cháng hé tā men wán er ne
很多黑猩猩呀！我还经常和他们玩儿呢！”

lìng yì zhī ǎi gè er de fèi fèi mǎ shàng fǎn bó dào tā
另一只矮个儿的狒狒马上反驳道：“他
zài hú shuō zhè lǐ yì zhī hēi xīng xing dōu méi yǒu wǒ cóng lái méi
在胡说，这里一只黑猩猩都没有，我从来没
jiàn guò tā men
见过他们！”

yì zhī pàng hū hū de fèi fèi màn tūn tūn de shuō tā liǎ
一只胖乎乎的狒狒慢吞吞地说：“他俩
dōu zài shuō huǎng huà shuō de dōu bú duì
都在说谎话，说的都不对！”

huā huā tù tīng wán tiào qǐ jiǎo lái zhè xiē fèi fèi shuō
花花兔听完，跳起脚来：“这些狒狒说
de dōu shì shén me huà ya wǒ de tóu dōu kuài ràng tā men gěi gǎo
的都是什么话呀！我的头都快让他们给搞
zhà le dào dǐ yǒu méi yǒu hēi xīng xing ne
炸了，到底有没有黑猩猩呢？”

zhè shí yì zhī dà fèi fèi dà xiào zhe zǒu guò lái xiǎo gū
这时，一只大狒狒大笑着走过来：“小姑
niang bié zháo jí ma tā men zài hé nǐ men kāi wán xiào ne rú
娘别着急嘛！他们在和你们开玩笑呢。如
guǒ nǐ men néng cāi chū tā men sān gè zhōng yǒu jǐ gè shuō le huǎng
果你们能猜出他们三个中有几个说了谎

话，几个说了真话，我就告诉你们这里到底有没有黑猩猩！”

花花兔挠着头，看着酷酷猴：“这个嘛……”

酷酷猴接过话茬儿：“他们三个中，一个说了真话，两个说了假话。高狒狒和矮狒狒说的是意思相反的话，简单点儿说就是反话。所以他们肯定是一个说真话，一个说假话。”

“有道理，有道理！”大狒狒连连点头。

“还有胖狒狒说的肯定是假话，他说高狒狒和矮狒狒说的都是假话，这是不可能的。因为，他们两个是一真一假，怎么可能全是假话呢？”酷酷猴接着把话说完。

花花兔听得入了神：“酷酷猴你好聪明呀！我太崇拜你了！”

大狒狒也连连称赞：“酷酷猴果然聪明

guò rén zhè xià hēi xīng xing shì yù dào zhēn zhèng de duì shǒu le
过人，这下黑猩猩是遇到真正的对手了！”

huā huā tù zháo jí de shuō nǐ yào duì xiàn chéng nuò gào
花花兔着急地说：“你要兑现承诺，告
su wǒ men zhè lǐ dào dǐ yǒu méi yǒu hēi xīng xing
诉我们这里到底有没有黑猩猩！”

dà fèi fèi huí dá hēi xīng xing yuán lái shì zài zhè lǐ huó
大狒狒回答：“黑猩猩原来是在这里活
dòng qián duàn shí jiān bān jiā le bān dào nǎ lǐ wǒ yě bù zhī
动，前段时间搬家了。搬到哪里我也不知
dào nǐ men yì zhí wǎng qián zǒu yīng gāi néng zhǎo dào tā
道。你们一直往前走，应该能找到他。”

酷酷猴解析

真话和假话

判断真话和假话是常见的推理问题。故事中的推理问题是从反话入手，说反话的两人说的肯定是一真一假。故事中是用假设的方法说明这个问题的。若有人全部否定或肯定两个说反话的人，则此人说的一定是假话。

酷酷猴考考你

某天，老师问小亮：“教室的玻璃是谁打碎的？”小亮说：“是小明打碎的。”小明马上反驳道：“老师，我冤枉，不是我打碎的！”小红对老师说：“小亮和小明说的都对！”小军又对老师说：“是小明打碎的！”他们四个人中，一半的人说了真话，一半的人说了假话。玻璃是不是小明打碎的呢？谁说了假话，谁说了真话？

山中鬼怪

既然这里没有黑猩猩，酷酷猴和花花兔只好继续往前走。走了一段路后，花花兔停下了：“我肚子饿，走不动了！”

酷酷猴笑着说：“这个好办，我上树给你采点儿野果吃。”说完，酷酷猴就爬上树，摘了一串野果，扔给了站在树下的花花兔。

突然一声吼叫，从旁边的树上跳下一只山魈。山魈的长相十分奇特，红鼻子蓝脸，把花花兔吓坏了。

花花兔叫道：“啊！鬼！大鬼！”

山魈冲花花兔做了一个鬼脸：“你才是鬼呢！我是这片树林的主人——山魈，人称'山中鬼怪'。你们怎么敢偷吃我的果子！"

酷酷猴赶紧从树上溜下来替花花兔解围："花花兔妹妹实在饿得不行了，请给我们点儿果子吃吧。"

花花兔躲在酷酷猴身后，小声嘀咕："山魈长得太可怕啦！"

山魈眼睛一瞪，叫道："想白吃我的果子，还说我长得太可怕，不成！实话告诉你，我山魈的果子可不是白吃的！把这只兔子留下，我正想尝尝兔肉是什么味道呢！"

花花兔哇哇大哭道："不要啊！酷酷猴救我！"

酷酷猴赶紧上前道歉："对

bu qǐ wǒ men bù zhī dào zhè xiē yě guǒ shì yǒu zhǔ rén de bái
不起，我们不知道这些野果是有主人的。白
chī dí què shì wǒ men bú duì dàn qǐng bié kòu xià wǒ men wǒ men
吃的确是我们不对，但请别扣下我们，我们
yuàn yì yòng qí tā fāng fǎ mí bǔ
愿意用其他方法弥补。”

shān xiāo mō mo nǎo dai shuō zhè yàng ba rú guǒ nǐ men
山魈摸摸脑袋说：“这样吧，如果你们
néng dá duì wǒ de wèn tí wǒ jiù dà rén bú jì xiǎo rén guò miǎn
能答对我的问题，我就大人不记小人过，免
fèi qǐng nǐ men chī guǒ zi
费请你们吃果子。”

kù kù hóu tīng shuō jiě dá wèn tí yǎn jing yí liàng
酷酷猴听说解答问题，眼睛一亮，
shuō wǒ zuì shàn cháng de jiù shì jiě dá wèn tí le nǐ chū
说：“我最擅长的就是解答问题了，你出
tí ba
题吧！”

shān xiāo ná chū le liǎng gè bù dài zi yí gè dài zi lǐ
山魈拿出了两个布袋子，一个袋子里
fàng le hóng sè de guǒ zi yí gè dài zi lǐ fàng le lǜ sè de
放了红色的果子，一个袋子里放了绿色的
guǒ zi
果子。

shān xiāo duì kù kù hóu shuō wǒ zhè liǎng gè dài zi lǐ fēn
山魈对酷酷猴说：“我这两个袋子里分
bié zhuāng le hóng sè hé lǜ sè de guǒ zi gòng gè wǒ měi
别装了红色和绿色的果子，共26个。我每
cì cóng dì yī gè dài zi lǐ ná chū gè hóng guǒ zi nǐ měi cì
次从第一个袋子里拿出3个红果子，你每次
cóng dì èr gè dài zi lǐ ná chū gè lǜ guǒ zi nǐ de lǜ guǒ
从第二个袋子里拿出1个绿果子，你的绿果
zi dōu ná wán hòu wǒ hái shèng gè hóng guǒ zi nǐ néng huí dá
子都拿完后，我还剩2个红果子。你能回答
chū yuán lái liǎng gè dài zi zhōng yǒu duō shao hóng guǒ zi duō shao
出原来两个袋子中有多少红果子，多少

绿果子吗？”

酷酷猴自言自语道：“3个红果子对应1个绿果子，假设绿果子和红果子同时拿完，说明可以把所有的绿果子看成1份，红果子是这样的3份。可是，绿果子拿完还剩2个红果子，这该怎么办呢？还是画画图吧！”

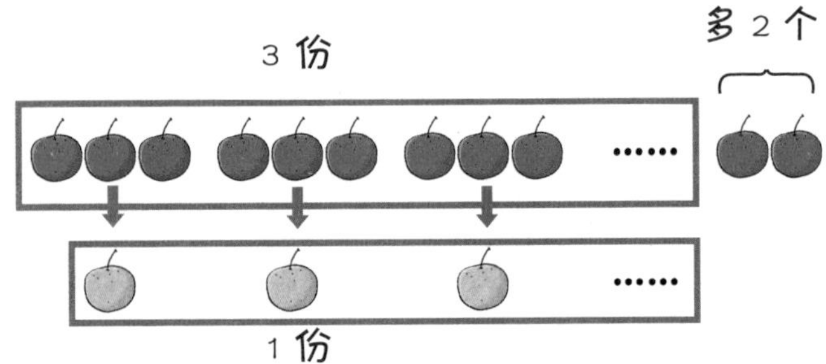

画完图，酷酷猴一拍大腿：“有了！如果把绿果子看成1份，红果子就是这样的3份还多2个。如果红果子去掉多余的2个，就正好是3份了！红果子去掉2个，总数就会少2个，26－2＝24个。24个里有绿果子，还有红果子，一共是4份。24÷4＝6个，绿果子6个；$6\times3=18$个，$18+2=20$个，红果子有20个。”

花花兔高兴地对山魈说：“酷酷猴算出来了，这下我能吃果子了吧？”说着，她拿起一个红果子就要啃。

“慢！酷酷猴算对了，酷酷猴可以吃果子；你没算，你不能吃！你要是能换个算法算出来，也可以吃果子。”

花花兔傻了眼，对酷酷猴说：“换个算法怎么算呢？”

一旁的山魈喊道：“如果让酷酷猴告诉你，你可就吃不到果子了！”

酷酷猴安慰花花兔道：“你别急，好好看看我刚才画的图，我刚才的算法是去掉了两个红果子……”

花花兔看着图，又在图上画了几笔，兴奋地说：“我想出来了！”

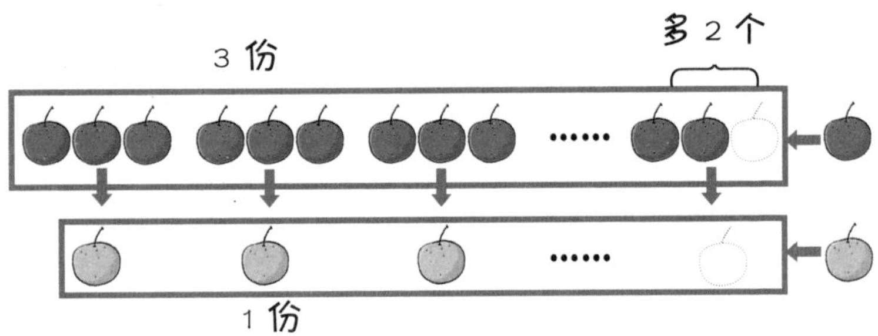

“我添上1个红果子，再添上1个绿果子，这样，绿果子是1份，红果子是这样的3份，一共是4份。26＋1＋1＝28个，28÷4＝7个，每份是7个。7－1＝6个，绿果子有6个；7×3－1＝20个，红果子有20个。哈哈！我终于可以吃果子了！”花花兔说完，拿起刚才的果子，不顾一切地啃了起来。

山魈对酷酷猴说：“既然你们都算对了，这两袋果子就送给你们吧！”

酷酷猴冲山魈行了一个举手礼：“谢谢！”

酷酷猴解析

份数和个数找对应

在解决这类问题时，份数和个数对应了，就可以从整体求一份数了，个数÷份数=一份数。当份数和个数不对应时，我们可以改变个数，让它和份数对应。在解具体问题时，把谁看成一份数是关键。故事中把绿果子的个数看成一份，红果子比这样的三份多2个。第一种解法是去掉2个红果子，红果子就是这样的三份了，个数24对应这样的四份，然后求出每份的个数。第二种解法是红果子和绿果子各添上1个，绿果子是一份，红果子是这样的三份，个数28对应这样的四份。

酷酷猴考考你

小明的妈妈买来苹果和梨共22个，爸爸妈妈每天每人吃1个苹果，小明每天吃1个梨，当爸爸妈妈把苹果吃完后，小明还有1个梨吃。妈妈买来苹果和梨各几个？

黑猩猩发香蕉

酷酷猴和花花兔走进树林，看到一群黑猩猩在树林里又吵又闹。

一只胖黑猩猩说：“我说得对！”

另一只瘦黑猩猩说：“不，我说得才对！”

一只个头儿最大的黑猩猩，站起来有近2米高的样子，看到酷酷猴和花花兔走来，吼道：“停止争吵！你们没看见客人来了吗？”

大黑猩猩主动伸出手说：“我是这里的头领，叫铁塔。是我写信请你

们来的，欢迎远道而来的客人！”

花花兔好奇地问：“你们刚才争吵什么，是做游戏吗？”

铁塔有点儿不好意思地说：“哦，哦，一个有趣的游戏，发香蕉的游戏，只是总做不好。”

花花兔听说有难题，眼睛一亮：“有什么难解的问题，只管问酷酷猴，他是解决难题的专家，不管什么难题，他都能解决。”

酷酷猴冲花花兔一瞪眼：“不要瞎说！”

“那太好啦！”铁塔说，“我正在给我的孩子们发香蕉，12岁以下的儿童，每人发1根；13岁到15岁的少年，每人发2根；16岁到25岁的青年，每人发3根。”

酷酷猴接过话：“这有什么难的，按年龄发不就行了吗！”

铁塔大笑一声说：“那多没意思呀，我想把他们按儿童—少年—青年分别排好队，然后，每人按排队的顺序发一个号牌，第一个1号，第二个2号，第三个3号……一直发到29号。我想知道，儿童都拿到多少号？少年都拿到多少号？青年都拿到多少号？最后的29号发给的是儿童、少年还是青年？我一共要发多少根香蕉？这不，他们正七嘴八舌地议论呢！都觉得这个问题有点儿麻烦。正好你来了，帮我们解决一下这个难题吧！”

“如果是这样，我就帮你们算算吧！”酷酷猴说，“我

fā xiàn nǐ gěi tā men pái duì de guī lǜ shì gè rén yí gè zhōu
发现你给他们排队的规律是3个人一个周
qī nà wǒ xiān liè gè biǎo zhǎo zhao tā men de hào mǎ tè diǎn
期，那我先列个表找找他们的号码特点。”
kù kù hóu biān shuō biān xiě
酷酷猴边说边写。

儿童	少年	青年
1号	2号	3号
4号	5号	6号
7号	8号	9号
10号	11号	12号
……	……	……
除以3余1	除以3余2	能被3整除

kù kù hóu yì pāi dà tuǐ shuō hēi wǒ fā xiàn ér tóng dé
酷酷猴一拍大腿说：“嘿！我发现儿童得
dào de hào mǎ dōu shì chú yǐ yú de shù shào nián dé dào de
到的号码都是除以3余1的数，少年得到的
hào mǎ dōu shì chú yǐ yú de shù qīng nián dé dào de hào mǎ
号码都是除以3余2的数，青年得到的号码
dōu shì néng bèi zhěng chú de shù
都是能被3整除的数！”

nǐ de liè biǎo fǎ hái zhēn lì hai wǒ yí xià zi jiù míng
“你的列表法还真厉害，我一下子就明
bai le tiě tǎ gāo xìng de shuō
白了！”铁塔高兴地说。

nà xiē děng zhe lǐng xiāng jiāo de xiǎo hēi xīng xing men yě dōu còu
那些等着领香蕉的小黑猩猩们，也都凑

过来看酷酷猴列的表，纷纷伸出了大拇指。

“29是除以3余2的数，所以得到29号的是一个少年。”酷酷猴接着说。

“那我一共要发多少根香蕉呢？”铁塔问。

“别急嘛！这个问题我写出来你就明白了。”酷酷猴拿起笔在地上写了起来。

儿童	少年	青年	儿童	少年	青年	儿童	少年	青年	……
1根	2根	3根	1根	2根	3根	1根	2根	3根	?

“你看，儿童、少年、青年是一个周期，共有29÷3=9……2，9个周期余2人，这2人是第10个周期的前两人，是儿童和少年。每个周期对应的香蕉数是1、2、3根。一个周期有1+2+3=6根，9个周期是6×9=54根，再加上余下2人的根数，是54+1+2=57根。你要发57根香蕉！”

铁塔竖起大拇指，称赞道：“酷酷猴果然名不虚传！”

酷酷猴解析

简单的周期问题

解决周期问题，首先要弄清楚几个元素是一个周期，每个周期中每个元素的个数及其对应的数量等。周期问题对应的计算一般是有余数除法。故事中的第一个问题是根据3人一个周期，让每个人的号码除以3，通过观察发现每类人得到的号码与余数有关。第二个问题是根据观察得到的规律，推出得到最后号码的是哪类人。第三个问题是根据香蕉的根数是3个数一个周期，每个周期的总数量相等，计算出一共要发的香蕉数。

酷酷猴考考你

老师给全班43人发奖品，按学号顺序发的奖品是铅笔2支、橡皮3块、尺子1把、笔记本1本、笔袋1个；铅笔2支、橡皮3块、尺子1把、笔记本1本、笔袋1个；……得到2支铅笔的同学学号分别是多少？得到3块橡皮的同学学号分别是多少？得到1把尺子的同学学号分别是多少？得到1本笔记本的同学学号分别是多少？得到1个笔袋的同学学号分别是多少？老师每种奖品各要准备多少？

换了新头领

酷酷猴见铁塔称赞自己，心想：我来到这儿，都是你们出难题考我，这次该我出个难题考考你了。

酷酷猴从裤兜里拿出了3块颜色鲜艳的小丝巾，对铁塔说：“这次拜访铁塔首领，我专程带来了3块丝巾，送给首领当礼物，可是路途太远，丝巾放在兜里压皱了，需要过水洗一洗，再晾干……”

铁塔打断酷酷猴的话说：“你是想问我丝巾多长时间能晾干吗？”

“哈哈！这个问题还用问吗？等它们干了不就知道了！我问的是，这3块丝巾在绳子上晾晒，每1块丝巾的两头必须被1个夹子夹住，一共需要用几个夹子呢？”酷酷猴接着把话说完。

“这个问题也太简单了吧！1块丝巾2个夹子，3块丝巾不就是6个夹子吗！”铁塔不假思索地回答。

“不是题目简单，是你的脑子太简单了吧！你只说出了一种晾丝巾的方法，还有很多种方法你没想到呢！”酷酷猴说。

“头领说得太不全了。我能说全！”一个叫金刚的黑猩猩站起来说。

铁塔忙对金刚说：“你赶紧告诉酷酷猴，还可以怎么晾？”

金刚说：“不好说，还是画图吧！”说着，他在纸上画出了图。

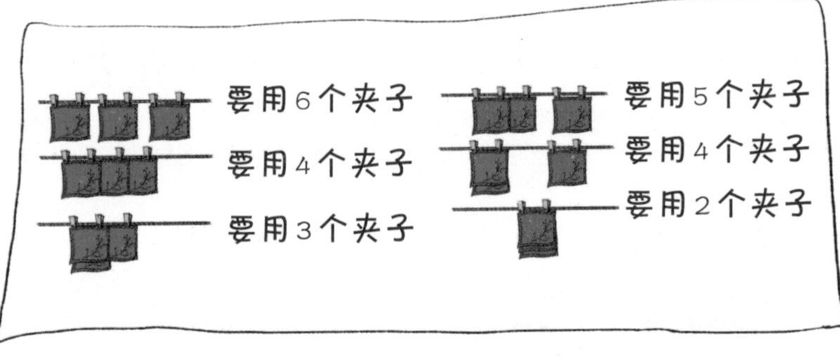

金刚画完图说：“你们看，一共有6种晾的方法，可以把丝巾左右重叠，也可以前后重叠，左右重叠一次，少用1个夹子，前后重叠一次，少用2个夹子。铁塔首领只说了不重叠的第一种情况，用6个夹子。第二种情况是三块丝巾左右边重叠两次，6－2＝4个夹子。第三种情况是两块前后重叠，然后再和第三块左右边重叠，6－2－1＝3个夹子。第四种情况是前两块左右边重叠，第三块单晾，6－1＝5个夹子。第五种情况是前两块前后重叠，第三块单晾，6－2＝4个夹子。第六种情况是三块都前后重叠，重叠两次，6－2－2＝2个夹子。可以用2、3、4、5、6个夹子。”

花花兔在一旁说：“金刚说得真是很全呀！”

金刚站起来，向铁塔提出了挑战：“你已经老糊涂了，连这么简单的问题都做不出来，不适合担任头领了。我现在正式向你提出挑战，我要当新头领！”

“敢向我挑战，你小子是不想活了！”铁塔发怒了，向金刚发起了进攻。

“呜——”金刚毫不退缩，摆开架势迎战。两只黑猩猩撕咬在一起。

“嗷——”金刚吼叫着向前撕咬。

“呜——”铁塔上面拳打，下面脚踢。

花花兔要上前劝阻，酷酷猴阻止了她。

花花兔歪着脑袋问：“他们打得这么厉害，你为什么不让我去劝架？”

酷酷猴解释说：“不要阻拦他们，为了拥有领导权，他们经常要争夺头领的位置。”

花花兔问：“你怎么知道的？”

酷酷猴说：“我们猕猴也经常为争夺头领之位而战斗。”

正说着，这边的战斗也有了结果，老头领铁塔被打败。他感叹地说了一句：“真的老了，打不过他了！”然后落荒而逃。

金刚站在树上，高举双拳欢呼：“噢，我胜利喽！”

众黑猩猩立刻接受了这个事实，他们向金刚狂呼，庆祝金刚当上了新头领。

众黑猩猩跪倒在金刚面前，齐声高

叫："我们服从你的领导！"

花花兔见头领更换得如此之快，心里很不是滋味。她追上战败的老头领铁塔问："老首领，你一个人到哪儿去呀？"

铁塔握紧双拳说："我去找一个地方养养伤，等好了以后再回来重新争夺头领的位置！"说完挥挥手，消失在丛林中。

酷酷猴解析

重叠问题

本故事中的重叠问题是晾晒丝巾或手帕等所需夹子数的问题。晾晒的方法有多种，不同的晾晒方法所需的夹子数也不同。想出所有方法，需要有序思考。正确计算夹子数，需要观察重叠规律。重叠方式有左右重叠和前后重叠：左右重叠1次，夹子数减少1个；前后重叠1次，夹子数减少2个。

酷酷猴考考你

幼儿园老师把4块手帕晾在绳子上，可以用几个夹子？

跳木桩

jīn gāng dāng shàng le xīn tóu lǐng shí fēn xīng fèn tā duì
金刚当上了新头领，十分兴奋。他对
dà jiā shuō wèi le huān yíng yuǎn fāng de kè rén yě wèi le qìng
大家说：“为了欢迎远方的客人，也为了庆
zhù wǒ dāng shàng xīn tóu lǐng jīn tiān wǒ men kāi yí gè lián huān huì
祝我当上新头领，今天我们开一个联欢会。”

biǎo yǎn jié mù nà kě tài hǎo le huā huā tù jiù ài
“表演节目？那可太好了！”花花兔就爱
còu rè nao
凑热闹。”

jīn gāng pā pā pā pāi le sān xià shǒu cóng xià miàn tiào
金刚“啪啪啪”拍了三下手，从下面跳
shàng lái yì zhī hēi xīng xing zhè shì wǒ men de zá jì míng xīng
上来一只黑猩猩：“这是我们的杂技明星，
yóu tā biǎo yǎn zá jì tiào mù zhuāng
由他表演杂技‘跳木桩’。”

jīn gāng de huà yīn gāng luò jǐ zhī hēi xīng xing jiù káng shàng
金刚的话音刚落，几只黑猩猩就扛上
lái gēn gāo gāo de mù zhuāng měi gēn mù zhuāng shàng dōu xiě zhe yīng
来6根高高的木桩。每根木桩上都写着英
wén zì mǔ mù zhuāng de dǐng bù hěn xiǎo méi yǒu yí dìng de píng
文字母。木桩的顶部很小，没有一定的平
héng néng lì shì bù néng zài shàng miàn zhàn wěn de
衡能力是不能在上面站稳的。

huā huā tù kàn dào mù zhuāng shuō zhè zhī hēi xīng xing de
花花兔看到木桩，说：“这只黑猩猩的

běn lǐng kě bù xiǎo ya zhè me gāo de mù zhuāng zhàn shàng qù dōu
本领可不小呀，这么高的木桩，站上去都
hěn fèi jìn hái tiào mù zhuāng zhēn shì lì hai jīn gāng shǒu lǐng
很费劲，还跳木桩，真是厉害！金刚首领，
kuài ràng tā tiào ba
快让他跳吧！”

màn tiào mù zhuāng shì zhuān mén biǎo yǎn gěi cōng míng rén kàn
“慢！跳木桩是专门表演给聪明人看
de jié mù zài kàn jié mù zhī qián yào xiān jiě dá shù xué wèn tí
的节目。在看节目之前，要先解答数学问题
de jīn gāng shuō
的！”金刚说。

zhè yǒu shén me nán de kù kù hóu shì jiě tí gāo shǒu shén
“这有什么难的，酷酷猴是解题高手，什
me wèn tí dōu nán bu zhù tā huā huā tù bù fú qì de shuō
么问题都难不住他！”花花兔不服气地说。

hǎo zhè ge zá jì míng xīng měi cì dōu shì cóng zuǒ miàn yì
“好！这个杂技明星每次都是从左面一
gēn mù zhuāng tiào dào yòu miàn lìng yì gēn mù zhuāng tiào fǎ bù néng yí
根木桩跳到右面另一根木桩，跳法不能遗

漏也不能重复，你们算算，他一共要跳多少次呢？”

“这还不简单，他从a到b，b到c，c到d，d到e，e到f，一共5次！”花花兔抢着回答。

“错！这个节目每次表演都很精彩，跳的次数比5次多多了！一只无知的小兔子，敢在我面前逞能，给我拿下！”

说完，两只黑猩猩上来就把花花兔抓住了。

花花兔急忙向酷酷猴求助：“酷酷猴救命！”

酷酷猴先上前一抱拳，说：“我的朋友年幼无知，多有得罪。我怎样才能救她？”

金刚说：“除非你把次数算对，否则兔子肉我吃定了！”

“我不仅能算对，还能用两种方法算对！”酷酷猴说，“我把这6根木桩缩成一个点，再连起来，画成这样的图形。”酷酷猴边说边画。

“数数这个图形中有多少条线段，就是跳多少次。”酷酷猴说。

“这种解法还真新鲜，你接着说。”金刚催促道。

“第一种方法是，先数最短的，有线段ab、bc、cd、de、ef共5条；再数两小段组成的，ac、bd、ce、df共4条；再数三小段组成的，ad、be、cf共3条；再数四小段组成的，ae、bf共2条；最后数5小段组成的，只有af，是1条。一共5+4+3+2+1=15，是15条。”

“一共要跳15次呢！我刚才真的算错了。”花花兔惊叫道。

“你刚才只想到了相邻的两根木桩，还可以隔着木桩跳呢！”酷酷猴说。

“你俩先别说废话了，我还等着听你的

另一种数法呢！”金刚不耐烦地说。

“还有一种数法，就是从一个点出发，向后找点数。怕你们听不明白，我还是画画图吧！”酷酷猴边说边画起了图。

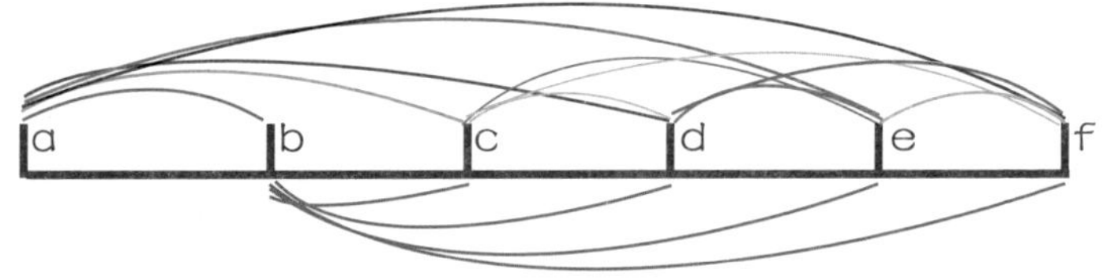

“a点出发是ab、ac、ad、ae、af，共5条；b点出发有bc、bd、be、bf，共4条；c点出发有cd、ce、cf，共3条；d点出发有de、df，共2条；e点出发有ef，有1条。一共有5＋4＋3＋2＋1＝15条。”酷酷猴边画图边解释。

金刚听完大赞：“酷酷猴果然名不虚传，是个解题高手。我看你的两种方法，最后的算式都是5＋4＋3＋2＋1＝15。应该还有更简单的窍门吧？”

酷酷猴说：“是有窍门。第一种方法只要数出最短的线段是5段，后面的就不用数了，直接从5加到1就可以了。第二种方法，只要数出从a点出发有5段，后面的也不用数了，直接从5加到1就可以了。”

金刚一拍手：“放人！表演开始！”

花花兔被放了，演出也开始了。只见台上的黑猩猩腾空跳上了a木桩，紧接着一个空翻从a跳到了b，台下一片叫好声……

花花兔看得入了神，激动地说：“我好崇拜他呀！”

酷酷猴解析

巧数线段

故事的题目实质上是：数一数，所有线段的端点都在同一条直线上，共有多少条线段？方法一是按同一方向先数最短的线段，再数由两小段组成的较长的线段，依此类推，最后数最长的线段。方法二是先从最左端的端点出发，依次向右找点数线段。两种方法都有同一个窍门，就是先数出最多的段，然后依次加到自然数1，就是线段总数。

酷酷猴考考你

数一数，下面的图形中共有多少条线段？

请裁判

表演刚结束，酷酷猴问金刚："黑猩猩请我从万里之外来到非洲，恐怕不是白请的吧？"

金刚回答："我们请你来，就是想和你比试比试，看看到底是你们猴子聪明，还是我们黑猩猩聪明。"

酷酷猴又问："什么时候咱们的比试正式开始？"

金刚想了想说："比试要有裁判，我让胖子、瘦子、红毛去请狒狒、山魈和长颈鹿来当裁判，他们分别住在东、西、北方向。"

花花兔听说要去请裁判，忙跑过来说：

“我也要去！我要去请长颈鹿！狒狒和山魈我都见过了，就是没见过长颈鹿呢！”

金刚对花花兔说：“想去请长颈鹿，要先做题，做对题才能去！”

花花兔问：“做什么题？请出题吧！”

金刚说：“你根据胖子、瘦子、红毛三个说的话，判断出他们各自去请哪位裁判，三位裁判各住在哪个方向。”

花花兔问胖子：“胖哥哥，你去请长颈鹿吗？往哪个方向走？”

胖子坏笑了一下说：“我不请长颈鹿，

不往东走。”

花花兔摸摸脑袋：“问了第一个人就不去请长颈鹿，真没意思！”

花花兔又扭头问瘦子：“你去请谁？往哪个方向走？”

瘦子说：“我不去请山魈，也不去请长颈鹿。”

花花兔皱起了眉说：“真是够奇怪的！问两个问题，只回答一个，气死我了！”

花花兔迫不及待地问红毛：“你能直接告诉我，你去请谁，往哪个方向走吗？”

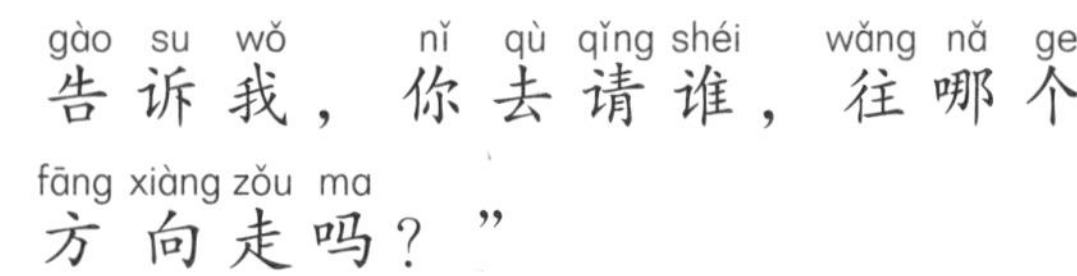

红毛摇了摇头说：“不好意思，我只能告诉你，我和胖子的方向正相反。”

花花兔听完，

跳着脚说："没有这么玩儿的！谁都没直接回答我，把我都说晕了！酷酷猴救我！"

酷酷猴安慰花花兔道："你别急！刚才他们的回答，已经告诉你答案了！"

花花兔惊讶地说："真的吗？"

酷酷猴说："我们列个表格就清楚了。"

	狒狒	山魈	长颈鹿	东	西	北
胖子						
瘦子						
红毛						

酷酷猴画了一个表格，接着说："我们根据他们说的话，在表格里相应的位置画钩或叉。胖子说不请长颈鹿，我们就在第二行第四列画叉。他还说不往东走，那我们接着在第二行第五列画叉。瘦子说不请山魈也不请长颈鹿，那我们在第三行第三列和第四列都打叉。红毛说，和胖子的方向相反，在东、西、北三个方向中，只

有东、西是相反的方向，胖子不往东走，说明胖子是往西走。红毛和胖子方向相反，说明他是往东走。在第二行的第六列和第四行的第五列画钩。”

	狒狒	山魈	长颈鹿	东	西	北
胖子			×	×	√	
瘦子		×	×			
红毛				√		

花花兔看到酷酷猴画的钩、叉，说：“我知道了，胖子往西走，红毛往东走，还有好多都不知道呀！”

酷酷猴说：“我们刚才只是把他们三人说的话，用钩、叉翻译到了表格上，下面还要根据表格分析呢！你看第三行，瘦子不请山魈和长颈鹿，一定就是去请狒狒。既然胖子和红毛分别往西和东走，那么，瘦子肯定是向北走。所以，要在第三行第二列和第七列画钩。看第二列，瘦子请了狒狒，那么，胖子和红毛肯定不请狒狒了，在第二行和第四行的第二列画叉。看第四列，胖子和瘦子不请长颈鹿，红毛肯定请长颈鹿，在第四行第四列画钩。看第二行，胖子不请狒狒和长颈鹿，肯定去请山魈，在第二行第三列画钩。现在，每行都有两个钩，每列都有一个钩，其他的格都画叉就行了。”

	狒狒	山魈	长颈鹿	东	西	北
胖子	×	√	×	×	√	×
瘦子	√	×	×	×	×	√
红毛	×	×	√	√	×	×

花花兔看着表格拍着手，对金刚说：“这下我知道了，胖子去请山魈，要往西走；瘦子去请狒狒，要往北走；红毛去请长颈鹿，要往东走。现在我能跟着红毛去请长颈鹿了吧？”

金刚回答道：“既然你知道了答案，你就跟着红毛一起去请长颈鹿吧！”

huā huā tù gāo xìng de jiào le qǐ lái tài hǎo la wǒ mǎ
花花兔高兴地叫了起来：“太好啦！我马
shàng jiù yào jiàn dào wǒ zuì xǐ huan de cháng jǐng lù le
上就要见到我最喜欢的长颈鹿了！”

hóng máo zài yì páng cuī cù dào shí jiān bù duō le wǒ
红毛在一旁催促道：“时间不多了，我
men kuài zǒu ba
们快走吧！”

huā huā tù xìng gāo cǎi liè de gēn zhe hóng máo zǒu le
花花兔兴高采烈地跟着红毛走了。

酷酷猴解析

列表推理

故事中的题目，是用列表的方法进行推理的。胖子、瘦子、红毛，各自对应一个裁判和一个方向。表格中的每行是他们三个负责的裁判和方向，所以每行应该有两个钩，其余是叉。表格中的每列是每个裁判由谁请，每个方向对应的是由谁去，所以，每列是一个钩和两个叉。推理时，先把题目中的叙述转化成钩、叉填入表格，然后再根据每行每列的钩、叉个数进行分析，把表格的其他格填满。

酷酷猴考考你

小红、小黄、小蓝三人比赛跑步，他们各戴了红、黄、蓝颜色的帽子。已知，小红不戴红帽子，小黄不戴黄帽子，小蓝不戴蓝帽子。比赛结束后，小红说：“我不是第一名。”小黄说：“我也不是第一名，跑在我前面的人戴了一顶红帽子。”请根据他们说的话，判断他们各自的名次和所戴的帽子。

寻找长颈鹿

huā huā tù wèn hóng máo　nǐ zhī dào zhǎng jǐng lù zhù zài nǎ er ma
花花兔问红毛："你知道长颈鹿住在哪儿吗？"

hóng máo shuō　qián jǐ tiān　cháng jǐng lù céng gěi wǒ lái guò yì fēng xìn
红毛说："前几天，长颈鹿曾给我来过一封信。"

shuō zhe tāo chū yì fēng xìn
说着掏出一封信。

huā huā tù kàn wán xìn　zhàng èr hé
花花兔看完信，丈二和

亲爱的红毛：

我最近又搬家了，这一片树林特别大，欢迎你到我们新家来做客。新家紧挨着高速公路，公路上立着一个标牌，牌子上写着：

和你做个数学游戏，左面每三个图形代表右面三个数中的一个，找到它们的对应关系，你就能找到我的新家了，希望早点儿见到你。

图形	数
○ △ ☆	218
☆ ○ ▲	461
□ ● ☆	142
△ ■ ○	952

你的好朋友　长颈鹿高高

尚摸不着头脑地说："这是个什么游戏呀，我一点儿头绪都没有，真不好玩儿！"

红毛说："你别急，我也看不出门道，不过，我俩好好观察，肯定能解出来的。"

花花兔说："你还挺会安慰人的！就听你的，我们再好好看看！"

"有了！我发现★出现了三次，分别是百位一次，个位两次；○也出现了三次，百位、十位、个位各一次。"红毛激动地说。

花花兔不甘示弱地说："我也发现了，△出现了两次，分别在百位和十位，其他的图形都只出现一次。可是，看出了这些有什么用呢？"

红毛摸了摸自己头上的红毛，眼睛一亮："我知道了！这样就可以知道图形和数字的对应关系了，★＝2。"

花花兔叫了起来："为什么？"

"你看！2和★一样，也是出现了三次，

而且是百位一次，个位两次。所以☆=2。”红毛激动地说。

“呀！还真是这样！我也看出来了，○=1。因为1和○一样，也是出现了三次，分别在百位、十位和个位。可是，下面该怎么办呢？”花花兔接着红毛的话茬儿说。

“下面就好办了，我们再找出现两次的△，分别出现在百位和十位，只有4和它一样，所以△=4。”红毛说。

“我知道了，○△☆代表的三位数是142。为了防止遗忘，我们先给它们连上线。可是，还有很多只出现一次的图形，它们对应的数字是多少呢？”花花兔接着问。

“这就不难了，你解出了○△☆是142，那么，另一个有△的△■○就是461呀！我们也连上线，■=6。”红毛说。

“我知道了，☆○▲是218，我们将它俩连上线。因为2在百位的数只有这一个，所以

huā huā tù shuō
▲=8。”花花兔说。

zuì hòu shèng xià de tú xíng kěn dìng shì zài lián
“最后剩下的图形□●☆肯定是952，再连
shàng xiàn wǒ men kě yǐ dé chū hóng máo shuō
上线。我们可以得出□=9，●=5。”红毛说。

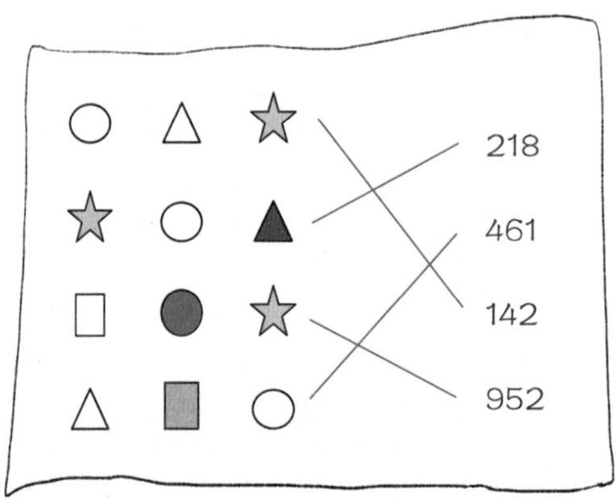

wā wǒ men zhōng yú jiě chū lái le
“哇！我们终于解出来了！●□▲○■☆△
shì zhēn xiàng gè diàn huà hào mǎ wǒ men kuài qù
是5981624，真像个电话号码。我们快去
zhǎo cháng jǐng lù ba
找长颈鹿吧！”

shuō wán huā huā tù gēn zhe hóng máo yí lù bèng bèng tiào
说完，花花兔跟着红毛，一路蹦蹦跳
tiào de zǒu zhe zǒu le yí huì er huā huā tù fā xiàn yǒu liǎng zhī
跳地走着。走了一会儿，花花兔发现有两只
liè bào zài yuǎn yuǎn gēn zhe tā men kě shì huā huā tù bú rèn shi
猎豹在远远跟着他们，可是花花兔不认识
liè bào tā tōu tōu gào su hóng máo hòu miàn yǒu liǎng zhī dà māo
猎豹，她偷偷告诉红毛：“后面有两只大猫
zài gēn zhe zán men
在跟着咱们。”

hóng máo huí tóu yí kàn xià le yí tiào tā gǎn jǐn shuō
红毛回头一看，吓了一跳。他赶紧说：

“那不是大猫，那是非洲草原上跑得最快的，也是最凶猛的猎豹！”

“啊！”花花兔非常害怕，“猎豹是不是想吃咱们？”

红毛回答：“猎豹吃不了我，他们就是想吃你！”

“那可怎么办呀？”花花兔害怕得浑身发抖。

红毛招呼花花兔：“你在前，我断后，咱俩沿着公路快点儿跑！”

“好！”花花兔应了一声，沿着公路撒腿就跑。

花花兔这一跑，惊动了一只老鹰，只听一声凄厉鸣叫，老鹰出现在花花兔的头上。

花花兔大惊失色：“啊！老鹰也要抓我！”

红毛喊道：“咱们两面受敌，快跑！”

只听见，猎豹在地上吼着：“小兔子，你往哪里跑！”

老鹰在空中叫着：“小兔子，你是我

的！”突然，从前面的丛林中蹿出一群长颈鹿来。

长颈鹿高叫：“你们不要害怕，我们来了！”

“啊！救星来了！”红毛热烈欢呼。

长颈鹿抬起后腿对猎豹喊道：“看我的厉害！”说着，他用有力的后腿把两只猎豹踢飞了。

一只飞起的猎豹，正好撞在老鹰的身上。老鹰遭受了重创：“哎哟，撞死我了！”

老鹰和猎豹，一个歪着膀子，一个斜着腰，狼狈逃窜。

长颈鹿指着前面的路标：“你们看，前面的路标上写着什么？”

花花兔说：“5981624，哈，我们到长颈鹿的家啦！”

酷酷猴解析

观察规律找对应

故事中的题目是个数学小游戏，通过找到图形与数的对应关系，得出每个图形代表的数字是几。方法是按照图形出现的次数，从多到少逐一找对应。先找到出现次数最多的图形，并观察它分别出现在什么数位，然后看哪个数字与它出现的次数和数位完全一样。这样，先确定出现次数最多的图形代表几；然后，依照上面的方法再找出现次数较多的图形代表几；最后，确定只出现一次的图形代表几。

酷酷猴考考你

将左面的图形与右面的三位数连线。

○ □ ☆	452
△ ☆ ○	132
▲ ● ☆	295
☆ ■ ●	621

小猩猩的考题

黑猩猩的新头领金刚请的裁判——狒狒、山魈和长颈鹿都来了。

金刚说："我请的三位裁判都已到齐，我设宴招待各位。"

狒狒、山魈和长颈鹿一起起立，对金刚说："祝贺金刚荣升为新头领，谢谢新头领的款待。"

一只小猩猩头顶一个圆盘，里面有许多蘑菇。

小猩猩对大家说："请头领、客人、裁判吃蘑菇！"

金刚招呼客人："大家随便吃！"

小猩猩献给酷酷猴一个蘑菇。

kù kù hóu ná qǐ lái fàng dào kǒu zhōng yì cháng máng shuō
酷酷猴拿起来放到口中一尝，忙说：
zhè mó gu zhēn xiān
“这蘑菇真鲜！”

xiǎo xīng xing dào yě guāi qiǎo tā yòu cóng pán zi lǐ ná qǐ yí
小猩猩倒也乖巧，他又从盘子里拿起一
gè shuō jì rán mó gu hǎo chī wǒ jiù zài sòng nǐ yí gè
个说：“既然蘑菇好吃，我就再送你一个。
bú guò nǐ yào huí dá wǒ yí gè wèn tí
不过你要回答我一个问题。”

shén me lián nǐ zhè me xiǎo de xīng xing yě yào chū tí kǎo
“什么？连你这么小的猩猩也要出题考
wǒ kù kù hóu diǎn dian tóu shuō hǎo ba shén me wèn tí
我？”酷酷猴点点头说，“好吧！什么问题？”

xiǎo xīng xing shuō wǒ yào bǎ zhè xiē mó gu fēn gěi hé wǒ yí
小猩猩说："我要把这些蘑菇分给和我一
yàng dà de xiǎo xīng xing men rú guǒ měi rén fēn gè jiù duō le
样大的小猩猩们。如果每人分5个，就多了
gè rú guǒ měi rén fēn gè jiù shǎo le gè qǐng wèn
5个；如果每人分7个，就少了7个。请问，
yǒu duō shao zhī xiǎo xīng xing yǒu duō shao gè mó gu
有多少只小猩猩？有多少个蘑菇？"

huā huā tù zài yì páng jiào qǐ lái zhè shì shén me guǐ tí
花花兔在一旁叫起来："这是什么鬼题，
shén me duō gè shǎo gè de wǒ kě bú huì jiě yì diǎn er
什么多5个少7个的？我可不会解，一点儿
sī lù dōu méi yǒu
思路都没有。"

xiǎo xīng xing hěn hěn de dèng le huā huā tù yì yǎn yòu méi
小猩猩狠狠地瞪了花花兔一眼："又没
kǎo nǐ nǐ xiā rāng rang shén me xiǎo xīn jīn gāng shǒu lǐng xià lìng
考你，你瞎嚷嚷什么？小心金刚首领下令
bǎ nǐ rēng chū qù
把你扔出去！"

huā huā tù yì tīng xià de lì jí duǒ dào le kù kù hóu de
花花兔一听，吓得立即躲到了酷酷猴的
shēn hòu bù gǎn chū shēng le
身后，不敢出声了。

kù kù hóu shuō huā huā tù bié pà zhè tí nán bu dǎo
酷酷猴说："花花兔别怕，这题难不倒
wǒ dá àn wǒ dōu suàn chū lái le shì zhī xiǎo xīng xing
我！答案我都算出来了，是6只小猩猩，35
gè mó gu
个蘑菇。"

huā huā tù xiǎo shēng shuō nǐ suàn de zhè me kuài méi
花花兔小声说："你算得这么快，没
cuò ba yào shi cuò le jīn gāng kě néng huì duì zán men bú
错吧？要是错了，金刚可能会对咱们不
kè qi
客气。"

小猩猩大笑了起来："对了。但你要把解题方法说出来，万一你是蒙的呢！"

听了小猩猩的话，三位裁判也连连点头。

酷酷猴说："我酷酷猴什么时候蒙过答案，肯定是有方法的。你们看，每人分5个，变成每人分7个，每人是不是多分了2个？你们知道每人多分2个，共需要多少个蘑菇吗？"

大家面面相觑，小猩猩先说话了："你就别卖关子了，是考你的，你就别反问我们了。"

"肯定是12个啦！你们想，不管每人分5个还是每人分7个，人数是不变的。从每人分5个到每人分7个，不但要把每人分5个时多余的5个继续分了，还差7个，也就是说再添上7个，才能够每人分7个的。7＋5＝12个，7－5＝2个，12÷2＝6只小猩猩。6×5＋5或6×7－7都得35个蘑菇。如果还不

míng bai　wǒ gěi nǐ men huà gè tú ba
明白，我给你们画个图吧！”

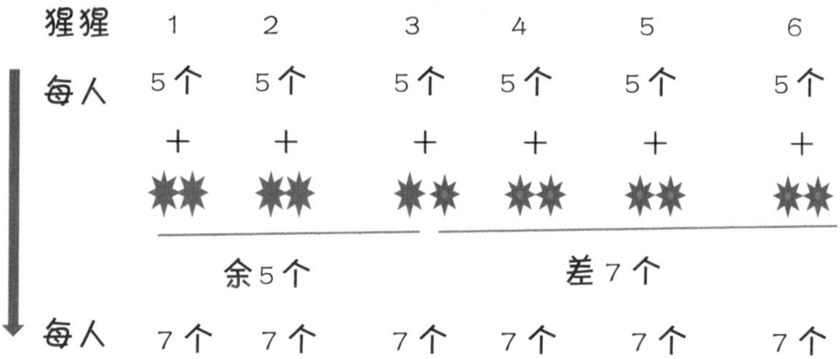

猩猩	1	2	3	4	5	6
每人	5个	5个	5个	5个	5个	5个
	+	+	+	+	+	+
	✸✸	✸✸	✸✸	✸✸	✸✸	✸✸
	余5个			差7个		
每人	7个	7个	7个	7个	7个	7个

xiǎo xīng xing pāi zhe shǒu　shuō　kù kù hóu zhēn niú　bú dàn bǎ dá àn suàn duì le　hái gěi wǒ men jiǎng míng bai le　yí kàn nǐ huà de tú　wǒ quán dǒng le
小猩猩拍着手，说：“酷酷猴真牛，不但把答案算对了，还给我们讲明白了，一看你画的图，我全懂了！”

huā huā tù gāo xìng de shuō　wǒ yě tīng míng bai le
花花兔高兴地说：“我也听明白了！”

xiǎo xīng xing yòu duān lái yí dà pán mó gu　duì kù kù hóu shuō　qǐng chī mó gu
小猩猩又端来一大盘蘑菇，对酷酷猴说：“请吃蘑菇！”

sān wèi cái pàn yí zhì cái dìng　dì yī dào kǎo tí kù kù hóu dá duì le　jì xù chū dì èr tí
三位裁判一致裁定：“第一道考题酷酷猴答对了，继续出第二题！”

kù kù hóu shuō　hái chū tí kǎo wǒ　lún fān hōng zhà ya
酷酷猴说：“还出题考我？轮番轰炸呀！”

酷酷猴解析

简单的盈亏问题

盈亏问题中，一般总数量和总份数是不变的，变化的是每份数。例如故事中，从每人分5个到每人分7个，每份数由5变到7。每人分5个余5个，余的5个叫盈数。每人分7个差7个，差的7个叫亏数。每人分5个余的和每人分7个差的之间的差2个叫每份差。人数是份数，蘑菇数是总数。求出份数是盈亏问题的解题关键，份数=（盈数+亏数）÷每份差。

酷酷猴考考你

小朋友分香蕉，每人分2根余3根，每人分3根差4根。有多少个小朋友？有多少根香蕉？

击鼓的时间

酷酷猴的话音刚落，金刚一挥手，一只头戴黄头巾、身穿黄褐色缎子衣服的黑猩猩推着一面红色的大鼓走上了台。

金刚说：“下面由我们最著名的黑猩猩鼓手为大家表演击鼓，大家掌声欢迎！”

哗！掌声一片。只见这位鼓手两手轮番抡起鼓槌，击打在鼓面上。

咚咚咚！鼓声响起，震耳欲聋。鼓声有时急促悦耳，有时缓慢有力。

花花兔随着鼓声，扭着腰，甩着屁股，嘴里哼着《小苹果》的旋律，跳起了时髦的舞蹈。

“好！太精彩了！”大家齐声叫好！宴

huì de qì fēn zài gǔ shēng zhōng dá dào le gāo cháo
会的气氛在鼓声中达到了高潮。

zài rè liè de qì fēn zhōng gǔ shǒu jié shù le biǎo yǎn
在热烈的气氛中，鼓手结束了表演。

huā huā tù shùn shǒu cóng páng biān de shù shàng zhāi xià yì duǒ xiān
花花兔顺手从旁边的树上摘下一朵鲜
huā pǎo dào gǔ shǒu miàn qián sòng gěi le tā huā huā tù jī dòng
花，跑到鼓手面前送给了他。花花兔激动
de shuō nǐ de biǎo yǎn tài jīng cǎi le hēi xīng xing gǔ shǒu
地说：“你的表演太精彩了！”黑猩猩鼓手
lǐ mào de shuō xiè xie nǐ
礼貌地说：“谢谢你！”

kù kù hóu zài yì páng chén bu zhù qì le wèn jīn gāng
酷酷猴在一旁沉不住气了，问金刚：
nǐ de kǎo tí bú huì shì ràng wǒ men jī gǔ ba
“你的考题不会是让我们击鼓吧？”

jīn gāng shuō wǒ de kǎo tí què shí hé jī gǔ yǒu guān
金刚说：“我的考题确实和击鼓有关。

如果我的鼓手每击一下鼓用时1秒，击鼓的节奏不变，他连续击5下要用13秒，请问：照这样计算，他连续击10下要用几秒？”

花花兔听了，满不在乎地说：“击一下用1秒，击5下不是用5秒吗？怎么时间那么多？金刚出错题了吧？”

金刚两眼冒火地瞪着花花兔，刚要发火，酷酷猴立即打圆场，说：“花花兔你别胡说，金刚大首领怎么会出错题呢？你是没想到每相邻两下还有间隔时间呢！金刚首领别和一个小孩子生气，她不是故意的。”

金刚态度缓和了一些说：“别废话了，快解题吧！”

花花兔又插嘴道：“我都解出来了，5下用13秒，10下不就是26秒吗！”

“错！”金刚喊了一声。

“为什么是错的呢？”花花兔无辜地看着酷酷猴说。

酷酷猴说："这道题没那么简单，敲5下是4个间隔，敲10下是9个间隔，不能简单地用敲5下的时间乘以2。"

花花兔说："那到底是多少秒呢？"

酷酷猴说："我们先把敲5下的时间去掉，13－5＝8秒，这是4个间隔的时间，8÷4＝2秒，一个间隔用2秒。金刚说节奏不变，说明每个间隔时间是相等的。敲10下有9个间隔，2×9＝18秒，18＋10＝28秒。"

"我少算了2秒，就是1个间隔的时间。"花花兔终于明白了。

"答对了！"金刚说。

狒狒宣布："酷酷猴算得完全正确！"

山魈点点头说："连我都听明白了！"

长颈鹿说："我宣布，第一轮，金刚出题，酷酷猴答题。酷酷猴胜利！下面该酷酷猴出题，金刚来答题了。"

酷酷猴解析

敲钟问题

故事中的敲鼓问题是敲钟问题的一种较复杂的类型。解题时既要考虑敲的次数所用的时间，又要考虑每个间隔所用的时间。间隔数=次数－1，每个间隔的时间=（总时间－次数的时间）÷间隔数，总时间=每次的时间×次数+每个间隔时间×间隔数。一些较简单的题型不用考虑每次的时间，只考虑间隔的时间。

酷酷猴考考你

钟每敲一下用1秒，敲4下一共用了7秒。照这样计算，敲8下用几秒？

兔子和鸡关在一起

酷酷猴站在众人中间说："该我出题考新头领金刚了。"

金刚一脸满不在乎的样子："随便考！"

酷酷猴说："我把鸡和兔子关在同一个笼子里，数数头共8个，数数脚共26只。你说，我的笼子里共关了多少只兔子、多少只鸡呢？"

金刚还没说话，一旁的花花兔急了："酷酷猴，你怎么这样呀？为什么要把我们兔子关在笼子里，还和可恶的鸡关在一起？"

金刚发话了："可恶的小兔子，你吵什么？影响我思考了，闭嘴！"

kù kù hóu ān wèi huā huā tù dào nǐ bié dàng zhēn
酷酷猴安慰花花兔道：“你别当真，
wǒ zhǐ shì chū gè tí ér yǐ yě méi zhēn bǎ nǐ men guān qǐ
我只是出个题而已，也没真把你们关起
lái ya
来呀！”

huā huā tù hái shi juē zhe zuǐ ba kě shì
花花兔还是噘着嘴巴：“可是……”

jīn gāng shuō xiǎo tù zi nǐ zài bú bì zuǐ wǒ jiù zhēn
金刚说：“小兔子你再不闭嘴，我就真
bǎ nǐ guān qǐ lái le
把你关起来了。”

kù kù hóu shuō jīn gāng shǒu
酷酷猴说：“金刚首
lǐng hái shi xiān jiě tí ba
领还是先解题吧！”

jīn gāng shuō nǐ chū de
金刚说：“你出的
zhè shì shén me guài tí ya wǒ
这是什么怪题呀。我
cóng lái méi jiàn guò jī shì zhī
从来没见过。鸡是2只
jiǎo tù zi shì zhī jiǎo zhè
脚，兔子是4只脚，这

26只脚该怎么分呢？这个……这个……”金刚摸着大脑袋，一副犯愁的模样。

三个裁判一起催促道：“请金刚首领马上说出答案，答题时间快到了！”

金刚抓耳挠腮，一拍大腿：“我拼了，蒙个答案试试吧，4只兔子，4只鸡！”

三个裁判齐声说：“答案错误！下面由出题者公布答案并讲解！”

酷酷猴说：“答案是5只兔子，3只鸡！”

花花兔说：“酷酷猴，你快讲讲为什么是5只兔子，3只鸡。”

酷酷猴说：“想要让你们明白，还得画图来讲解。”说着他就在地上画起图来，边画边说：“我们先假设8个头都是鸡的头，再给每只鸡画上两条腿。”

花花兔说："画的全是鸡，才16条腿，少了10条腿怎么办呢？"

酷酷猴说："我们可以把鸡变成兔子呀！一只鸡变成一只兔子，添上2条腿就行了。添够10条腿就把原来的5只鸡变成兔子了。"

花花兔听完大笑，说："太好玩儿了！让我来给鸡添上腿吧！"花花兔不由分说，拿起笔来给鸡添上了腿，边添边数："2、4、6、8、10，够了！哈！原来是5只兔子、3只鸡呀！"

花花兔兴致正浓，对酷酷猴说："酷酷猴你真棒！还有更简单的解法吗？"

酷酷猴说："当然有了！"

huā huā tù cuī cù dào nǐ kuài shuō lái tīng ting
花花兔催促道：“你快说来听听。”

kù kù hóu shuō rú guǒ wǒ men ràng suǒ yǒu de jī hé tù
酷酷猴说：“如果我们让所有的鸡和兔
zi dōu tái qǐ liǎng zhī jiǎo nǐ shuō huì zěn yàng
子都抬起两只脚，你说会怎样？”

huā huā tù shuō nà jī jiù zhàn bu zhù le kěn dìng shuāi
花花兔说：“那鸡就站不住了，肯定摔
gè dà pì gu dūn er hā hā tài hǎo wán er le huā huā tù
个大屁股蹲儿！哈哈！太好玩儿了！”花花兔
xiào de qián yǎng hòu hé sān gè cái pàn yě gēn zhe xiào le qǐ lái
笑得前仰后合，三个裁判也跟着笑了起来。

xiào guò zhī hòu huā huā tù yì zhuǎn niàn shuō nǐ ràng jī
笑过之后，花花兔一转念，说：“你让鸡
shuāi le gè pì gu dūn er hé jiě tí yǒu shén me guān xì ne
摔了个屁股蹲儿，和解题有什么关系呢？”

dāng rán yǒu guān xì le zhè shí měi zhī tù zi hái shèng
“当然有关系了。这时，每只兔子还剩2
zhī jiǎo dì shàng yí gòng hái shèng zhī jiǎo dōu
只脚。地上一共还剩26－2×8＝10只脚，都
shì tù zi jiǎo zhī tù zi jiù shì zhī jī
是兔子脚。10÷2＝5只。兔子就是5只，鸡
yǒu zhī
有8－5＝3只。”

zhè zhǒng fāng fǎ hǎo miào ya huā huā tù xīng fèn de jiào
“这种方法好妙呀！”花花兔兴奋地叫
qǐ lái
起来。

jīn gāng hēi zhe běn lái jiù hěn hēi de liǎn yòu xiū yòu nǎo
金刚黑着本来就很黑的脸，又羞又恼。
sān wèi cái pàn tóng shí kàn zhe jīn gāng yì shí dōu wú yǔ le
三位裁判同时看着金刚，一时都无语了。

酷酷猴解析

鸡兔同笼问题

鸡兔同笼问题的一般解法是假设法。故事中的第一种解法是常用的假设法。假设全是鸡，脚数就会比实际的脚数少，然后再把与实际相差的脚数添上，就把原来的兔子数求出来了。一只鸡变成一只兔子需添上2只脚。通过画图，能更好地理解这种方法。当然，也可以假设全是兔子，解题思路与假设全是鸡是相同的。第二种方法不常用，但比较巧妙，如果能理解，也可以使用。

酷酷猴考考你

鸡兔同笼，头10个，脚26只，鸡、兔各几只？

鲜花在几个长方形里

金刚第一个问题没答出来，并不服气。他叫道："第一题没答出来不算什么，第二题我一定能答好！"

裁判狒狒站起来说："请酷酷猴出第二题。"

酷酷猴对花花兔说："小美兔，从树上摘下一朵鲜花来！"

"是！"花花兔兴高采烈、蹦蹦跳跳地从树上摘下一朵美丽的鲜花，递给了酷酷猴。

酷酷猴对金刚说："刚才我把鸡、兔放在一个笼子里把你搞晕了。这次，我把鲜花放在长方形里，看你还晕不晕。"

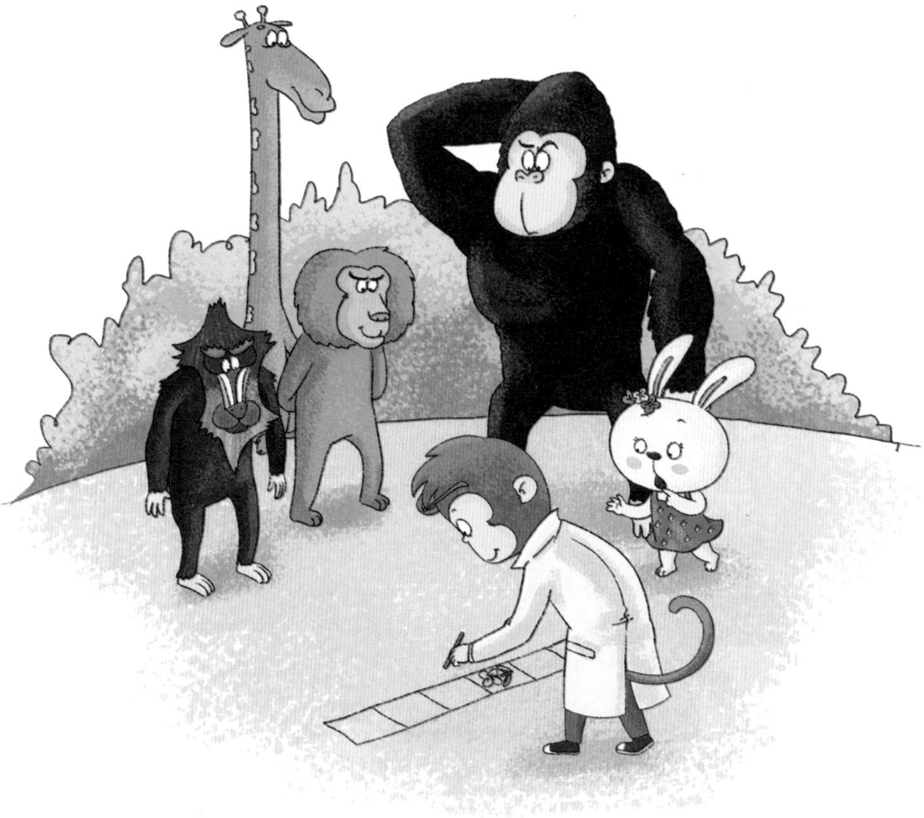

kù kù hóu shuō wán bǎ xiān huā wǎng dì shàng yí fàng suí
酷酷猴说完，把鲜花往地上一放，随
shǒu ná qǐ yì zhī fěn bǐ huà qǐ tú lái biān huà biān duì jīn
手拿起一支粉笔画起图来，边画边对金
gāng shuō qǐng nǐ huí dá zhè duǒ xiān huā zài jǐ gè cháng fāng
刚说：“请你回答，这朵鲜花在几个长方
xíng lǐ
形里？”

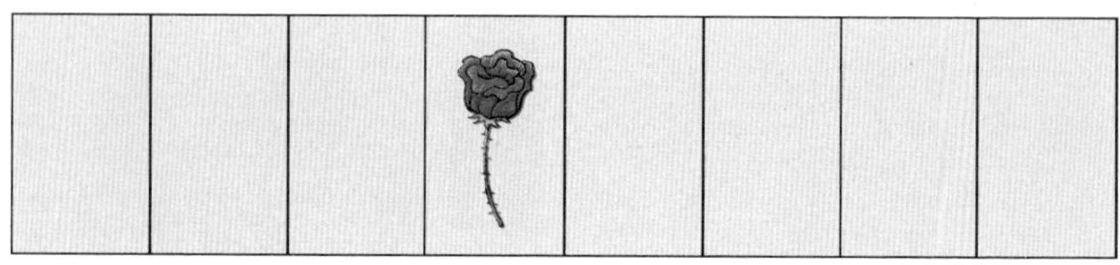

金刚看到题，大笑起来："酷酷猴也有犯傻的时候啊，出这种弱智题考我！这还用想，不就是在一个长方形里吗！哈哈！"

"一个长方形？你确定吗？"酷酷猴问金刚。

"当然确定，你不就是把鲜花放在第4个长方形里了吗！"金刚满不在乎地回答。

"答案错误！"酷酷猴说。

裁判长颈鹿说："请酷酷猴公布正确答案并说明解题方法。"

"答案是——鲜花放在20个长方形里！"酷酷猴大声说出答案。

金刚叫道："你会变魔术呀？明明是在一个长方形里，哪来的20个？你必须讲明白了，否则我不服！"

酷酷猴说："你别急，我讲给你听。我先把长方形编个序号。"说着，酷酷猴拿起笔，开始在长方形里写数字。

1	2	3	4	5	6	7	8

酷酷猴刚写完，金刚不服气地说：“你看，鲜花是不是只在4号长方形里？”

酷酷猴说：“你只看到我编了号的小长方形，可是，你没看到更大的长方形。”

“更大的长方形？在哪里？你不就画了8个长方形吗？”金刚不解地问。

“当然有更大的长方形了！鲜花确实在4号长方形里，但你把3号和4号合起来看，是不是又是一个更大的长方形？4号和5号是不是也是一个更大的长方形？”

金刚不得不点头说：“倒也是呀，我刚才怎么就没看到呢！”

酷酷猴说：“我把20个长方形按顺序写出来，只要组成长方形的序号中有4号就有鲜花。一个一个说太麻烦了。”说着，酷酷猴动笔写了起来。

组成长方形的个数	组成长方形的序号	个数
1个小长方形组成	4	1
2个小长方形组成	（3、4）（4、5）	2
3个小长方形组成	（2、3、4）（3、4、5） （4、5、6）	3
4个小长方形组成	（1、2、3、4） （2、3、4、5） （3、4、5、6） （4、5、6、7）	4
5个小长方形组成	（1、2、3、4、5） （2、3、4、5、6） （3、4、5、6、7） （4、5、6、7、8）	4
6个小长方形组成	（1、2、3、4、5、6） （2、3、4、5、6、7） （3、4、5、6、7、8）	3
7个小长方形组成	（1、2、3、4、5、6、7） （2、3、4、5、6、7、8）	2
8个小长方形组成	（1、2、3、4、5、6、7、8）	1

“累死我了！”酷酷猴写完，喊了一句。

“你写累了，我也听累了。这么数我听明白了，可是真的有点儿麻烦，还有没有省事的方法呢？”花花兔问酷酷猴。

“当然，你看！”酷酷猴边说边画边写。“这个图形共有1＋2＋3＋4＋5＋6＋7＋8＝36个长方形，其中有含有鲜花的，也有不含有鲜花的。左面的绿色部分就不含鲜花，有1＋2＋3＝6个长方形。右面的蓝色部分也不含有鲜花，有1＋2＋3＋4＝10个长方形。含有鲜花的有36－6－10＝20个长方形。

1	2	3		1	2	3	4

酷酷猴刚说完，裁判狒狒马上说：“酷酷猴的这种解法很妙呀！”

裁判山魈也应和道：“酷酷猴确实名不虚传！”

一旁的金刚又羞又恼，脸涨得通红。

cái pàn cháng jǐng lù xuān bù zhè yì lún bǐ sài jīn gāng
裁判长颈鹿宣布：“这一轮比赛，金刚
shū le
输了！”

jīn gāng shū jí le tā dèng dà le yǎn jing jiào dào kù
金刚输急了，他瞪大了眼睛叫道：“酷
kù hóu nǐ rú guǒ zhēn yǒu běn shi jiù rào zhe zhè piàn dà
酷猴，你如果真有本事，就绕着这片大
sēn lín zǒu yì quān néng gòu huó zhe huí lái nà cái jiào yǒu běn
森林走一圈，能够活着回来，那才叫有本
lǐng ne
领呢！”

cái pàn cháng jǐng lù wèn kù kù hóu nǐ gǎn yìng
裁判长颈鹿问酷酷猴：“你敢应
zhàn ma
战吗？”

kù kù hóu xiào le xiào zhè yǒu shén me bù gǎn de
酷酷猴笑了笑：“这有什么不敢的？”

kù kù hóu xiàng dà jiā huī hui shǒu shuō guò yí huì
酷酷猴向大家挥挥手说：“过一会
er jiàn
儿见！”

huā huā tù bǎ liǎng zhī dà ěr duo xiàng hòu yì shuǎi wǒ bā
花花兔把两只大耳朵向后一甩：“我巴
bu dé zài fēi zhōu dà sēn lín lǐ guàng yi guàng na zǒu shuō
不得在非洲大森林里逛一逛哪！走！”说
wán tā men lí kāi le hēi xīng xing de dì pán wǎng sēn lín lǐ
完，他们离开了黑猩猩的地盘，往森林里
zǒu qù
走去。

酷酷猴解析

巧数长方形

故事中的题目是数含有鲜花的长方形的个数。第一种解法是直接数。从4号长方形开始，按长方形的大小分别向左右拓展，从最小的只含1个长方形，数到最大的含8个长方形。这种方法虽然复杂些，但有助于观察能力和有序思考能力的提高。第二种解法是间接数，用总个数减不含鲜花的个数就得到了含有鲜花的个数。这里用的是这种图形数长方形个数的一般解法，即从1开始按自然数的顺序给连续的长方形标号，再把标出的所有自然数相加，就是标号部分长方形的个数。

酷酷猴考考你

数一数，☺在几个长方形中？

遭遇鬣狗

kù kù hóu hé bèng bèng tiào tiào de huā huā tù zǒu chū le hēi xīng
酷酷猴和蹦蹦跳跳的花花兔走出了黑猩
xing de lǐng dì wǎng sēn lín shēn chù zǒu qù
猩的领地，往森林深处走去。

liǎng rén zǒu zhe zǒu zhe tū rán cóng dà shù hòu miàn chuán lái
两人走着走着，突然从大树后面传来
shuō huà shēng
说话声。

yí gè sī yǎ de shēng yīn shuō zán men zhè cì bǎ shī zi
一个嘶哑的声音说：“咱们这次把狮子
cáng de dèng líng dōu tōu lái le zú gòu chī jǐ tiān de
藏的瞪羚都偷来了，足够吃几天的！”

huā huā tù dǎ le yí gè hán zhàn máng wèn zhè shì shéi zài
花花兔打了一个寒战，忙问：“这是谁在
shuō huà
说话？”

xū kù kù hóu shì yì huā huā tù bú yào shuō huà
“嘘——”酷酷猴示意花花兔不要说话。
tā liǎ tōu tōu zhuàn guò dà shù kàn jiàn yuán lái shì jǐ zhī liè gǒu
他俩偷偷转过大树，看见原来是几只鬣狗
zài tán huà
在谈话。

liè gǒu jiǎ zháo jí de shuō zán men kuài bǎ zhè xiē tōu lái
鬣狗甲着急地说：“咱们快把这些偷来
de dèng líng fēn le ba
的瞪羚分了吧！”

liè gǒu yǐ fēi cháng tóng yì duì ràng shī zi fā xiàn
鬣狗乙非常同意：“对！让狮子发现
le kě bú shì nào zhe wán er de
了，可不是闹着玩儿的！”

liè gǒu bǐng xiǎng le yí xià shuō kě shì bù zhī dào zán men
鬣狗丙想了一下说：“可是不知道咱们
yǒu duō shao dì xiong cān jiā le tōu dèng líng de xíng dòng yě bù qīng
有多少弟兄参加了偷瞪羚的行动，也不清
chu yí gòng tōu le duō shao zhī dèng líng
楚一共偷了多少只瞪羚。”

liè gǒu yǐ shàng qián yí bù shuō wǒ dào shì suàn guò
鬣狗乙上前一步说：“我倒是算过。
bǎ suǒ yǒu dèng líng píng jūn fēn chéng sān fèn ná chū qí zhōng de
把所有瞪羚平均分成三份，拿出其中的
dì yī fèn cóng zhōng ná chū zhī hòu fēn gěi zán men de lǎo
第一份，从中拿出1只后，分给咱们的老
dà ná chū qí zhōng de dì èr fèn cóng zhōng ná chū zhī
大；拿出其中的第二份，从中拿出1只
hòu zài píng jūn fēn chéng liǎng fèn
后，再平均分成两份，
fēn gěi zán men de lǎo èr hé lǎo
分给咱们的老二和老
sān zuì hòu shèng xià de dì
三；最后剩下的第
sān fèn cóng zhōng ná chū
三份，从中拿出

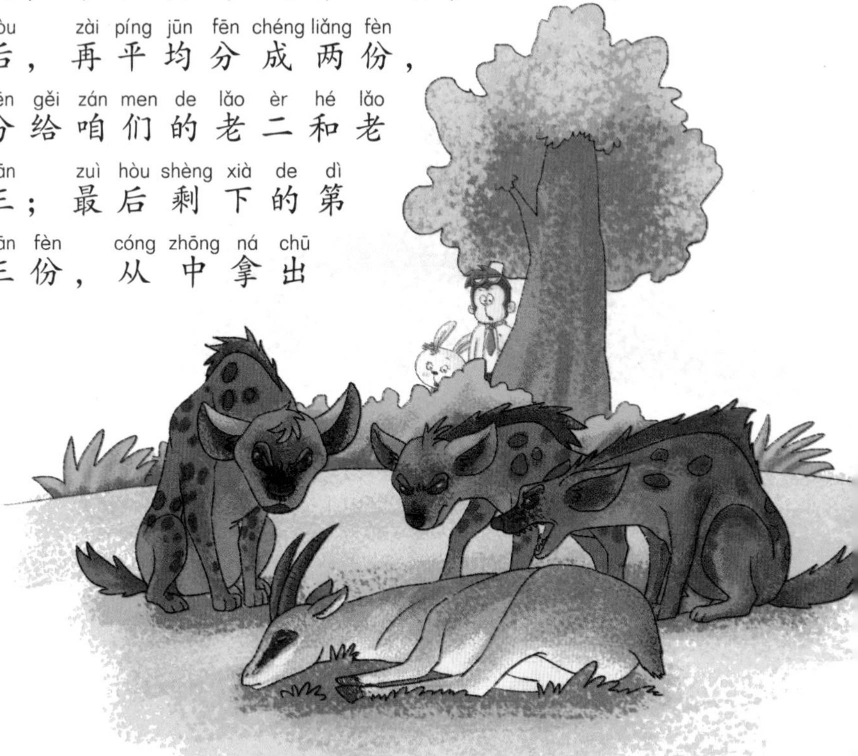

1只后，再平均分成三份，咱仨每人一份。这样分正合适。偷完之后我大致估计了一下，应该是30多只吧！”

鬣狗甲说：“合适什么呀！你每次拿出1只，一共拿出了3只。这3只还没有主呢！”

鬣狗乙嘿嘿笑了两声说：“算你聪明，本来我想把这3只瞪羚独吞了，现在让你识破了，那就咱仨每人1只！”

鬣狗丙着急地说：“你说的跟绕口令似的，我还是不知道有多少只瞪羚呀！”

花花兔悄声地问：“酷酷猴，你说他们偷了多少只瞪羚？”

酷酷猴回答：“我算了一下，一共39只瞪羚，有6只鬣狗。听说这些鬣狗非常凶残，经常成群结伙地攻击其他动物！”

花花兔着急地问：“你是怎么算出来的？”花花兔这一着急，说话的声音就高了。鬣狗很快发现了酷酷猴和花花兔。

liè gǒu jiǎ jǐn zhāng de shuō xū yǒu rén
鬣狗甲紧张地说："嘘——有人！"

liè gǒu yǐ shuō wǒ kàn jiàn le shì yì zhī hóu zi hé yì
鬣狗乙说："我看见了，是一只猴子和一
zhī xiǎo bái tù
只小白兔。"

kù kù hóu jiàn jī bú miào máng duì huā huā tù shuō zán men
酷酷猴见机不妙，忙对花花兔说："咱们
kuài zǒu jǐ zhī liè gǒu zài hòu miàn jǐn gēn zhe tā men
快走！"几只鬣狗在后面紧跟着他们。

huā huā tù wèn zhè xiē liè gǒu wèi shén me zǒng shì gēn zhe
花花兔问："这些鬣狗为什么总是跟着
zán men
咱们？"

kù kù hóu shuō tā men zài zhǎo jī huì shí jī yí dào
酷酷猴说："他们在找机会，时机一到
jiù huì xiàng zán men fā qǐ jìn gōng
就会向咱们发起进攻。"

huā huā tù tīng le yòu kāi shǐ hún shēn fā dǒu zhè kě zěn
花花兔听了又开始浑身发抖："这可怎
me bàn ne
么办呢？"

kù kù hóu gǔ lì tā bú yào pà yào lěng jìng
酷酷猴鼓励她："不要怕！要冷静！"

tū rán liè gǒu jiǎ fā chū mìng lìng shí hou dào le jìn
突然，鬣狗甲发出命令："时候到了，进
gōng liè gǒu men xiàng kù kù hóu hé huā huā tù fā qǐ le jìn gōng
攻！"鬣狗们向酷酷猴和花花兔发起了进攻。

kù kù hóu yě bù gǎn dài màn máng shuō kuài pǎo
酷酷猴也不敢怠慢，忙说："快跑！"

pǎo zhe pǎo zhe huā huā tù huí tóu yí kàn dà jiào āi
跑着跑着，花花兔回头一看，大叫："哎
yā liè gǒu kuài zhuī shàng wǒ men la
呀！鬣狗快追上我们啦！"

kù kù hóu líng jī yí dòng lā zhe huā huā tù shuō gēn wǒ
酷酷猴灵机一动，拉着花花兔说："跟我

pá shàng qián miàn nà kē shù
爬上前面那棵树！”

liè gǒu men bǎ shù gěi wéi shàng le
鬣狗们把树给围上了。

kù kù hóu duì liè gǒu shuō　nǐ men yǐ jīng tōu le shī zi nà
酷酷猴对鬣狗说：“你们已经偷了狮子那
me duō dèng líng　zú gòu chī jǐ tiān de le　wèi shén me hái yào
么多瞪羚，足够吃几天的了，为什么还要
gōng jī wǒ men
攻击我们？”

鬣狗甲摇晃着脑袋说："到现在我也不知道，我们一共弄来多少只瞪羚。"

酷酷猴说："刚才我已经算出来了，参加偷盗的鬣狗有6只。我用乘法口诀表算出瞪羚总数是39只！"

鬣狗甲嚷道："你胡说！乘法口诀表里哪有39这个数呀！你骗我们呢吧？"

酷酷猴说："你们都追上我了，我还敢骗你们？你听我慢慢说！

"我从三等份的第二份和第三份算出来的。第二份拿出1只后，就能平均分成两份了，说明第二份比2的口诀中的某个数多1；第三份拿出1只就能平均分成三份了，说明第三份比3的口诀中的某个数多1；第二份和第三份是相等的，说明每份肯定是比2的口诀和3的口诀中都有的数多1的数。总数是30多，30÷3＝10，说明每份的数是十几。2的口诀和3的口诀中都有的十几的数有12和18，12＋1＝13，13×3＝39只。正好是30多只。18只就不用算了，乘以3以后肯定比30只多不少。怎么样，可以放我们走了吧？”

鬣狗甲恶狠狠地说：“放你们走？门儿都没有！39只，再加上你们两个就是41只了！兄弟们！啃树，把大树啃倒，我们吃活的！”

众鬣狗答应一声：“啃！”

这鬣狗还真厉害，大树硬是被他们啃得摇摇欲坠。

花花兔有点儿害怕：“酷酷猴，你看怎么办？大树快倒了！”

酷酷猴说：“不要害怕，这棵树被啃倒了，我带你到另一棵树上去！”

鬣狗正啃得起劲儿，突然一声怒吼，两只狮子出现在鬣狗的眼前：“偷瞪羚的小偷，你们哪里跑！”

鬣狗一看狮子来了，立刻就傻眼了。鬣

gǒu jiǎ shuō　wǒ men tóu xiáng　wǒ men tóu xiáng　liè gǒu
狗甲说："我们投降！我们投降！"鬣狗
men huī liū liū de táo zǒu le
们灰溜溜地逃走了。

酷酷猴解析

巧用乘法口诀

乘法口诀不仅能帮我们进行乘法运算，还能帮我们解决很多问题。故事中的题目，就是利用乘法口诀找到2和3的口诀中都有的数，再根据数的范围确定每份的数量，从而求出总数量。具体方法是，可以把2和3的口诀中的数都列举出来，圈出都有的数。

2的口诀中的数：2、4、6、8、10、(12)、14、16、(18)。

3的口诀中的数：3、6、9、(12)、15、(18)、21、24、27。

酷酷猴考考你

猴妈妈拿来90多根香蕉，先平均分成了两份，拿出其中的一份，留下了1根后平均分给了6只小猴子。拿出另一份，留下1根后，平均分给了8只小猴子。问：猴妈妈共拿来多少根香蕉？

狮王斗公牛

liǎng zhī shī zi jiàn kù kù hóu hěn huì suàn shù xué tí jiù yāo qǐng
两只狮子见酷酷猴很会算数学题，就邀请
kù kù hóu hé huā huā tù lái dào le shī wáng méi sēn de lǐng dì zuò kè
酷酷猴和花花兔来到了狮王梅森的领地做客。

tīng shuō xiǎo hóu zi shù xué bú cuò běn dà wáng xiǎng jiàn shi
“听说小猴子数学不错，本大王想见识
jiàn shi shī wáng dà shēng shuō
见识！”狮王大声说。

nà shì dāng rán kù kù hóu shù xué tiān xià wú dí
“那是当然！酷酷猴数学天下无敌！”
huā huā tù pāi zhe shǒu shuō
花花兔拍着手说。

guǒ zhēn rú cǐ kù kù hóu yào lòu yì shǒu gěi wǒ kàn kan
“果真如此，酷酷猴要露一手给我看看！”

shī wáng huà yīn gāng luò tū rán chuán lái le yí zhèn āi háo
狮王话音刚落，突然，传来了一阵哀号
shēng zhǐ jiàn yì zhī mǔ shī yì qué yì guǎi de zǒu lái tā fù
声。只见一只母狮一瘸一拐地走来——她负
shāng le shī wáng méi sēn pǎo guò qù guān qiè de wèn nǐ zěn
伤了。狮王梅森跑过去，关切地问：“你怎
me shāng de zhè me lì hai
么伤得这么厉害？”

mǔ shī shuō wǒ fā xiàn le yì tóu xiǎo gōng niú biàn xùn
母狮说：“我发现了一头小公牛，便迅
sù kào jìn yǎn kàn wǒ jiù yào zhuā zhù xiǎo gōng niú
速靠近，眼看我就要抓住小公牛……”

狮王梅森着急地追问："后来怎么样？"

母狮说："谁知忽然从侧面杀出一头大公牛。大公牛用尖角把我顶伤了。他还说，就是狮王来了也照样会被他顶翻在地！"

狮王梅森大怒："可恨的大公牛，竟敢口出狂言，顶伤我的爱妻，我找他算账去！"说完朝出事地点狂奔而去。

狮王梅森很快追上了大公牛，怒吼道："大胆狂徒，给我站住！"

大公牛迅速回过身来，做好迎击的准备。狮王梅森和大公牛怒目而视。

一旁的小公牛依偎在大公牛的身边，小声说："爸爸，我害怕！"

大公牛满不在乎地说："有我在，狮王也没有什么可怕的！"

大公牛的话有如火上浇油，气得狮王梅森鬃毛全立。梅森大吼一声："拿命来！"张着血盆大口向大公牛扑去。

大公牛也不示弱，低下头，两只角像两把利剑向狮王梅森刺去。一时狮吼牛叫，狮王梅森和大公牛打在了一起。

突然，狮王梅森绕到了大公牛的背后，跳起来一口咬住了他的后脖颈儿。

狮王梅森从鼻子里挤出一句话：“你的死期到了！”

大公牛疼得哇哇叫。突然大公牛把牛眼一瞪，用力一甩头，大叫一声：“去！”把梅森甩到了半空。

狮王梅森在半空中腿脚乱蹬，接着就听到咚的一声，狮王梅森重重地摔到了地上。

大家急忙跑过去把狮王梅森扶了起来。

狮王梅森忙问酷酷猴：“你能帮助我治服大公牛吗？”酷酷猴问：“大公牛有什么特点吗？”

狮王梅森想了一下，说：“他看见新鲜

dōng xi tè bié xǐ huan zuó mo yì zuó mo qǐ lái jiù bǎ zhōu wéi
东西特别喜欢琢磨，一琢磨起来，就把周围
bié de shì qing dōu wàng le
别的事情都忘了。”

kù kù hóu pā zài shī wáng méi sēn de ěr duo biān xiǎo shēng shuō
酷酷猴趴在狮王梅森的耳朵边小声说：
nǐ kě yǐ zhè yàng zhè yàng dàn shì yǒu yì tiáo nǐ bù
“你可以这样、这样……但是有一条，你不
xǔ shā sǐ dà gōng niú shī wáng méi sēn diǎn tóu dā ying
许杀死大公牛！”狮王梅森点头答应。

guò le yí huì er zhǐ jiàn shī wáng méi sēn bǎ yì zhāng bù gào
过了一会儿，只见狮王梅森把一张布告
guà zài le shù shàng shàng miàn xiě zhe yí duàn huà
挂在了树上，上面写着一段话：

> 有一个猎人带了一条狗、一只兔子和一筐青菜，要乘船到河对面去。河里只有一条小船，因为船小，猎人一次只能带一样东西。但是，他不在时，狗会咬兔子，兔子又会吃青菜。聪明人请帮他想一想，应该怎么安排，把三样东西都安全带过河？

dà gōng niú kàn dào bù gào lì kè lái le xìng qù tā rèn zhēn
大公牛看到布告，立刻来了兴趣，他认真
sī kǎo zhe gāi zěn me guò hé ne xiān bǎ shéi dài guò qù ne
思考着：“该怎么过河呢？先把谁带过去呢？”

duì le xiān bǎ tù zi dài guò qù
“对了！先把兔子带过去！”

huā huā tù zài páng biān tīng le pāi shǒu jiào hǎo duì le xiān
花花兔在旁边听了拍手叫好：“对了，先
bǎ wǒ men tù zi xiōng di dài guò qù shěng de bèi gǒu yǎo shāng le
把我们兔子兄弟带过去，省得被狗咬伤了！”

“还省得兔子把青菜吃了呢！”大公牛补充道。

“也是哈！”花花兔点头认同。

“把兔子带过河后，猎人独自回来，再把狗带过河，然后猎人带着兔子回来……”大公牛专注地一边想一边说。

“看来兔子是不能离开猎人呀！”花花兔说。

酷酷猴看到时机已到，对狮王梅森说：“上！”梅森飞也似的冲向了大公牛。

大公牛想问题想上了瘾，根本没注意

dào xíng shì de wēi jí
到形势的危急。

shī wáng méi sēn tiào qǐ lái yǎo zhù le dà gōng niú de bó zi
狮王梅森跳起来咬住了大公牛的脖子，

dàn dà gōng niú hái zài sī kǎo
但大公牛还在思考。

shī wáng méi sēn pā zài dà gōng niú de bèi shàng wèn nǐ fú
狮王梅森趴在大公牛的背上问：“你服

bu fú
不服？”

dà gōng niú hǎo xiàng méi tīng jiàn shì de bǎ tù zi fàng xià
大公牛好像没听见似的：“把兔子放下，

zài bǎ qīng cài dài guò hé
再把青菜带过河……”

dà gōng niú zhè zhǒng mò shì de tài dù jī nù le shī wáng méi
大公牛这种漠视的态度激怒了狮王梅
sēn tā áo de yì shēng kuáng jiào xiàng xià yí yòng lì pū tōng
森，他嗷的一声狂叫，向下一用力，扑通
yì shēng bǎ dà gōng niú àn dǎo zài dì shàng
一声把大公牛按倒在地上。

kù kù hóu gǎn jǐn pǎo guò lái hǎn tíng tíng
酷酷猴赶紧跑过来，喊：“停！停！”

dà gōng niú dǎo zài dì shàng zuǐ lǐ hái zài jì xù shuō zhe bǎ
大公牛倒在地上，嘴里还在继续说着：“把
qīng cài fàng xià hòu liè rén dú zì huí lái bǎ tù zi dài guò hé hā
青菜放下后，猎人独自回来把兔子带过河！哈
hā sān yàng dōng xi dōu dài guò hé le wǒ shì cōng míng rén
哈！三样东西都带过河了，我是聪明人！”

shī wáng méi sēn zhāng zuǐ yǎo zhù le dà gōng niú de hóu lóng
狮王梅森张嘴咬住了大公牛的喉咙。
kù kù hóu yí kàn zháo le jí dà hǎn tíng bù xǔ yǎo sǐ
酷酷猴一看着了急，大喊：“停！不许咬死
dà gōng niú
大公牛！”

kù kù hóu wèi dà gōng niú zhè zhǒng zhí zhuó de jīng shén suǒ gǎn
酷酷猴为大公牛这种执着的精神所感
dòng tā duì dà gōng niú shuō lín wēi jiě tí nǐ de jīng shén
动，他对大公牛说：“临危解题，你的精神
kě jiā
可嘉！”

dé dào le kù kù hóu de kuā jiǎng dà gōng niú yǒu diǎn er bù
得到了酷酷猴的夸奖，大公牛有点儿不
hǎo yì si de zhǎng hóng le liǎn dà gōng niú huí guò tóu lái hèn
好意思地涨红了脸。大公牛回过头来，恨
hèn de dèng le méi sēn yì yǎn hng chèn wǒ sī kǎo wèn tí de
恨地瞪了梅森一眼：“哼，趁我思考问题的
shí hou gōng jī wǒ suàn shén me běn shi gōng píng jiào liàng nǐ
时候攻击我，算什么本事！公平较量，你
shì dòu bu guò wǒ de shuō wán dà gōng niú fèn rán lí qù
是斗不过我的！”说完，大公牛愤然离去。

酷酷猴解析

合理安排

故事中的题目是合理安排的问题。解决这类问题要抓住关键因素。题目的关键因素是兔子，因为兔子与狗和青菜都有联系，猎人只要切断兔子和狗、青菜的联系就可以解决问题了。总结一下公牛的合理安排方法：1.先把兔子带过河，猎人独自返回；2.将狗带过河，猎人划船将兔子带回；3.将青菜带过河，猎人独自划船返回；4.将兔子带过河。当然也可以在第二轮时选择先将青菜带过河，再将狗带过河。

酷酷猴考考你

李刚带了一头狼、一只羊和一捆草，要乘船到河对面去。按规定，他每次只能带一样东西过河，但没人的时候狼会吃羊，羊会吃草。请你给李刚设计一个过河方案。

蚂蚁战雄狮

经过和大公牛的一番较量，狮王梅森越发佩服酷酷猴的聪明。他对酷酷猴说：“我要变聪明一些，有什么诀窍吗？”

酷酷猴严肃地说：“只有学习，随时随地的学习。”酷酷猴转身看到地上有许多蚂蚁正在搬运一只死鸟。

酷酷猴指着蚂蚁说：“你算算这里一共有多少蚂蚁？”

“这个好办。我问问他们就知道了。”狮王梅森低下头问，“喂，小蚂蚁，你们这儿一共有多少只呀？”

一只蚂蚁抬头看了看狮王梅森，说：“有多少只我可说不好，只知道这只死鸟

bèi wǒ men zhōng de zhī mǎ yǐ fā xiàn le tā lì kè huí wō lǐ
被我们中的1只蚂蚁发现了，他立刻回窝里
zhǎo lái le zhī mǎ yǐ chū wō bāng máng
找来了2只蚂蚁出窝帮忙。”

lìng yì zhī mǎ yǐ jiē zhe shuō kě shì zhè zhī mǎ yǐ nǎ
另一只蚂蚁接着说：“可是这3只蚂蚁哪
lǐ lā de dòng zhè zhī sǐ niǎo yú shì měi zhī mǎ yǐ yòu huí wō zhǎo
里拉得动这只死鸟，于是每只蚂蚁又回窝找
lái zhī mǎ yǐ chū wō réng rán lā bu dòng měi zhī mǎ yǐ zài
来2只蚂蚁出窝，仍然拉不动。每只蚂蚁再
huí wō zhǎo lái zhī mǎ yǐ zhè yàng fǎn fù huí wō bān jiù bīng
回窝找来2只蚂蚁……这样反复回窝搬救兵
cì měi cì huí wō dōu shì měi zhī mǎ yǐ zhǎo lái zhī mǎ yǐ
8次，每次回窝都是每只蚂蚁找来2只蚂蚁

chū wō zhōng yú néng bān dòng zhè zhī sǐ niǎo le
出窝，终于能搬动这只死鸟了。”

shī wáng méi sēn tīng wán zhè yí chuàn shù zì wǔ zhe nǎo dai
狮王梅森听完这一串数字，捂着脑袋
yí pì gu zuò dào le dì shàng měi cì měi zhī mǎ yǐ dōu bān lái
一屁股坐到了地上：“每次每只蚂蚁都搬来2
zhī mǎ yǐ zhè me luàn kě zěn me suàn na
只蚂蚁，这么乱，可怎么算哪？”

yì zhī mǔ shī kàn dào shī wáng méi sēn zháo jí gǎn jǐn pǎo guò
一只母狮看到狮王梅森着急，赶紧跑过
lái ān wèi nín shì wěi dà de shī wáng nán dào lián xiǎo xiǎo de
来安慰：“您是伟大的狮王，难道连小小的
mǎ yǐ yě duì fu bu liǎo
蚂蚁也对付不了？”

shī wáng méi sēn yì tīng mǔ shī shuō de yǒu lǐ tā lì kè
狮王梅森一听，母狮说得有理，他立刻
zhàn qǐ lái yòu duān qǐ shī wáng de jià zi shuō de yě shì
站起来，又端起狮王的架子：“说的也是，
wǒ shī wáng xiǎng zhī dào de shì hái néng bù zhī dào kù kù
我狮王想知道的事，还能不知道？！酷酷
hóu kuài gào su wǒ zěn yàng suàn
猴快告诉我怎样算。”

kù kù hóu kàn shī wáng méi sēn zhēn de xiǎng xué jiù shuō
酷酷猴看狮王梅森真的想学，就说：
dì yī cì shì zhī mǎ yǐ huí wō huí lái hòu jiù biàn chéng
“第一次是1只蚂蚁回窝，回来后就变成3
zhī mǎ yǐ le kù kù hóu biān shuō biān xiě
只蚂蚁了。”酷酷猴边说边写。

dì èr cì shì zhī mǎ yǐ huí wō yí gòng chū wō zhī
“第二次是3只蚂蚁回窝，一共出窝9只
mǎ yǐ dì sān cì shì zhī mǎ yǐ huí wō yí gòng chū wō
蚂蚁。第三次是9只蚂蚁回窝，一共出窝27
zhī mǎ yǐ
只蚂蚁。”

qiě màn zhī zhī shì zěn me suàn de wǒ yǒu diǎn
“且慢，9只、27只是怎么算的？我有点

儿不明白。”梅森问酷酷猴。

“3只蚂蚁回窝，每只都叫2只蚂蚁出窝，一共叫出了2×3=6只蚂蚁，再加上原来的3只，不就是9只嘛！以后的几次你自己算吧！”

“我会了！”狮王梅森当然也不是笨蛋，他正要接着算，酷酷猴打断了他：“其实，这里面有规律。我列个表你就明白了！”酷酷猴用手指着地上的数字让梅森看。

次　　数：	1	2	3	4
出窝蚂蚁：	3	9	27	81
规　　律：	3	3×3	3×3×3	3×3×3×3

“我明白了，第几次出窝搬兵，回来的蚂蚁数就是几个3连乘。第8次出窝就有

3×3×3×3×3×3×3×3=6561

只。我算对了吗？”狮王兴奋地说。

“算对了！不愧是狮王！”酷酷猴夸奖道。

狮王梅森摇摇头：“乖乖，六千多只蚂蚁才能搬动一只小鸟，我狮王动一下手指头，就能让小鸟飞出20米远！”说着，梅森用前掌轻轻一弹，死鸟就飞了出去。

这一下蚂蚁可急了：“哎，我们费了很大的劲儿才从那边搬过来，你怎么给弹回去了？”

狮王梅森眼睛一瞪，吼道：“弹没了又怎么样？”

一只蚂蚁说：“狮王梅森不讲理，走，回窝搬兵去！治治这个狮王！”

众蚂蚁也十分生气：“对！搬兵去，让他知道知道我们蚂蚁的厉害！”

不一会儿，大批蚂蚁排着整齐的队伍朝这边涌来，一眼望不到头。

狮王梅森还是有些自负：“我堂堂的狮王难道怕这些小小的蚂蚁不成？哼！”

众蚂蚁在蚁后的指挥下，向狮王梅森发起进攻，蚁后大叫：“孩儿们，上！”

狮王梅森也不示弱，张开血盆大口猛咬蚂蚁：“嗷——嗷——怎么咬不着哇？”

不一会儿，蚂蚁爬满了狮王梅森的全身，咬得梅森满地打滚。

狮王梅森痛苦地叫道：“疼死我了！我有劲儿没处使呀！”

酷酷猴一看情况不好，赶紧跑过去向蚁后求情。

酷酷猴说：“我是狮王梅森的朋友，狮王不该口出狂言，我代表他向你赔礼道歉！”

蚁后也是见好就收，她命令：“孩儿们停止吧！”然后对狮王梅森说，“狮王你要记住，我们每只蚂蚁虽然很渺小，但是人多力量大，我们倾巢而出，可以战胜任何敌人！”

狮王梅森喘了一口气，问蚁后：“你这一窝蚂蚁共有多少只？”

“你自己看地上的数！”蚁后一边说，一边指着在地上拼出一长串数字的蚁群。

“这么多零哪！”梅森瞪大眼睛问，“1后面跟着7个零，这是多少啊？”

酷酷猴回答：“一千万只蚂蚁！”

狮王梅森捂着脑袋说：“我一个狮王哪斗得过一千万只蚂蚁！酷酷猴，谢谢你的救命之恩！以后老弟你有难之时，我狮王一定鼎力相助！”狮王激动地对酷酷猴说。

“狮王梅森，咱们后会有期！”酷酷猴带着花花兔走出了狮王的领地。

酷酷猴解析

找规律计算

故事中的题目，是要通过找规律进行计算的。可以通过枚举列表，找到出窝次数和蚂蚁总数的关系，通过关系进行计算。如果出窝n次，蚂蚁总数应该等于3×3×…×3，n个3连乘。

酷酷猴考考你

李明接到王老师的电话通知，为了节约时间，让他用1分钟的时间先通知1名同学，然后，每名同学都用1分钟的时间各通知1名同学，到第5分钟的时候，一共有多少名同学接到了通知？

老鹰解难

kù kù hóu hé huā huā tù gào bié le shī wáng méi sēn kù kù
酷酷猴和花花兔告别了狮王梅森，酷酷
hóu shuō zán liǎ hái shi jì xù gǎn lù ba
猴说："咱俩还是继续赶路吧！"

huā huā tù què yí pì gu zuò zài le dì shàng juē zhe zuǐ shuō
花花兔却一屁股坐在了地上，噘着嘴说：
kě wǒ è le zǒu bu dòng le
"可我饿了，走不动了！"

zhè kě zěn me bàn zài zhè huāng yě zhōng ná shén me gěi huā
这可怎么办？在这荒野中拿什么给花
huā tù chī kù kù hóu yě fā chóu le
花兔吃？酷酷猴也发愁了。

huā huā tù yì zhuǎn tóu fā xiàn lù páng yǒu yì duī mǎ fàng
花花兔一转头，发现路旁有一堆码放
zhěng qí de miàn bāo huā huā tù gāo xìng de jiào dào à
整齐的面包。花花兔高兴地叫道："啊！
miàn bāo
面包！"

kù kù hóu kàn dào zhè xiē miàn bāo jué de hěn qí guài
酷酷猴看到这些面包，觉得很奇怪。
tā zì yán zì yǔ de shuō shéi huì bǎ miàn bāo fàng zài zhè
他自言自语地说："谁会把面包放在这
er ne
儿呢？"

huā huā tù zhēn shì è jí le yě bù guǎn sān qī èr shí
花花兔真是饿极了，也不管三七二十

yī　ná qǐ yí gè miàn bāo jiù kěn　guǎn tā shì shéi de　xiān
一，拿起一个面包就啃：“管它是谁的，先
chī le zài shuō
吃了再说！”

kù kù hóu jué de bù hé shì　bù zhēng dé zhǔ rén de tóng
酷酷猴觉得不合适：“不征得主人的同
yì　bù néng chī rén jia de dōng xi
意，不能吃人家的东西。”

kù kù hóu de huà yīn gāng luò　yì qún yě shǔ wéi zhù le kù
酷酷猴的话音刚落，一群野鼠围住了酷
kù hóu hé huā huā tù
酷猴和花花兔。

yì zhī lǐng tóu de yě shǔ zī zī jiào le liǎng shēng　zé wèn
一只领头的野鼠吱吱叫了两声，责问
dào　nǐ men jìng gǎn tōu chī wǒ men de miàn bāo
道：“你们竟敢偷吃我们的面包？！”

huā huā tù biàn jiě shuō nǐ men de miàn bāo zhè xiē miàn
花花兔辩解说："你们的面包？这些面
bāo hái bù zhī dào shì cóng nǎ er tōu lái de na hng lǎo shǔ hái
包还不知道是从哪儿偷来的哪！哼，老鼠还
néng gàn shén me hǎo shì
能干什么好事！"

yě shǔ tóu lǐng dà nù tōu chī le wǒ men de miàn bāo
野鼠头领大怒："偷吃了我们的面包，
hái bù jiǎng lǐ xiōng dì men shàng yě shǔ zī zī kuáng jiào
还不讲理！兄弟们，上！"野鼠吱吱狂叫
zhe kāi shǐ wéi gōng kù kù hóu hé huā huā tù
着开始围攻酷酷猴和花花兔。

kù kù hóu yí kàn xíng shì bù hǎo biàn duì huā huā tù shuō
酷酷猴一看形势不好，便对花花兔说：
zán men hái shi shàng shù ba méi xiǎng dào yě shǔ hé liè gǒu
"咱们还是上树吧！"没想到野鼠和鬣狗
bù yí yàng tā men yě gēn zhe shàng le shù
不一样，他们也跟着上了树。

huā huā tù zháo jí de shuō bù xíng a fēi zhōu yě shǔ
花花兔着急地说："不行啊！非洲野鼠
yě huì pá shù
也会爬树。"

zhèng zài wēi jí de shí hou suí zhe yì shēng qī lì de yīng
正在危急的时候，随着一声凄厉的鹰
tí yì qún lǎo yīng cóng tiān ér jiàng
啼，一群老鹰从天而降。

lǐng tóu de lǎo yīng jiào dào kuài lái ya zhè lǐ yǒu dà pī
领头的老鹰叫道："快来呀！这里有大批
de yě shǔ
的野鼠！"

zhòng lǎo yīng huān hū dào zhuā yě shǔ lou
众老鹰欢呼道："抓野鼠喽！"

yě shǔ jiàn kè xīng lǎo yīng lái le xià de sì sàn táo zǒu
野鼠见克星老鹰来了，吓得四散逃走。

huā huā tù gāo xìng de shuō jiù xīng lái le
花花兔高兴地说："救星来了！"

kù kù hóu shǒu xiān xiàng lǎo yīng zhì xiè yòu wèn lǎo yīng
酷酷猴首先向老鹰致谢，又问老鹰：
zhè piàn sēn lín yǒu duō shao zhī lǎo yīng měi tiān néng chī duō shao
“这片森林有多少只老鹰？每天能吃多少
zhī yě shǔ
只野鼠？”

lǎo yīng tóu lǐng huí dá zhè piàn sēn lín lǐ gòng yǒu zhī
老鹰头领回答：“这片森林里共有100只
lǎo yīng zhì yú zhuō lǎo shǔ ma zuó tiān yǒu yí bàn de gōng lǎo
老鹰。至于捉老鼠嘛，昨天有一半的公老
yīng měi zhī zhuō le zhī yě shǔ lìng yí bàn gōng lǎo yīng měi zhī
鹰每只捉了3只野鼠，另一半公老鹰每只
zhuō le zhī yě shǔ yí bàn mǔ lǎo yīng měi zhī zhuō le zhī yě
捉了5只野鼠；一半母老鹰每只捉了2只野
shǔ lìng yí bàn mǔ lǎo yīng měi zhī zhuō le zhī yě shǔ nǐ suàn
鼠，另一半母老鹰每只捉了6只野鼠。你算
suan zuó tiān yì tiān wǒ men yí gòng zhuō le duō shao zhī yě shǔ
算昨天一天我们一共捉了多少只野鼠。”

huā huā tù tīng wán zhòu zhe méi tóu shuō wǒ tīng zhe dōu yūn
花花兔听完，皱着眉头说：“我听着都晕
le zhè gōng lǎo yīng hé mǔ lǎo yīng gè yǒu duō shao zhī dōu bù zhī
了，这公老鹰和母老鹰各有多少只都不知
dào zěn me suàn ne
道，怎么算呢？”

kù kù hóu shuō xiān bié jí wǒ men kàn kan tā men zhuō
酷酷猴说：“先别急，我们看看他们捉
de yě shǔ shù yǒu shén me tè diǎn yí bàn de gōng lǎo yīng měi zhī
的野鼠数有什么特点。一半的公老鹰每只
zhuō zhī yě shǔ lìng yí bàn měi zhī zhuō zhī
捉3只野鼠，另一半每只捉5只……”

huā huā tù zháo jí de shuō zhè yí bàn hé nà yí bàn zhuō
花花兔着急地说：“这一半和那一半捉
de zhī shù dōu bù yí yàng gāi zěn me suàn ne
的只数都不一样，该怎么算呢？”

yǒu le huà gè tú gào su nǐ kù kù hóu yì biān huà
“有了！画个图告诉你。”酷酷猴一边画

图一边说，“我们先用小一点儿的数说明道理。假设有12只公老鹰，公老鹰的一半就是6只，我们让其中的6只每只捉3只野鼠，另6只公老鹰每只捉5只野鼠，让捉5只野鼠的公老鹰每只给捉3只野鼠的公老鹰1只野鼠，这样每只公老鹰捉的野鼠都是4只。如果听不明白，我们就一起看图。”

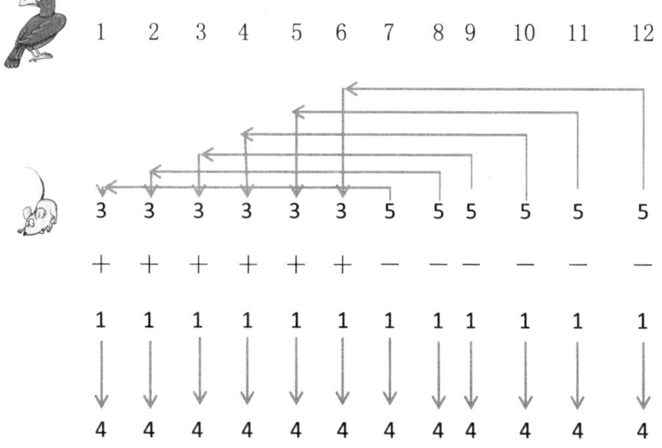

花花兔看完酷酷猴画的图，说：“酷酷猴，你太神了，每只公老鹰捉的野鼠数都一样了，全都捉4只了！”

酷酷猴说：“我们通过设数举例知道了，

只要捉5只和捉3只的老鹰的只数同样多，就都能看成每只老鹰捉4只！”

花花兔问：“那母老鹰是不是也可以这样变呢？我来试试！假设一共有6只母老鹰，一半就是3只。画画图。”

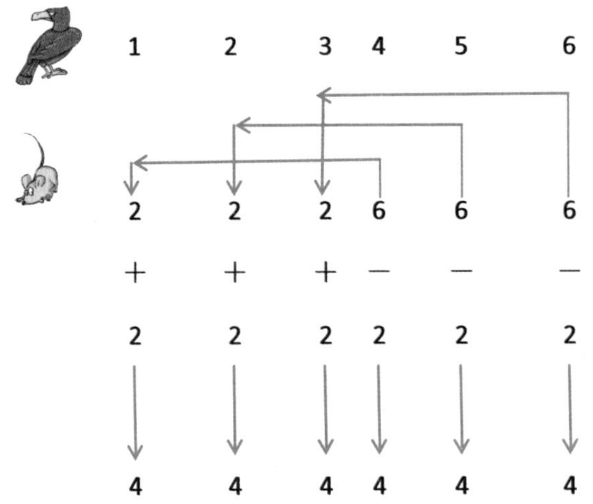

花花兔画完图后，自豪地说：“你看！我学你的样子做得不错吧！真巧呀！每只母老鹰也变成了捉4只野鼠！那到底一共捉了多少只野鼠呢？”

酷酷猴说：“你好好想想！”

“有了！真像个脑筋急转弯呀！不就

shì měi zhī lǎo yīng zhuō zhī yě shǔ zhī yí gòng zhuō
是每只老鹰捉4只野鼠，100只一共捉400
zhī yě shǔ ma zhī hǎo duō ya xiàng miè shǔ yīng xióng
只野鼠嘛！400只，好多呀！向灭鼠英雄
zhì jìng
致敬！”

lǎo yīng wēi xiào zhe xiàng kù kù hóu hé huā huā tù diǎn dian tóu
老鹰微笑着向酷酷猴和花花兔点点头，
shuō xiè xie nǐ men de chēng zàn zán men hòu huì yǒu qī
说：“谢谢你们的称赞！咱们后会有期！”
shuō wán jiù fēi zǒu le
说完就飞走了。

酷酷猴解析

移多补少变相等

故事中的题目是当两部分的份数同样多，而每份的数量不同样多时，可以通过移多补少的方法，使两部分的每份数同样多。移多少呢？用每份大数减每份小数的差，再除以2，就是每份大数移给小数的数。当每份数同样多时，求总数就不难了。

酷酷猴考考你

全班40名同学去植树，老师分配任务，一半的男生每人植5棵树，另一半的男生每人植1棵树。一半的女生每人植4棵树，另一半的女生每人植2棵树。全班同学共需植多少棵树？

鱼鹰捉鱼

kù kù hóu hé huā huā tù kàn zhe lǎo yīng yuè fēi yuè yuǎn jì
酷酷猴和花花兔看着老鹰越飞越远，继
xù wǎng qián zǒu tū rán kàn jiàn liǎng zhī dà yú yīng hé yì zhī xiǎo
续往前走，突然看见两只大鱼鹰和一只小
yú yīng zhèng zài shù shàng chī yú měi zhī yú yīng jiǎo xià dōu yǒu yì
鱼鹰正在树上吃鱼。每只鱼鹰脚下都有一
duī yú
堆鱼。

huā huā tù hào qí de shuō kù kù hóu nǐ kàn lǎo yīng
花花兔好奇地说：“酷酷猴，你看，老鹰
hái chī yú na
还吃鱼哪！”

kù kù hóu xiào zhe shuō nà bú shì lǎo yīng nà shì
酷酷猴笑着说：“那不是老鹰，那是
yú yīng
鱼鹰。”

huā huā tù hěn yǒu lǐ mào de xiàng yú yīng dǎ zhāo hu yú
花花兔很有礼貌地向鱼鹰打招呼：“鱼
yīng nǐ men hǎo nǐ men sā gè zhuō le duō shao yú ya
鹰你们好！你们仨各捉了多少鱼呀？”

gè tóu er zuì dà de gōng yú yīng shuō xiǎng zhī dào wǒ men
个头儿最大的公鱼鹰说：“想知道我们
měi tiān néng zhuō duō shao yú kě bù néng zhí jiē gào su nǐ bú
每天能捉多少鱼？可不能直接告诉你。不
guò kě yǐ zhè yàng gào su nǐ wǒ hé qī zi měi rén xiān ná chū
过，可以这样告诉你，我和妻子每人先拿出
tiáo yú gěi wǒ men de hái zi rán hòu wǒ zài ná chū tiáo yú
5条鱼给我们的孩子，然后我再拿出7条鱼
gěi wǒ de qī zi wǒ de qī zi zài ná chū tiáo yú gěi wǒ
给我的妻子，我的妻子再拿出3条鱼给我，
wǒ de hái zi zài gěi wǒ hé wǒ qī zi měi rén tiáo yú hòu wǒ
我的孩子再给我和我妻子每人1条鱼后，我
men de yú jiù xiāng děng le dōu shì tiáo nǐ suàn suan wǒ
们的鱼就相等了，都是25条。你算算，我
men jiā sān kǒu rén měi rén zhuō le duō shao tiáo yú
们家三口人每人捉了多少条鱼？”

huā huā tù tīng wán gōng yú yīng de huà wǔ zhe nǎo dai rǎng
花花兔听完公鱼鹰的话，捂着脑袋嚷
dào wǒ de tóu dōu bèi nǐ shuō bào zhà le shén me gěi lái gěi
道：“我的头都被你说爆炸了！什么给来给
qù de luàn chéng yì tuán má la wǒ dōu tīng hú tu le zěn
去的，乱成一团麻啦！我都听糊涂了，怎
me suàn de chū lái wǒ men hái yào gǎn lù xià cì zài suàn ba
么算得出来？我们还要赶路，下次再算吧！

拜拜！”

公鱼鹰叫道：“站住！你既然知道了我们家的秘密，就必须把答案算出来才能走！否则，我们把你扔进河里！”

花花兔听说要被扔进河里，真害怕了。她摆着手说：“别，别，我不会游泳！被扔进河里我会淹死的！”

酷酷猴忙过来解围说：“我来算。听着晕，但可以把说的内容都列到表格里，就不晕了。我们把给别人的鱼用减法表示，把别人给的鱼用加法表示。”

	公鱼鹰	母鱼鹰	小鱼鹰
第一次	−5	−5	+5 +5
第二次	−7 +3	+7 −3	
第三次	+1	+1	−1 −1
鱼数	25	25	25

花花兔问酷酷猴："列完表格该怎么算呢？"

酷酷猴说："你看，公鱼鹰捉到的鱼数$-5-7+3+1=25$。要求公鱼鹰捉到的鱼数，我们可以得出$25-1-3+7+5=33$。公鱼鹰捉了33条鱼。母鱼鹰捉到的鱼数$-5+7-3+1=25$，我们可以得出$25+5-7+3-1=25$。母鱼鹰捉了25条鱼。"

"我会算了！我来算鱼鹰孩子的！鱼鹰孩子捉的鱼数$+5+5-1-1=25$，即捉的鱼数$=25+1+1-5-5=17$。鱼鹰孩子捉了17条鱼！"花花兔兴奋地抢过酷酷猴的话说。

"咦？我发现母鱼鹰原来是25条，变来变去还是25条，这是怎么回事呢？好纳闷儿呀！"花花兔不解地问酷酷猴。

"你问的问题引出了另一种解法。我们看，母鱼鹰变化三次后，一共添了$7+1=8$条，可是又去了$5+3=8$条。三次变化，总数量并没有变。再看公鱼鹰，一共添了 3+1=4 条，又去了 7+5=12 条。总数量去了 12−4=8 条后是 25 条。原来就是 25+8=33 条。”酷酷猴解答了花花兔的问题。

“我又会算了！鱼鹰孩子一共添了 5+5=10 条，又去了 1+1=2 条。一共添了 10−2=8 条。原来就是 25−8=17 条。嘿！这种方法很简单耶！和聪明人在一起，我也变聪明了！”花花兔又激动地抢过酷酷猴的话。

花花兔扭过头，扬眉吐气地对公鱼鹰说：“我们算得对不对？该放我们走了吧？”

公鱼鹰态度缓和了许多，说：“我真佩服你们二位的聪明，解对了！只不过，这是我们家的秘密，拜托你们为我们保守秘密。”

花花兔说：“别人的秘密不能随便说。

zhè ge wǒ zhī dào
这个我知道。”

kù kù hóu yě shuō fàng xīn ba wǒ men bú huì shuō chū qù de
酷酷猴也说：“放心吧。我们不会说出去的！”

gōng yú yīng shuō xiè xie nǐ men lù shàng xiǎo xīn
公鱼鹰说：“谢谢你们！路上小心！”

酷酷猴解析

列表倒推

当题目中的语言叙述非常复杂、数量变化不好理解时，可以通过列表，把语言叙述数学化，从而清晰地看到数量发生了怎样的变化。故事中的这类题目，一定要注意一次变化引起的不仅仅是一个数量的变化，而是两个甚至三个数量同时变化。方法一是直接倒推法，几次变化就对应几次逆运算求出原数。方法二是先把几次变化综合考虑，原数是多了还是少了，多了或少了多少，再进行一次逆运算倒推。

酷酷猴考考你

小军、小亮、小刚三人都有一些好玩的卡片。他们互相交换卡片，小军给小亮4张，小亮给小刚6张，小刚给小军7张后，三人的卡片数就相等了，都是30张。他们三人原来各有多少张卡片？

毒蛇围攻

花花兔和酷酷猴离开了鱼鹰，加快速度往前走。

花花兔越走越高兴：“哈！咱俩快走完一圈啦，要胜利喽！”

酷酷猴可没有花花兔那样乐观：“不要高兴得太早，后面还不知会出什么事呢！”

酷酷猴话音未落，突然钻出许多毒蛇挡住了他们的去路。

这些毒蛇可把花花兔吓坏了。她蹦起老高，大声叫道：“蛇！蛇！毒蛇！”

酷酷猴觉得很奇怪：“哪儿来这么多毒蛇？”

只听树上一只黑猩猩叫了一声，蛇群

xiàng kù kù hóu hé huā huā tù fā qǐ le jìn gōng
向酷酷猴和花花兔发起了进攻。

sān zhī hēi xīng xing zhàn zài shù zhī shàng yì biān bèng yì biān
三只黑猩猩站在树枝上，一边蹦一边
jiào huǒ ji men shàng a zhuā zhù kù kù hóu huā huā tù
叫："伙计们上啊！抓住酷酷猴、花花兔，
wǒ men de tóu lǐng jīn gāng yǒu jiǎng
我们的头领金刚有奖！"

huā huā tù dà hǎn yì shēng kuài pǎo
花花兔大喊一声："快跑！"

yǎn kàn dú shé jiù yào zhuī shàng kù kù hóu hé huā huā tù le
眼看毒蛇就要追上酷酷猴和花花兔了，

树上的黑猩猩突然发出命令："行啦行啦别追啦！你们该干吗干吗去吧！"毒蛇还真听话，立刻停止了追击。

花花兔惊魂未定地说："吓死我啦！"

这时，黑猩猩也从树上跳了下来。花花兔认出了他们："嘿，这不是瘦子、胖子和红毛吗？"

红毛笑着说："你们不要害怕！这些毒蛇是我们三个养的。"

"真不够朋友！用这些毒蛇来吓唬我们。"花花兔说。

"咱们既然是朋友，让我们俩过去吧！"

胖子站出来说："放你们过去不难，你们要帮我们算一道题。"

听说算题，花花兔可不怕："有我们神算大师酷酷猴在，什么难题也不怕！"

胖子说："我们三人养了树蛇、眼镜蛇、银环蛇三种毒蛇，它们每天共吃800只青蛙。1条树蛇每天吃8只青蛙，2条眼镜蛇每天吃5只青蛙，3条银环蛇每天吃7只青蛙。请问：我们养了树蛇、眼镜蛇、银环蛇各多少条？一共养了多少条毒蛇？”

花花兔打了一个哆嗦：“哎呀，一提起这些毒蛇我就害怕！酷酷猴，你快给他们算算吧！”

酷酷猴说：“你不用怕！我们把题算出来，他们不就放我们走了吗！”

“可是，即使不怕毒蛇，这道题我也不会算呀！2条吃5只，3条吃7只，到底1条吃多少只呀？这可怎么算？”花花兔着急地说。

“如果你总想着1条蛇每天吃多少只青蛙，就掉进毒蛇设的陷阱里了。我们还是画个图吧！”酷酷猴边说边画图。

“我们把1条树蛇、2条眼镜蛇和3条银环蛇看成一组，把8只青蛙、5只青蛙、7只青蛙看成另一组。这两组之间有对应关

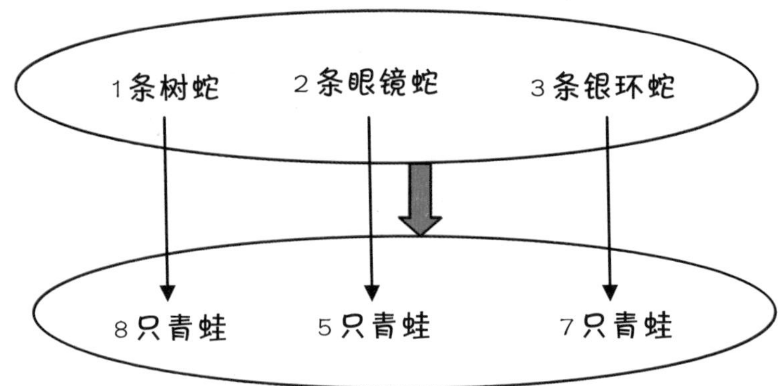

系。”酷酷猴画完图说。

“有什么对应关系？”花花兔不解地问。

“图中黑色箭头代表1条树蛇对应8只青蛙，2条眼镜蛇对应5只青蛙，3条银环蛇对应7只青蛙。图中的红色箭头代表上面椭圆里的蛇的总数1+2+3=6条毒蛇，对应下面椭圆中青蛙的总数8+5+7=20只青蛙。也就是说，有6条毒蛇就要吃20只青蛙，或有20只青蛙就对应6条毒蛇。800÷20=40，800只青蛙里有40个20只青蛙，也就是有40个下面的椭圆，对应40个上面的椭圆。上面一个椭圆里有1条树蛇、2条眼镜蛇、3条银环蛇。40个这样的椭圆里就有1×40=40条树蛇，2×40=80条眼镜蛇，3×40=120条银环蛇。一共有40+80+120=240条或6×40=240条毒蛇。”酷酷猴一口气解完了题。

“240条毒蛇！好恐怖呀！”花花兔尖叫起来。酷酷猴说：“题已经做出来了，该让我们走了吧？”红毛便命令毒蛇让出一条路，让花花兔和酷酷猴离开了。

酷酷猴解析

利用分组和对应解题

本故事中题目的解法用到了分组找对应的方法。先通过分析题目中的条件，找到数量的对应关系，然后再根据解题需要，把数量进行分组，进而找到组与组之间的对应关系。通过总数，求出一种组数，从而对应另一种组数。最后得出要求的数量。

酷酷猴考考你

100个和尚吃100个馒头，大和尚1人吃3个，小和尚3人吃1个。大小和尚各吃多少个？

狒狒兄弟的年龄

花花兔远远看见长颈鹿的头了，她知道她和酷酷猴已经绕着森林走完一圈，又回到起点了。

眼看就要回到起点了，突然一头大犀牛挡住了去路。

大犀牛凶悍地说：“站住！”

花花兔一看大犀牛挡道，心里这个气呀，便没好气地说：“嘿！你这头大牛长得真奇怪，怎么鼻子上长出一个角？”

大犀牛大眼一瞪：“连我大名鼎鼎的犀牛都不认识？我顶你！”

“饶命！”花花兔吓得一蹦，跳出去好远。

酷酷猴往前走了一步：“大犀牛你也出

来捣乱！你想怎么样？”

大犀牛往南一指说：“我是让狒狒兄弟给气的！”

花花兔问：“狒狒兄弟怎么气你了？”

大犀牛说：“你听我说呀！狒狒兄弟二人经常和我一起玩。有一天，我问他俩的年龄，他俩谁也没直接告诉我，只说狒狒兄3年前的年龄和狒狒弟2年后的年龄相等，今年他俩一共17岁。我算了好几天，头都算大了，还是没算出来！我快被他们气死了，是好朋友，直接告诉我年龄不就行了吗，这么为难我，我的肺都被气炸了！”

花花兔轻蔑地说：“这还不简单，你把17拆成1和16、2和15、3和14、4和13、5和12、6和11、7和10、8和9，然后一个一个地问他俩，直到他俩说‘对了’，这样你就蒙对了！哈哈！”

“你这出的是什么馊主意？我这样做，

tā liǎ huì kàn bu qǐ wǒ de bú dàn bú huì gào su wǒ dá àn
他俩会看不起我的！不但不会告诉我答案，
yǐ hòu yě bú huì hé wǒ zuò péng you de nà shéi hái hé wǒ wán
以后也不会和我做朋友的，那谁还和我玩！
nǐ zhè shì zài xī luò wǒ chī wǒ yì dǐng dà xī niú qi fèn
你这是在奚落我！吃我一顶！”大犀牛气愤
de biān shuō biān dī tóu yòng jiān jiǎo qù dǐng huā huā tù
地边说边低头用尖角去顶花花兔。

kù kù hóu shēn zhī dà xī niú jiān jiǎo de lì hai máng chū lái
酷酷猴深知大犀牛尖角的厉害，忙出来
jiě wéi shuō dà xī niú bié shēng qì tā de fāng fǎ wǒ lái
解围说：“大犀牛别生气。她的方法我来
bǔ chōng nǐ yě kě yǐ zì jǐ shì suàn hǎo le qù
补充，你也可以自己试算好了去
hé tā men shuō bú huì zài tā men miàn qián
和他们说，不会在他们面前
diū liǎn
丢脸。”

大犀牛抬起头，望着酷酷猴说：“我自己怎么试算？”

酷酷猴说：“用刚才花花兔说的每组数中的大数减3，小数加2，两数相等的那组就是正确答案。”

大犀牛听完，一阵计算：“……是11和6！11－3＝8，6＋2＝8。狒狒兄11岁，狒狒弟6岁。我这就去找他俩！”大犀牛说着就要去找狒狒兄弟。

“回来！”酷酷猴大叫一声，大犀牛停住了脚步。

“怎么了？难道答案不对吗？”大犀牛不解地问酷酷猴。

“答案是对了，可是这个方法并不是最好的，当数小的时候还好算，但数大的时候就很麻烦了！你不管三七二十一，答案出来了就行，难怪狒狒兄弟会为难你！你这样去把答案告诉他们，他们如果知道你只会这么解题，还会嘲笑你的！”酷酷猴对大犀牛说。

大犀牛听傻了眼，忙对酷酷猴说：“你快教教我别的方法吧，我可不想被嘲笑！”

酷酷猴叹了口气说：“这道题还可以这样想，狒狒兄3年前的年龄和狒狒弟2年后的年龄相等，说明兄和弟的年龄差是5岁。这么和你说，就你这脑子，肯定转不过来，还是给你画个图吧。”

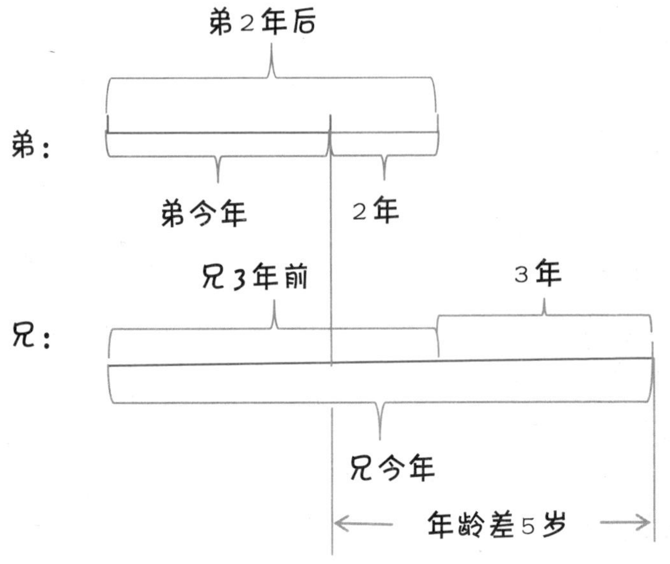

酷酷猴画完图说："图上两条红色线段分别代表弟和兄今年的年龄。图上很明显表示出他们的年龄差是5岁。知道年龄差就好办了，用17－5＝12岁，是2个弟的年龄，12÷2＝6岁，是弟的年龄。17－6＝11岁，是兄的年龄。"

酷酷猴刚说完，大犀牛就迫不及待地说："这下我会了一种很牛的算法，终于可以在狒狒兄弟面前耍耍我大犀牛的牛气了！耶！"

"你还能更牛，想吗？"酷酷猴高声对兴高采烈的大犀牛说。

"当然想啦！快说，还有什么妙招！"大犀牛毫不犹豫地回答。

"我们根据狒狒兄3年前的年龄和狒狒弟2年后的年龄相等来解题。用17－3＝14岁，狒狒兄变回到3年前；再用14＋2＝16岁，狒狒弟长到了2年后。这时，狒狒兄弟的年龄相等，都是$16\div 2=8$岁。$8+3=11$岁，是狒狒兄的年龄；$8-2=6$岁，是狒狒弟的年龄。”酷酷猴一口气又给大犀牛讲完了第三种方法。

“高，实在是高！”大犀牛心服口服，他握着酷酷猴的手说：“谢谢酷酷猴！”

酷酷猴和花花兔返回起点。

花花兔高兴地说：“我们转了一圈回来啦！”

长颈鹿宣布比赛结果：“我宣布，酷酷猴取得最后胜利！”

金刚叹了一口气说：“唉，我们真没有酷酷猴聪明！我服了！”

酷酷猴解析

巧解年龄问题

年龄问题的一个重要特点是年龄差不变，解年龄问题一般要先求年龄差。故事中的题目间接给出了年龄差。第二种解法是先通过画图求年龄差，再转化成和差问题解答。大数=（和+差）÷2，小数=（和－差）÷2。方法三是通过计算把狒狒兄变成3年前、狒狒弟变成2年后，这时，他们的年龄相等。通过年龄和，求出这个相等的数，再求今年的年龄。方法一是拆数列举再进行排除的方法，当忘记方法二和方法三都怎么解时，或题目的数目比较小且不要求解答过程时，也可以用这种方法得出答案。

酷酷猴考考你

姐姐2年前的年龄和妹妹4年后的年龄相等，姐妹今年的年龄和是16岁。姐妹今年各几岁？

神秘来信

kù kù hóu zhàn shèng le jīn gāng jué dìng jié shù fēi zhōu zhī
酷酷猴战胜了金刚，决定结束非洲之
xíng tā gào bié le hēi xīng xing dài zhe huā huā tù tà shàng le
行。他告别了黑猩猩，带着花花兔踏上了
huí jiā de lù
回家的路。

gāng zǒu bù yuǎn jiù tīng dào shēn hòu yǒu hǎn shēng kù
刚走不远，就听到身后有喊声：“酷
kù hóu huā huā tù kù kù hóu hé huā huā tù huí tóu yí
酷猴！花花兔！”酷酷猴和花花兔回头一
kàn shì hóng máo zài hòu
看，是红毛在后
miàn biān zhuī biān jiào
面边追边叫。

酷酷猴和花花兔停住了脚步，红毛很快来到了他俩跟前，把一封信递到了酷酷猴手上：“给你的信！”

“谁给我的信？”酷酷猴不解地问。

“不知道，是一只小狒狒送到我们领地的，指名说是给你的信。你打开看看吧，我还有事，先走了！”红毛说完，一阵风似的跑远了。

酷酷猴打开信一看，只见信上写道：

> 我听说你聪明过人，此次来非洲还战胜了黑猩猩。但是别人也都说我非常聪明，因此我很想和你比试一下，有胆量就来找我！我的地址是一直向北走“气死猴”千米。
>
> 大怪物

花花兔摸摸脑袋说：“这个大怪物是谁呢？这‘气死猴’又是多少千米？这个人和

你有什么仇，非要把你气死？”

面对花花兔一连串的问题，酷酷猴没有说话，他顺手把信翻过来，发现背面还有字：

> 要想知道气死猴是多少千米，请解下面竖式题。
>
> 猴
> 死猴
> 气死猴
> +1 气死猴
> ———————
> 3 0 6 0
>
> 其中，气、死、猴是0到9中不同的自然数。

花花兔看到这个算式，气得蹦起老高，说：“这也太气人啦，一个算式中有两个‘气死猴’。更可气的是，还有一个‘死猴’！气死我啦！”

酷酷猴却十分平静，笑了笑说：“他采用的是激将法，就怕我不去找他。”

花花兔怒气未消：“不管他是用‘鸡将

法'还是用'鸭将法'，都欺人太甚。咱们非要找到这个大怪物不可！"

酷酷猴说："要找到大怪物，先要算出'气死猴'所表示的千米数。"

花花兔看着这个奇怪的竖式说："这个古怪的式子里，那么多的'气'、'死'和'猴'，可怎么算呀？要不就一个数一个数试着加吧！"

酷酷猴说："如果一个数一个数地试，不仅麻烦，还容易算错。这个式子虽说是加法，但个位、十位、百位三个数位上都是相同的数相加，所以用 乘法口诀解更好些。"

"乘法口诀有那么多句，该用哪一句呢？"花花兔疑惑地问。

"个位上是4个相同加数，就用4的口诀；十位上是3个相同加数，就用3的口诀；百位上是2个相同加数，就用2的口诀。"酷酷猴回答道。

“对了！还要考虑0的情况！”酷酷猴补充道。

“那从个位上想，4个0相加得0，四五二十，4个5是20，‘猴’到底是几呢？”花花兔又问。

“那要看它前一位再决定。不过，这道题从高位想起比较好。千位原来是1，和是3，1+2=3，这个2是从百位进上来的。再看百位上，2的口诀中没有20，只有二九十八，气=9，18+2=20，百位加的这个2是从十位进上来的。3的口诀中没有26，小于26的有21和24，21+5=26，24+2=26。这时，要从个位想，个位4个0相加已被排除，只有四五二十，猴=5，死=8。要走985千米！这是想累死咱俩呀！”

花花兔却满不在乎：“为了找到这个可气的大怪物，再远咱们也要去！”

zhè shí yì pǐ bān mǎ pǎo le guò lái cōng míng de kù kù
这时一匹斑马跑了过来：“聪明的酷酷

hóu wǒ yuàn yì sòng nǐ men qù zhǎo dà guài wu
猴，我愿意送你们去找大怪物！”

huā huā tù yì tīng gāo xìng de tiào le qǐ lái tài
花花兔一听，高兴得跳了起来：“太

hǎo la
好啦！”

bān mǎ tuó zhe kù kù hóu hé huā huā tù fēi yí yàng de pǎo le
斑马驮着酷酷猴和花花兔飞一样地跑了

qǐ lái
起来。

huā huā tù dà shēng hǎn jiào āi yā pǎo de zhēn kuài
花花兔大声喊叫：“哎呀！跑得真快

ya jiǎn zhí shì huǒ jiàn sù dù tā yòu wèn bān
呀！简直是火箭速度！”她又问，“斑

mǎ nǐ zhī dào huǒ jiàn wèi shén me huì pǎo
马，你知道火箭为什么会跑

de nà me kuài ma
得那么快吗？”

bān mǎ dá dào yīn wèi huǒ
斑马答道：“因为火

jiàn de hòu pì gu
箭的后屁股

zháo le huǒ shéi
着了火，谁

de hòu pì gu
的后屁股

zháo huǒ hái bù pīn
着火还不拼

mìng pǎo
命跑？”

huǒ jiàn
“火箭

hòu pì gu zháo
后屁股着

火？真逗！哈哈……”花花兔仰面大笑，笑得太厉害了，以至于从斑马背上掉了下来。由于斑马的速度太快，酷酷猴和斑马都没发现花花兔掉下去了，他俩仍旧往前跑去。

一只猎豹偷偷从后面赶上来，一口咬住了花花兔：“哈哈，送上门的美餐！”

花花兔高呼：“救命啊！”

花花兔的呼救声惊动了酷酷猴，他回头一看，只见猎豹正叼着花花兔往远处跑去。

酷酷猴对斑马说：“停！停！不好啦，花花兔让猎豹叼走了！”

斑马大吃一惊：“糟啦！猎豹跑得最快，我也追不上他！”

酷酷猴也觉得事态严重，便问斑马：“你认识猎豹的家吗？”

“认识。我带你去！”斑马掉头就往猎豹的家跑去。

pǎo dào yí chù tǔ pō qián miàn bān mǎ tíng le xià lái dà
跑到一处土坡前面，斑马停了下来，大
shēng jiào dào liè bào liè bào nǐ zài nǎ er
声叫道：“猎豹——猎豹——你在哪儿？”

liè bào cóng tǔ pō hòu miàn zǒu le chū lái wǒ zài zhè er
猎豹从土坡后面走了出来：“我在这儿，
zhǎo wǒ yǒu shì ma
找我有事吗？”

bān mǎ wèn nǐ máng shén me ne
斑马问：“你忙什么呢？”

liè bào xǐ zī zī de shuō wǒ zhuō dào yì zhī xuě bái xuě bái
猎豹喜滋滋地说：“我捉到一只雪白雪白
de tù zi zhèng zài shēng huǒ zhǔn bèi áo yì guō tù zi zhōu wǒ
的兔子，正在生火，准备熬一锅兔子粥。我
yòng zhè guō tù zi zhōu qǐng kè ràng kè rén cháng chang tù zi ròu
用这锅兔子粥请客，让客人尝尝兔子肉
shì shén me zī wèi
是什么滋味。”

bān mǎ xiǎo shēng duì kù kù hóu shuō huā huā tù shì ràng tā
斑马小声对酷酷猴说：“花花兔是让他
zhuō zǒu le
捉走了。”

酷酷猴解析

用乘法口诀解加法竖式题

故事中题目的特点是：连加竖式题中个位、十位、百位上的数都是相同的。这时，解这样的竖式题，借助乘法口诀比较简单。有几个相同加数，就想几的口诀。但在考虑口诀时，还要考虑口诀中没有涉及的0的问题。在用口诀解题时，除了要考虑口诀中积的末尾是几，还要考虑是否进位的问题，可以从低位想起，也可以从高位想起。本题从高位想更简单些。

酷酷猴考考你

下面算式中的汉字分别表示0~9中的不同数字。

```
    元 宵 看 灯      元=(    )
                     宵=(    )
  + 元 宵 看 灯      看=(    )
  ─────────────      灯=(    )
  1  5  7  9  2
```

要喝兔子粥

酷酷猴为了核实一下，问猎豹："你捉了几只兔子？"

猎豹说："就捉到一只，我要捉多了就分肉吃，不喝粥了！"

酷酷猴又问："你请了多少客人呢？"

猎豹低头想了想："我也说不清有多少客人，按原来准备的碗，如果客人都来齐，要少8只碗，若增加原来碗数的一半，则又会多出12只碗。你说会来多少客人？"

酷酷猴说："我要是给你算出有多少客人来，你怎么感谢我？"

猎豹痛快地说："也请你喝一碗兔子粥。"

酷酷猴摇摇头：“兔子粥我不喝，我吃素。我如果算出来了，让我和你一起熬粥，行吗？”

“行，行，没问题。”猎豹爽快地答应了。

酷酷猴开始边和猎豹聊天边计算：“如果客人都来就少了8只碗，于是，你就多准备了原来碗数的一半，结果，又多了12只碗，说明原来碗数的一半是20只，原来的碗数是40只，客人是48位。你听明白了吗？”

“我一点儿都没听明白！我以为你还在

和我聊天呢，你把题都做完了，也太快了吧！如果不让我听明白，我怎么知道你算的是对还是错呢？”猎豹不满地说。

“看来要让你听明白，我还真要画个图了！”酷酷猴边说边画图。

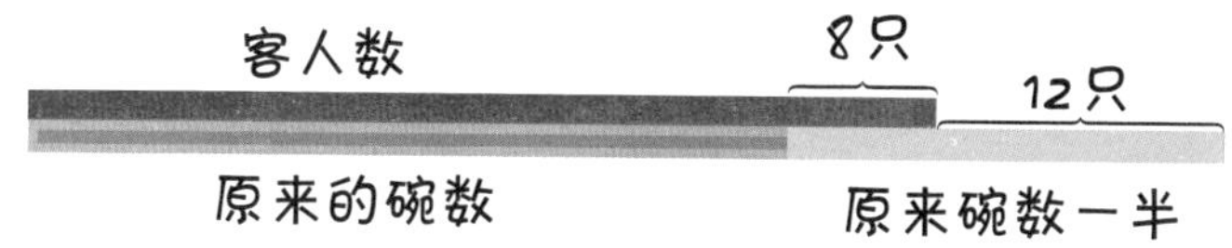

“你这个图画得五颜六色的，挺好看，可我还没看明白是怎么回事！”猎豹说。

“你这只豹子耳朵不好使，眼睛也不好使。我来给你解释吧！图中红色横条代表你邀请的客人数，蓝色横条代表你原来准备的碗数，蓝色横条比红色横条少的部分就是8只碗，绿色横条代表你又添上的原来碗数的一半。最关键的就是这里，这一半，你要先拿出8只给来的客人，发现还剩下12只，所以绿色横条被分成了8只和12

只两部分，8＋12＝20只，这是原来碗数的一半。”酷酷猴指着图说。

“不用说了！这下我明白了！原来的碗数是20＋20＝40只，邀请的客人是40＋8＝48位。没想到，我邀请了这么多客人！”

猎豹打断了酷酷猴的话。

“你把兔子放到哪儿了？”

“就捆在那棵大树的后面。”

酷酷猴自告奋勇地说：“我去把兔子杀了，收拾好，你好熬粥。”

猎豹点头：“你去吧！我在这儿招呼客人。”

酷酷猴三蹿两跳就到了大树的跟前，在树背后见到了被捆绑的花花兔。

花花兔见到酷酷猴，忙说：“酷酷猴，快救我！”

酷酷猴伸出一根指头：“嘘——别出声，我把绳子给你解开。”

这时斑马也跑来了，催促道：“你们快骑到我背上，我带你们逃走！”

酷酷猴想了想说：“不成，猎豹跑得快，他会追上你的。”

斑马着急地问：“那怎么办？”

酷酷猴眼珠一转，说：“咱们给他来个调虎离山计，你们这样……这样……”斑马和花花兔频频点头。

酷酷猴突然大声喊叫："不好啦！花花兔骑着斑马逃走啦！"然后他拉着花花兔上了树，斑马则撒腿就跑。

猎豹正在用大锅烧水，听到喊叫大吃一惊："什么？兔子跑了！这48位客人吃什么呀？"说着，猎豹就朝斑马逃跑的方向追去。

猎豹边追边喊："你好大的胆子，敢和我比速度，看我怎么追上你！"不一会儿，猎豹就拦住了斑马。

猎豹瞪着通红的眼睛命令："给我站住！交出兔子！"

斑马停住了脚步："站住是可以，兔子可没有！"

猎豹逼问："兔子呢？"

酷酷猴突然从树上跳了下来："我知道兔子跑哪儿去了。我骑着你去追好吗？"

为了得到花花兔，猎豹也顾不得这些了，

tā duì kù kù hóu shuō nǐ zhè shòu hóu fǎn zhèng yě méi duō zhòng
他对酷酷猴说："你这瘦猴反正也没多重，
shàng lái ba liè bào tuó zhe kù kù hóu jiù pǎo le chū qù
上来吧！"猎豹驮着酷酷猴就跑了出去。

kù kù hóu shuō wǒ qí guò mǎ qí guò niú hái zhēn méi
酷酷猴说："我骑过马，骑过牛，还真没
yǒu qí guò liè bào yì zhí wǎng běi zhuī
有骑过猎豹。一直往北追！"

liè bào shuō hǎo de nǐ zuò wěn le wǒ ràng nǐ tǐ huì
猎豹说："好的！你坐稳了。我让你体会
yí xià fēi de gǎn jué shuō wán yì tā yāo sì jiǎo téng kōng
一下飞的感觉。"说完一塌腰，四脚腾空，
wǎng qián fēi bēn
往前飞奔。

bān mǎ máng jiào huā huā tù cóng shù shàng xià lái kuài wǒ
斑马忙叫花花兔从树上下来："快，我
tuó zhe nǐ zhuī tā men qù
驮着你追他们去。"

hǎo jí la huā huā tù cóng shù shàng xià lái qí shàng
"好极啦！"花花兔从树上下来，骑上
bān mǎ
斑马。

suī shuō liè bào zài zhuī bǔ liè wù shí duǎn jù lí chōng cì de
虽说猎豹在追捕猎物时短距离冲刺的
sù dù fēi cháng kuài dàn shì pǎo bu liǎo duō yuǎn zhè bù méi pǎo
速度非常快，但是跑不了多远。这不，没跑
duō jiǔ tā jiù pǎo bu dòng le
多久他就跑不动了。

zhèng zài zhè shí hòu miàn de bān mǎ hé huā huā tù zhuī shàng
正在这时，后面的斑马和花花兔追上
lái le
来了。

huā huā tù zhāo hu kù kù hóu kù kù hóu wǒ men zhuī
花花兔招呼酷酷猴："酷酷猴，我们追
shàng lái la
上来啦！"

酷酷猴噌地一下从猎豹背上蹿到斑马背上，对猎豹说：“谢谢你送了我这么一大段路！”

猎豹此时才恍然大悟：“啊！你们是一伙的！可惜我没劲儿追你们了。”

酷酷猴解析

画图找对应解题

根据题目的叙述和对题目叙述的分析，通过画图找到题目中数量之间的对应关系解题，是常用的、重要的解题方法。它运用的是数形结合法解决问题。在画图时，要先弄清题目中有哪些数量，把关系密切的数量在图中尽量集中在一起，以便观察数量之间的对应关系。故事中采用不同颜色的横条区分不同的数量，比较直观和形象，便于观察和比较。此外，要把题目中给的数据尽量标在图上合理的位置，便于看图列式计算。

酷酷猴考考你

猴子分香蕉，每只猴子1根，原有香蕉数就少10根；又拿来原来香蕉数的一半，还是每只猴子1根，又多了15根。一共有多少只猴子？

智斗鳄鱼

bān mǎ tuó zhe kù kù hóu hé huā huā tù pǎo dào hé biān
斑马驮着酷酷猴和花花兔跑到河边。

huā huā tù gāo xìng de xiào le hā hā wǒ men zhōng yú
花花兔高兴地笑了：“哈哈，我们终于
táo tuō le liè bào de zhuī zhú
逃脱了猎豹的追逐。”

kù kù hóu wèn bān mǎ zán men yào guò hé ma
酷酷猴问斑马：“咱们要过河吗？”

bān mǎ biǎo qíng shí fēn yán sù tā yě méi huí dá zhǐ shì
斑马表情十分严肃，他也没回答，只是
xiǎo xīn yì yì de zài hé shuǐ zhōng qián jìn
小心翼翼地在河水中前进。

huā huā tù qí guài de wèn dà bān mǎ nǐ de tuǐ wèi
花花兔奇怪地问：“大斑马，你的腿为
shén me fā dǒu ya
什么发抖呀？”

bān mǎ zhǐ shuō le yí jù huà zhè tiáo hé lǐ yǒu
斑马只说了一句话：“这条河里有
è yú
鳄鱼。”

tīng shuō hé lǐ yǒu è yú huā huā tù xià de liǎn gèng bái
听说河里有鳄鱼，花花兔吓得脸更白
le tā qí zhe bān mǎ zuǒ gù yòu pàn zhèng hǎo zhè shí yì tiáo è
了。她骑着斑马左顾右盼，正好这时一条鳄
yú qiāo qiāo xiàng bān mǎ xí lái
鱼悄悄向斑马袭来。

还是酷酷猴眼尖，他指着鳄鱼大声叫道：“快看！有什么东西冲我们过来了！”

说时迟，那时快，鳄鱼一口咬住了斑马后腿，高兴地说：“哈，一顿美餐！”

斑马痛苦地挣扎：“哎呀，疼死我了！”

酷酷猴问鳄鱼：“在什么条件下，你可以不吃斑马？”

“这个……”鳄鱼想了一下，“如果斑马能算出我有多长，说明他很聪明，我从不吃聪明的动物。”

酷酷猴答应："好，你说吧！"

花花兔吃了一惊："哦，原来鳄鱼专吃不懂数学的傻动物！"

鳄鱼说："我是长尾鳄鱼，我的长尾有2个身子长，我的身子有2个头长。我的头和尾一共长35分米。我有多长？"

斑马听后大笑，一时忘了疼："你还把自己切三段呀！这有什么难的！你的头最短，身子居中，尾巴最长。应该把最短的头的长度看成1份，身子就是这样的2份，尾巴有2个身子长，就有4个头长，是这样的4份。一共是1＋2＋4＝7份，35÷7＝5分米，这是你的头长。"

"你是说我的头有5分米长喽？"鳄鱼耐不住性子地问。

"对！"斑马毫不犹豫地说。

斑马的回答可急坏了酷酷猴，他偷偷地用力在斑马屁股上掐了一把，疼得斑马跳了起来。

斑马大叫："哎呀，疼死我了！哦，我想起来了，我刚才做得不对！"斑马显然明白了酷酷猴掐他的用意。

鳄鱼问："怎么又不对了？"

酷酷猴趴在斑马的耳朵上小声说："错了，35分米是头和尾的总长度，没有身子的长度。求头的长度应该是35÷（1+4）=7分米才对。"

斑马嘿嘿一笑："我刚才是想试试你会不会算。我知道，35分米是你把自己的身子去掉后只含头和尾的长度，所以你的头长7分米，全身长7×7=49分米。这次是真的没错，真的算对了！哈哈！"

鳄鱼发怒了："你死到临头，还敢试我！我要给你点儿颜色看看！"说着翻身打滚儿，就要撕咬斑马。鳄鱼吃大型动物时，是靠打滚儿撕下猎物的肉来，再整块

tūn jìn qù
吞进去。

màn kù kù hóu duì è yú shuō nǐ bù néng shuō huà
“慢！”酷酷猴对鳄鱼说，“你不能说话
bú suàn shù a nǐ gāng cái shuō suàn chū nǐ yǒu duō cháng nǐ jiù
不算数啊！你刚才说算出你有多长，你就
bù chī bān mǎ
不吃斑马。”

è yú dèng zhe yǎn jing shuō bù chī tā wǒ è
鳄鱼瞪着眼睛说："不吃他，我饿！"

kù kù hóu xiǎo shēng duì huā huā tù shuō le jǐ jù huā huā tù
酷酷猴小声对花花兔说了几句，花花兔
diǎn dian tóu shuō hǎo de wǒ xiān zǒu le shuō wán lì kè
点点头说："好的，我先走了。"说完立刻
tiào dào le duì àn
跳到了对岸。

huā huā tù cóng àn shàng rēng guò yì bǐng yú chā kù kù
花花兔从岸上扔过一柄鱼叉："酷酷
hóu jiē zhù
猴，接住！"

kù kù hóu hǎn le yì shēng lái de hǎo
酷酷猴喊了一声："来得好！"

è yú bù míng bai kù kù hóu yào gǎo shén me míng tang nǐ
鳄鱼不明白酷酷猴要搞什么名堂："你
yào yú chā gàn shén me
要鱼叉干什么？"

kù kù hóu jǔ zhe yú chā shuō zhā nǐ a
酷酷猴举着鱼叉说："扎你啊！"

zhā wǒ è yú xiào zhe yáo yao tóu shuō nǐ méi
"扎我？"鳄鱼笑着摇摇头说，"你没
kàn jiàn wǒ bèi bù lín jiǎ yǒu duō hòu nǐ gēn běn jiù zhā bu jìn
看见我背部鳞甲有多厚，你根本就扎不进
qù
去！"

kù kù hóu wèn nǐ men è yú chī dà xíng dòng wù shí
酷酷猴问："你们鳄鱼吃大型动物时，
shì bu shì xiān dǎ gǔn er bǎ liè wù sī xià yí kuài
是不是先打滚儿把猎物撕下一块？"

è yú diǎn tóu duì ya
鳄鱼点头："对呀！"

kù kù hóu yòu wèn nǐ de fù bù shì bu shì méi yǒu lín
酷酷猴又问："你的腹部是不是没有鳞
jiǎ hěn róng yì zhā jìn qù
甲，很容易扎进去？"

è yú shāo yí lèng shén zhè yě duì
鳄鱼稍一愣神："这——也对！"

kù kù hóu shuō nǐ dǎn gǎn dǎ gǔn er sī yǎo bān mǎ wǒ
酷酷猴说："你胆敢打滚儿撕咬斑马，我
chèn jī jiù yòng yú chā zhā nǐ de dù zi
趁机就用鱼叉扎你的肚子！"

è yú yì tīng lì kè huāng le shén zhè kě yào mìng
鳄鱼一听，立刻慌了神："这可要命
la bān mǎ wǒ bù chī la shuō wán gǎn jǐn qián jìn shuǐ lǐ
啦！斑马我不吃啦！"说完赶紧潜进水里，
pǎo le
跑了。

酷酷猴解析

份数与几份数

故事中的题目是关于一份数、份数、几份数的问题。解这类题目要先确定把哪个数量看作一份数，一般情况下把较小的数看成一份数，再找到其他数是这样的几份，就是份数。除一份数以外，几份的数是多少就是几份数。几份数÷份数=一份数，这里，要注意几份数和份数要对应。斑马第一次计算的错误就是几份数和份数没对应。

酷酷猴考考你

小明的爸爸和小明今年的年龄和是36岁，爸爸今年的年龄有5个小明今年年龄那么大，是爷爷今年年龄的一半。今年小明、爸爸、爷爷各多少岁？

走哪条路

摆脱了鳄鱼的纠缠，斑马驮着酷酷猴和花花兔一阵狂奔，当停下来时，已经分不出东南西北，迷失了方向。

斑马懊丧地说：“虽说我们逃出了鳄鱼的魔爪，可是我也不知道现在跑到哪儿来了。”

酷酷猴环顾四周，发现周围有许多条路。

酷酷猴数了一下说：“周围有20条大路，每条大路又连着10条小路，每条大路和小路都标着数字，应该表示这条路是第几号大路和第几号小路。这么多条路，我们应走哪条路，才能找到大怪物呢？”

huā huā tù fā xiàn hào dà lù de lù dēng gān shàng huà zhe
花花兔发现1号大路的路灯杆上，画着
yí gè yóu shù zì zǔ chéng de sān jiǎo xíng tú xíng nǐ men kàn
一个由数字组成的三角形图形：“你们看！
zhè shì shén me
这是什么？”

huā huā tù dèng dà yǎn jing shuō dào dǐ gāi zǒu nǎ tiáo lù
花花兔瞪大眼睛说：“到底该走哪条路，
zhè ge wèn tí gāi zěn me xiǎng ne zǒu cuò le lù zán men jiù
这个问题该怎么想呢？走错了路，咱们就
chéng le shī zi bào zi men de pán zhōng cān le
成了狮子、豹子们的盘中餐了！”

斑马说："我随便找一条路探探，看看是否真有危险。"说完沿着一条小路走去。

没过多久，斑马快速逃回，后面还传来一阵阵吼声。

花花兔忙问："这是怎么了？"

斑马擦了一把头上的汗："这条路前面有10只大狮子！"

酷酷猴想了想说："看来不能瞎闯，必须把走哪条路算出来才行。"

"那就赶紧算吧！"花花兔着急地说。

酷酷猴说："别着急，我们先来观察这个三角形数阵中有什么规律。有了！这些数都是连续的自然数，而且第一行1个数，第二行2个数，第三行3个数……行数和每行数的个数相等。"

"可是，你看出这些规律来，我觉得还是用不上呀！怎么才能知道73是第几行的第几个数呢？有了，你刚才说的规律还是有

用，我就照着你刚才说的规律，一个一个数接着写下来，写到73不就得了！16、17、18、19、20……天哪，写到73还是要写一阵子呢！我有点儿写乱了，酷酷猴，你还是想想别的方法吧！”花花兔写得有点儿烦了。

“像你这样一个一个写，麻烦还容易错，如果数大，就没办法写了。当然还要找别的方法。哈！还有一个规律被我发现了，每行最后一个数就是它所在的行数和这行之前的行数和。比如：6是第三行最后一个数，它前面是第一行和第二行，1＋2＋3＝6，1＋2＋3＋4＝10，10是第四行的最后一个数。”酷酷猴兴奋地说着自己的新发现。

“还真是呀！15是第五行的最后一个数，1＋2＋3＋4＋5＝15。”花花兔附和道。

“用这个规律，我们可以推算73在第几行。1＋2＋3＋4＋5＋6＋7＋8＋9＝45，这组连加很常用，是我们脑子里‘数据库’的数，45是第9行的第9个数。接着加，45+10+11=66，66是第11行的第11个数。还不到73，再加，66+（　　）=73，66+7=73，73是第12行的第7个数。应走第12条大路的第7条小路！”酷酷猴很快推算出了结果。

“那咱们就赶紧走吧！”花花兔催促道。

斑马心有余悸：“我想起刚才那些大狮子心里就害怕，我不去了。”

见斑马不想去，酷酷猴也不勉强：“你一路辛苦了，谢谢你送我们走了这么远的路。再见！”

斑马告别酷酷猴和花花兔，找自己的伙伴去了。

酷酷猴解析

简单的数阵

数阵是指一些数按一定的规律排列成几何图形的形状。故事中的数是连续的自然数，从1开始，第几行就有几个数，行数等于本行数的个数，而且每行最后一个数是之前行和本行行数的和。解数阵问题，首先要观察数阵中隐含的排列规律，根据规律进行思考和推算。第一种方法是列举法，根据发现的规律，把需要的数都列举出来直到得出答案为止。这种方法适用于数比较少时。第二种方法是根据规律进行推算，由于涉及的数比较多，可以分段推算。如故事中的做法，先根据数据库推到45，再推到接近73的66，最后推到73。

酷酷猴考考你

1

2　3

4　5　6

7　8　9　10

11　12　13　14　15

……

96是这个数阵中的第几行的第几个数？

守塔老乌龟

kù kù hóu hé huā huā tù yán zhe tuī suàn chū de lù yì zhí wǎng qián zǒu le hěn cháng yí duàn lù
酷酷猴和花花兔沿着推算出的路一直往前，走了很长一段路。

huā huā tù yǒu diǎn er bú nài fán zán men zhè yàng yì zhí wǎng qián zǒu zǒu dào nǎ er suàn shì tóu a
花花兔有点儿不耐烦：“咱们这样一直往前走，走到哪儿算是头啊？”

kù kù hóu wǎng qián yì zhǐ nǐ kàn qián miàn nà sān gè dà jiā huo shì shén me
酷酷猴往前一指：“你看，前面那三个大家伙是什么？”

qián miàn chū xiàn le liǎng dà yì xiǎo sān zuò jīn zì tǎ
前面出现了两大一小三座金字塔。

huā huā tù xīng fèn de shuō nà shì zhù míng de āi jí jīn zì tǎ kuài guò qù kàn kan
花花兔兴奋地说：“那是著名的埃及金字塔！快过去看看！”

kù kù hóu hé huā huā tù zài jīn zì tǎ zhōng jiān fā xiàn le yí shàn mén
酷酷猴和花花兔在金字塔中间发现了一扇门。

kù kù hóu hào qí de shuō qiáo zhè lǐ yǒu yí shàn mén
酷酷猴好奇地说：“瞧！这里有一扇门。”

huā huā tù cuī cù kuài jìn qù kù kù hóu hé huā huā
花花兔催促："快进去！"酷酷猴和花花
tù yán zhe jīn zì tǎ de tōng dào wǎng qián zǒu
兔沿着金字塔的通道往前走。

kù kù hóu shuō tīng shuō jīn zì tǎ lǐ yǒu fǎ lǎo de mù
酷酷猴说："听说金字塔里有法老的木
nǎi yī
乃伊。"

shén me shì fǎ lǎo shén me shì mù nǎi yī huā huā tù
"什么是法老？什么是木乃伊？"花花兔
méi tīng shuō guò
没听说过。

kù kù hóu jiě shì fǎ lǎo jiù shì guó wáng mù nǎi yī shì
酷酷猴解释："法老就是国王，木乃伊是
yòng tè shū fāng fǎ bǎ sǐ rén zuò chéng de gān shī
用特殊方法把死人做成的干尸。"

huā huā tù dà chī yì jīng á gān shī sǐ shī jiù gòu
花花兔大吃一惊："啊？干尸？死尸就够
kě pà de le gān shī jiù gèng kě pà la
可怕的了，干尸就更可怕啦！"

qián miàn chū xiàn yí dào guān bì de dà mén huā huā tù guò qù
前面出现一道关闭的大门，花花兔过去
kàn le kàn zhè shàn dà mén dǎ bu kāi zán liǎ huí qù ba
看了看："这扇大门打不开，咱俩回去吧！"

tū rán lǐ miàn chuán lái yì zhǒng qí guài de shēng yīn
突然里面传来一种奇怪的声音。

kù kù hóu cè ěr xì tīng nǐ tīng zhè shì shén me
酷酷猴侧耳细听："你听，这是什么
shēng yīn
声音？"

huā huā tù yě tīng dào le zhè shēng yīn lí zán men yuè lái
花花兔也听到了："这声音离咱们越来
yuè jìn shì bu shì mù nǎi yī fù huó le à zán liǎ gǎn kuài
越近，是不是木乃伊复活了？啊，咱俩赶快
pǎo ba
跑吧！"

zhè shí dà mén dǎ kāi le yí dào fèng cóng mén fèng lǐ màn yōu
这时大门打开了一道缝，从门缝里慢悠
yōu de pá chū yì zhī dà wū guī suí hòu dà mén yòu zì dòng guān
悠地爬出一只大乌龟，随后大门又自动关
shàng le
上了。

dà wū guī lì shēng hè dào shéi zài nà er hú shuō bā
大乌龟厉声喝道："谁在那儿胡说八
dào gān shī zěn me néng fù huó ne
道？干尸怎么能复活呢？"

shì yì zhī dà wū guī kù kù hóu sōng le yì kǒu qì
"是一只大乌龟！"酷酷猴松了一口气，
jīn zì tǎ lǐ zěn me huì yǒu zhè me dà de wū guī
"金字塔里怎么会有这么大的乌龟？"

dà wū guī pá dào kù kù hóu de gēn qián chuǎn le yì kǒu qì
大乌龟爬到酷酷猴的跟前，喘了一口气：
cóng xiū jiàn jīn zì tǎ shí wǒ jiù zài zhè er le wǒ zài tǎ lǐ
"从修建金字塔时我就在这儿了，我在塔里
shǒu hù jǐ qiān nián le
守护几千年了。"

花花兔称赞说："真了不得！论辈分，我要叫你老老老老老老老爷爷啦！"

酷酷猴指着门上古怪的图形问老乌龟："你知道这门上画的是什么吗？"

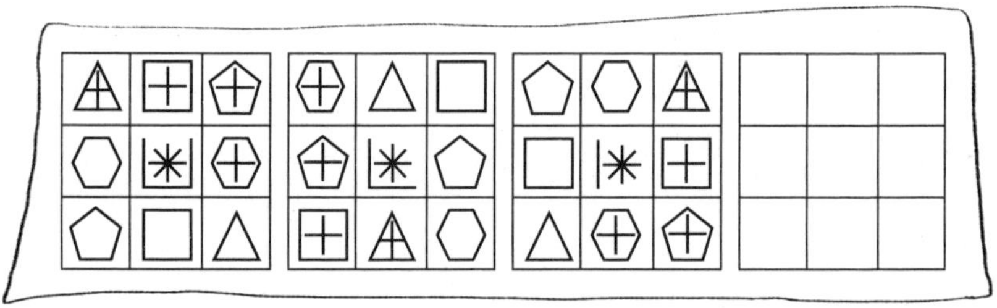

"当然知道！"老乌龟慢条斯理地说，"这门上画的不是画，而是一道填图数学题。这可是三千多年前的一道填图题，如果你们能把第四幅图填对了，把答案填到门上的空格里，大门就会自动打开。不过……如果你们把图填错了，就别想走出这座金字塔了，你们将和我一样，永远守护在这里。"

花花兔好像明白了什么："这么说，当

初你是画错了图，才被留在金字塔里的？”

老乌龟笑着说：“聪明的兔子！”

花花兔有些得意：“酷酷猴的数学特别棒，解这样的小问题根本不在话下！”

酷酷猴瞪了花花兔一眼：“不许吹牛！我来解解试试。要是解错了，咱俩就要在金字塔里待一辈子啦！”花花兔吓得耳朵都耷拉下来了。

“这让人眼花缭乱的图，把我都看晕了，一点儿头绪都没有！”花花兔不耐烦地说。

“怎么没有头绪，我们先观察第一幅图和第二幅图，仔细观察。”酷酷猴说。

“啊，好像图形的数量和形状是一样的，只是位置发生了变化！”花花兔像发现新大陆似的叫了起来。

“你说的有道理。我们仔细观察，找它们位置变化的规律。为了观察方便，我们先画个空格图，定一下每个格的位置。”酷酷猴说着，拿出笔和纸又画又写。

1	2	3
4	5	6
7	8	9

"我们先来观察△从1号位置到了8号位置，顺时针看移了5个格，逆时针看移了3个格，逆时针看比较省事。再看⊞从2号位置到了7号位置，也是逆时针移了3个格……"酷酷猴说。

"那咱们找到规律了，就按照这个规律来填图吧！"酷酷猴的话还没说完，花花兔就抢话道。

"这可不行，只看了两个图形就下结论，太草率了。你忘了老乌龟说的话了？"酷酷猴说。

一想起老乌龟说的话，花花兔吓得再也不敢催促酷酷猴了。

酷酷猴接着说："再看3号位置的⬠移到了4号位置，逆时针移了3个格。4号位置的⬡移到了9号位置，逆时针移动了3个格。5号位置的⧆位置没变。6号位置的⬡移到了1号位置，逆时针移动了3个格。7号位置的⬠移到了6号位置，逆时针移动了3个格。8号位置的□移到了3号位置，逆时针移动了3个格，9号位置的△移到了2号位置，逆时针移动了3个格。除了中间5号位置的⧆，其他图形都逆时针移动了3个格。再看，从第二个图形到第三个图形是不是也是这个规律？"

"我来看！"花花兔自告奋勇，"是的，就是这个规律！这下我们可以按这个规律填图了吧？"

"不行！我们还要再仔细观察一下，看有没有没注意到的。你看中间的⧆，虽然位置没变，但形状还是有变化的。第一个

图到第二个图，右边的线没了，变成|✳；从第二个图到第三个图，又少了一条线，变成了|✳……”酷酷猴说。

“我知道了，第四个图就应是✳，这次可以填图了吧？”花花兔抢过话说。

“可以了！”酷酷猴刚说完，花花兔就迫不及待地填起图来。

花花兔刚填完图，大门立即自动打开了。花花兔惊叫了一声：“啊，谢天谢地，门真的开了！我要见到金字塔里的木乃伊喽！”

酷酷猴解析

按规律填图

按规律填图，要仔细观察已知图形的变化，根据已知图形的变化规律填出相应的图形。图形的变化规律一般要从数量、形状、大小、位置等几方面的变化进行观察并总结。有的图形是单一规律的变化，有的图形会有多种变化，所以，观察要仔细，不要有疏漏和错误。故事中的题目主要是图形的位置变化，但也有形状的变化，即中间图形的形状发生了变化，这个细节要在观察的过程中捕捉到。

酷酷猴考考你

按规律填图：

要见木乃伊

酷酷猴、花花兔和老乌龟跨进门，刚想往里走，突然里面刮起一阵狂风，金字塔的大门又被关上了。

酷酷猴大叫：“好大的风啊！”

花花兔说：“是啊，我们都被吹飞啦！”

风一停，三人都坐在了地上，花花兔的头上还蒙着一块布。

花花兔拿下这块布，发现上面写着许多稀奇古怪的字。她愣了一下：“这上面的字，我一个都不认识。”

“可能是古埃及的象形文字，只好再请教老乌龟啦！”酷酷猴把布递给老乌龟。

老乌龟看着布上的字，念道：“金字塔

lǐ dào chù shì shù xué zài jīn zì tǎ lǐ shì bù néng fàn shù xué cuò
里到处是数学，在金字塔里是不能犯数学错
wù de xiǎng jiàn dào mù nǎi yī de rén bì xū néng shǔ chū xià
误的。想见到木乃伊的人，必须能数出下
miàn de tú xíng zhōng yǒu duō shao gè sān jiǎo xíng mù nǎi yī jiù zài
面的图形中有多少个三角形。木乃伊就在
tiē zhe xià miàn zhè ge tú xíng de fáng jiān lǐ bǎ dá àn xiě zài
贴着下面这个图形的房间里。把答案写在
fáng jiān mén shàng mén zì dòng dǎ kāi rú guǒ dá àn tián cuò le
房间门上，门自动打开。如果答案填错了，
jiù yào yǒng yuǎn péi bàn mù nǎi yī le
就要永远陪伴木乃伊了。”

tā men zhào zhe bù shàng huà de tú xíng zhǎo dào le mù nǎi yī
他们照着布上画的图形，找到了木乃伊
suǒ zài de fáng jiān zhǐ jiàn fáng jiān mén shàng huà zhe hé bù shàng yì
所在的房间，只见房间门上画着和布上一
mú yí yàng de tú xíng
模一样的图形。

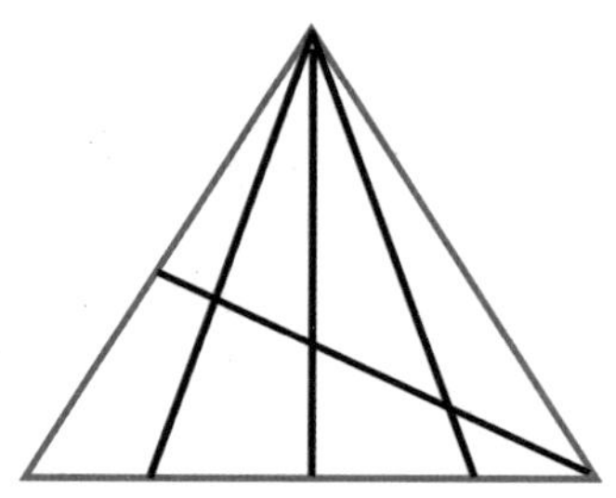

花花兔撇撇三瓣嘴，不屑地说：“不就是木乃伊吗，搞得这么神秘！不过，这个房间里真的有木乃伊吗？”

酷酷猴催促道：“你就别埋怨了，想见到木乃伊，就赶紧数吧！”

“这还不容易，一共有8个三角形！”花花兔毫不犹豫地说。

“8个？是哪8个？你能在图上标出来吗？别忘了，如果数错了，你就留在干尸身边了！”酷酷猴说。

“啊！好可怕呀！我可不想留在干尸身边。你快帮我看看我数得对吗。”说着，花花兔拿出笔，在图形上标出数来。

“你看！我数的就是这8个三角形。对

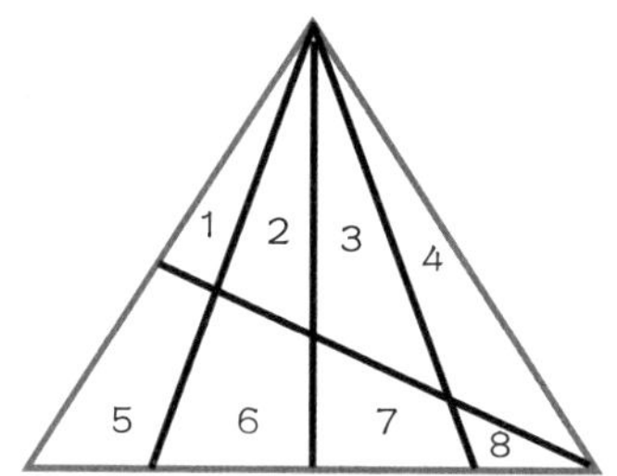

吗？”花花兔焦急地问酷酷猴。

“对什么对！你错得一塌糊涂！你是在拿你的小兔命开玩笑呀！第一，你没数全，还差好多三角形你没数呢！第二，你把不是三角形的也数成了三角形。5、6、7号是四边形，不是三角形！”酷酷猴说。

“真该死！我怎么错这么多呀！酷酷猴你快帮帮我吧！”花花兔吓出了一身冷汗。

“我们可以把这个图形先分割，再组合，这样便于数全，也不容易数错。先数只含有1、2、3、4号的部分。较小的三角形就是1、2、3、4共4个。由两个小三角形组成的有（1、2）（2、3）（3、4）共3个，由三个小三角形组成的有（1、2、3）（2、3、4）共

2个，由4个小三角形组成的有（1、2、3、4）共1个。一共有4+3+2+1=10个。”

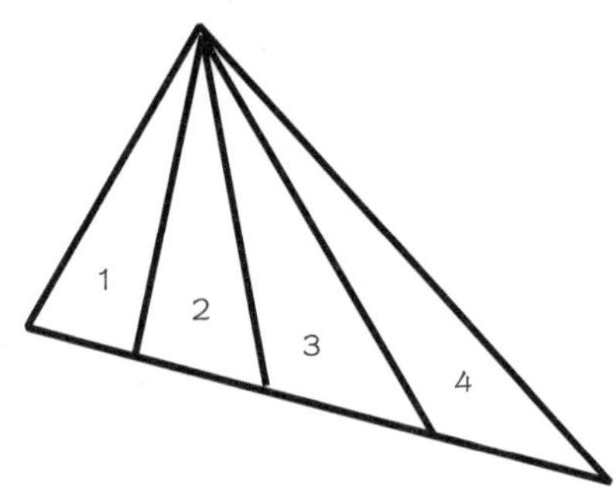

“啊？光这部分就有10个呢！我刚才真是数得太少了！看来，金字塔里的数学题真不是闹着玩儿的！”

“我们再来数只有5、6、7、8的部分。5、6、7不是三角形，但8是三角形。我们只把含有8的数出来就数全了。8、（7、8）、（6、7、8）、（5、6、7、8），共4个。”

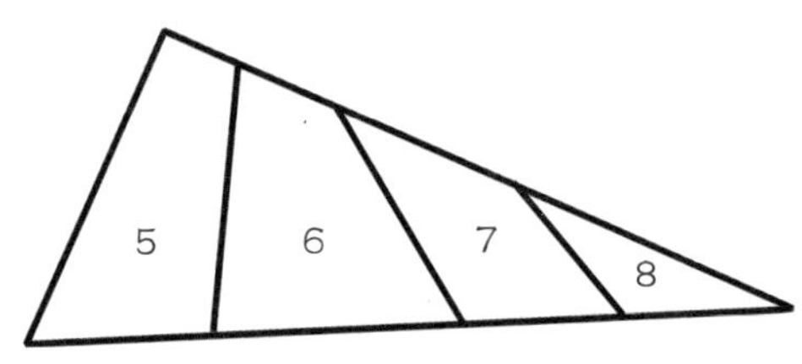

“那就是共14个了！”花花兔着急地说出了答案。

“那怎么可能！我们还没把两部分合起来数呢！”酷酷猴否定了花花兔的答案。

“合起来看，（1、5）（2、6）（3、7）（4、8）这4个是较小的。（1、5）和（2、6），（2、6）和（3、7），（3、7）和（4、8）各组成一个较大的，一共有3个。（1、5）（2、6）和（3、7），（2、6）（3、7）和（4、8）各组成一个更大的，一共有2个。（1、5）（2、6）（3、7）和（4、8）组成这个图形中最大的三角形，是1个。合起来看一共有4＋3＋2＋1＝10个。”酷酷猴一口气数完了合起来看的三角形个数。

“我发现只有1、2、3、4的部分，和合起来看最后的列式都是4＋3＋2＋1＝10，这里有什么窍门吗？”花花兔非常感兴趣地问酷酷猴。

“当然有了，像这样的图形每部分都是三角形，而且都有某一条边在同一条直线上，就可以数出最小的三角形的个数，后面的就不用一个一个数了，直接连加连续的自然数，加到1为止。这个和就是三角形的总个数。”酷酷猴回答。

“这个窍门不错！我就喜欢用窍门解题！我该填答案了，是10＋4＋10＝24个三角形。”花花兔刚把答案写上，房间门立即打开了，一股刺鼻的怪味迎面扑来。

“这是什么怪味呀，好难闻！”花花兔大叫道。

“嘘，别叫了，小心惊动了干尸，他们复活了吸你的血！”酷酷猴小声制止花花兔。

花花兔吓得大气都不敢出，跟着酷酷猴往房间深处走去。

酷酷猴解析

巧数三角形

在一个复杂的图形中有多个三角形，怎样把所有的三角形都数出来而不重复也不遗漏呢？故事中的方法是，对复杂图形进行先分割再组合。故事中的图形被分割成了两部分，然后再把两部分合起来数。第一部分和组合后的图形属于一类图形，即每个小图形都是三角形，而且所有的三角形都有某一条边在同一条直线上，这样的图形有两种数法，第一种方法是先数最小的，再数由2个、3个、4个……小三角形组成的较大的三角形，直到数到最大的三角形为止。最后再把所有的个数相加。第二种方法是由第一种方法总结出的小窍门，即只数出最小单位的个数，以后较大单位的个数依次少1，直到是1为止。也就是从最小单位个数开始连加连续的自然数，加到自然数1为止。图形的第二部分，有些小单位不是三角形，只要把含有三角形的部分全部数出来就可以了。

酷酷猴考考你

数出下面图形中的三角形：

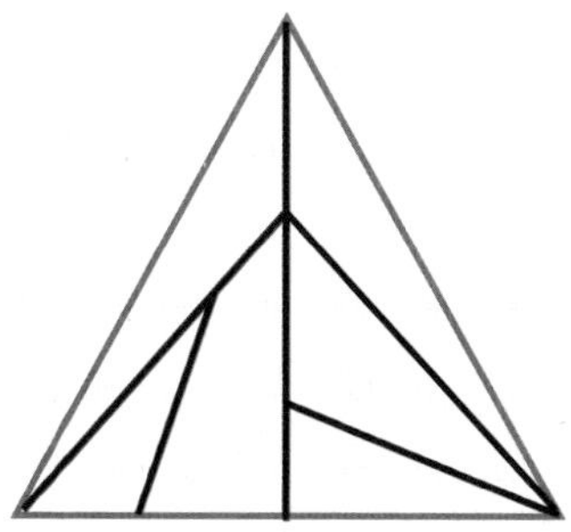

猫家族的功劳

酷酷猴和花花兔进房间没多久，就从里面跑了出来。

酷酷猴摇着头说：“木乃伊可真难看哪！”

花花兔捂着脑袋：“真吓死人了！”

酷酷猴想起了自己的目的，赶紧问老乌龟：“你知道附近有个叫大怪物的吗？”

“大怪物？”老乌龟摇摇头，“不知道。不过你可以问问老猫，他到处跑，知道的事多！”

酷酷猴又问：“我们到哪里去找老猫？”

“这个好办！”老乌龟待人真是热情，他扯着嗓子叫道：“老——猫！你在哪儿啊？”

不一会儿，老猫拿着一张纸跑了过来：

lái le lái le bié gēn jiào hún er shì de yǒu shén me yào
“来了，来了！别跟叫魂儿似的！有什么要
jǐn de shì
紧的事？”

lǎo wū guī shuō yǒu rén dǎ ting dà guài wu nǐ zhī dào ma
老乌龟说：“有人打听大怪物，你知道吗？”

zhī dào zhī dào bú guò wǒ xiàn zài yù dào yí gè nán
“知道，知道。不过我现在遇到一个难
tí méi gōng fu guǎn xián shì
题，没工夫管闲事。”

huā huā tù duì lǎo māo shuō nǐ zhǐ yào gào su wǒ men dà
花花兔对老猫说：“你只要告诉我们大
guài wu zài nǎ er wǒ men kě yǐ bāng nǐ jiě jué nán tí
怪物在哪儿，我们可以帮你解决难题。”

zhēn de lǎo māo yòng huái yí de mù guāng kàn le huā huā tù
“真的？”老猫用怀疑的目光看了花花兔
yì yǎn bú guò yì zhī tù zi néng bǐ wǒ lǎo māo hái cōng míng
一眼，“不过，一只兔子能比我老猫还聪明？”

huā huā tù yì bǎ lā guò kù kù hóu zhè lǐ hái yǒu kù kù
花花兔一把拉过酷酷猴：“这里还有酷酷
hóu na kù kù hóu de cōng míng cái zhì kě shì shì jiè yǒu míng
猴哪！酷酷猴的聪明才智可是世界有名！”

yǒu zhī hóu zi hái chà bu duō lǎo māo bǎ zhǐ dì gěi kù
“有只猴子还差不多。”老猫把纸递给酷
kù hóu zhè shì gāng fā xiàn de gǔ dài wén xiàn shàng miàn jì zǎi
酷猴，“这是刚发现的古代文献，上面记载
le wǒ men māo jiā zú de fēng gōng wěi jì kě shì wǒ kàn bu dǒng
了我们猫家族的丰功伟绩，可是我看不懂，
gèng bú huì suàn ya
更不会算呀！”

kù kù hóu jiàn zhǐ shàng huà zhe māo tóu hé shǔ tóu hái yǒu hěn
酷酷猴见纸上画着猫头和鼠头，还有很
duō shù zì
多数字。

年份（公元）:	1200	1201	1203	1204	1205	1206	1207	1208	1209	1210
猫头	1	2	3	5	8	13	21	（ ）	（ ）	89
鼠头	1	3	7	15	31	63	127	（ ）	（ ）	1023

huā huā tù kàn kù kù hóu ná zhe zhǐ tiáo fā lèng yì bǎ duó
花花兔看酷酷猴拿着纸条发愣，一把夺
guò zhǐ tiáo lái shén me nán tí wǒ lái kàn kan
过纸条来：“什么难题？我来看看！”

zhè shàng miàn shì shén me luàn qī bā zāo de gōng yuán
“这上面是什么乱七八糟的？公元1200
nián nián dài nà me jiǔ yuǎn zěn me yǒu māo tóu hái yǒu lǎo shǔ
年，年代那么久远？怎么有猫头，还有老鼠
tóu kuò hào lǐ zěn me méi yǒu shù ya huā huā tù shuō chū le
头？括号里怎么没有数呀？”花花兔说出了
yì lián chuàn de yí huò hé wèn tí
一连串的疑惑和问题。

wǒ kàn dǒng le zhè shì hěn jiǔ yǐ qián māo jiā zú de zhuō
“我看懂了。这是很久以前猫家族的捉

鼠历史，它记录了公元1200年到公元1210年这10年中，猫家族猫数的变化和捉鼠数量的变化。你看，1200年只有1只猫，看来就是老猫家族的祖先了，下面的1，应该是每天捉1只老鼠。到1201年有两只猫，每天捉3只老鼠；一直到1210年，猫家族就有89只猫了，他们每天能捉1023只老鼠。看来，猫家族确实贡献不小。老鼠是有害的，毁庄稼，破坏建筑物，金字塔内部今天能这么完好，和猫家族捉鼠的能力强不无关系呀！”酷酷猴一口气说了一大段话，累得直喘粗气。

“我的家族就是伟大嘛！”听着酷酷猴夸赞自己的家族，老猫腰杆挺得直直的，一脸神气。一转念，老猫面露难色：“可是，1208年和1209年的情况就不知道了，为什么不填呢？我一直想把括号中的数填上，可想了很久，就是不知道该怎么填，唉！”

老猫长叹一声。

“这不难，你的祖先很聪明，这是留给你们后代的一道数学题。猫数和鼠数两行数的排列都是有规律的，按照这个规律算就行了。”酷酷猴安慰老猫。

“规律？什么规律？我怎么没看出来！”老猫眼睛一亮说。

“猫数的排列规律是数列中从第三个数开始，每个数等于前两个数的和。例如：3＝1＋2，5＝2＋3，8＝5＋3，13＝5＋8，21＝8＋13……”

“真是这样的！那1208年的猫数就是13＋21＝34只，1209年的猫数就是21＋34＝55只，1210年当然是34＋55＝89只了。终于把猫的数算出来了！”没等酷酷猴说完，老猫就抢过话来。

“你别高兴得太早了，还没算捉的老鼠数呢！”花花兔提醒老猫。

“是呀！老鼠数怎么求呢？大概也是这个

规律吧！我试试。咦？不对呀！怎么这两个数列的规律还不一样呢？酷酷猴，还是你来帮我吧！”老猫又开始犯难了。

“老鼠数列的规律当然和猫数列的规律不一样了，它的规律是从第二个数开始，每个数都是前一个数乘2加1。你看：

$1 \times 2+1=3$

$3 \times 2+1=7$

$7 \times 2+1=15$

$15 \times 2+1=31$

$31 \times 2+1=63$

$63 \times 2+1=127$

“1208年的捉鼠数是$127 \times 2+1=255$只，1209年的捉鼠数是$255 \times 2+1=511$只，到1210年就是$511 \times 2+1=1023$只。”酷酷猴回答。

“这下可好了，我也为我们家族的历史做贡献了，我得赶紧把这个数填上，还要签上我的大名，老猫007，哈哈！我老猫载入史册啦！”老猫兴奋地扭着猫步跳起舞来。

花花兔说：“你的难题我们帮你解了，你现在该带我们去找大怪物了吧！”

“找大怪物？你们不说，我都兴奋得忘了！你们跟我走吧！”老猫爽快地说。

酷酷猴和花花兔告别了老乌龟，跟着老猫走了。

酷酷猴解析

按规律填数

题目中的数列是有一定规律的。解题时要注意观察数的变化，必要时可以通过计算探索规律。一般情况下，要先观察相邻数之间的关系，也可以观察连续几个数的关系，还可以隔一个、两个……数观察规律，或者通过加、减、乘、除、乘加、乘减等计算探索规律。故事中关于猫数的数列规律是连续三个数之间的关系，关于鼠数的数列是相邻两数之间乘加的关系。

酷酷猴考考你

按规律填数：

3、5、9、17、33、(　　)、129

1、2、4、7、13、24、(　　)、81

母狼分小鹿

lǎo māo dài zhe tā liǎ zǒu a zǒu a zǒu le hěn cháng de
老猫带着他俩走啊走啊，走了很长的
lù lái dào liǎng zuò dà shān qián zhè liǎng zuò shān jī hū kào zài
路，来到两座大山前。这两座山几乎靠在
le yì qǐ shān yǔ shān zhī jiān zhǐ liú yí dào xì fèng sú chēng
了一起，山与山之间只留一道细缝，俗称
yí xiàn tiān
“一线天”。

lǎo māo shuō wǒ men yào tōng guò zhè liǎng zuò shān bì xū
老猫说：“我们要通过这两座山，必须
xiān tōng guò zhè ge yí xiàn tiān
先通过这个‘一线天’。”

huā huā tù sān bèng liǎng tiào qiǎng xiān xiàng yí xiàn tiān pǎo
花花兔三蹦两跳，抢先向“一线天”跑
qù méi pǎo jǐ bù tā diào tóu huí lái le tiān na
去。没跑几步，她掉头回来了：“天哪！
nà nà lǐ wò zhe yì zhī mǔ láng huā huā tù hún shēn duō
那……那里卧着一只母狼！”花花兔浑身哆
suo zhe
嗦着。

mǔ láng jiàn dào huā huā tù gāo xìng de zhàn le qǐ lái
母狼见到花花兔，高兴地站了起来：
hā wǒ zhèng chóu fēn bu guò lái ne yòu lái le yì zhī tù
“哈，我正愁分不过来呢！又来了一只兔
zi zhè jiù hǎo fēn le shuō zhe jiù cháo huā huā tù pū lái
子，这就好分了！”说着就朝花花兔扑来。

花花兔吓得大叫："酷酷猴救命！"

酷酷猴勇敢地把花花兔挡在自己的身后，大声说："站住！花花兔是我的朋友，你不能吃！"

"不吃？"母狼上下打量了一下酷酷猴，"不吃也行。但你必须帮我把我丈夫留下的肉分清楚，否则我一定要吃兔子肉！"

酷酷猴问母狼："你丈夫留下的什么肉？为什么要分？"

"唉，说来话长啊！"母狼的眼睛里充满了泪水，"有一次，我丈夫和一只母狮同时发现了一群小鹿，两人开始争夺起来。我丈夫虽然体格健壮，但是和体形比他大两倍的母狮争斗，还是吃了亏。"

花花兔急着问："你丈夫怎么啦？"

母狼伤感地说："我丈夫虽然抢得了6只小鹿，但是身负重伤。他把小鹿拖回家，已经奄奄一息了。他对我说：'我快不行了，我们还有4个孩子，你现在身怀有孕，这6只小鹿就留给你和孩子们，每人一只，我也就心安了。以后，你一定要公平对待每一个孩子，更不要亏待了自己。'说完，他就死了。"说到这儿，母狼已是泪流满面。

酷酷猴问："你就按你丈夫说的分吧！"

"不成呀！我生的是两儿一女三胞胎。6只小鹿，7个孩子加上我一共8个，怎么分呀？”母狼着急地说。

花花兔说：“真添乱，这还真没办法分了！”

母狼眼露凶光，说：“如果没办法分，我就吃你的兔子肉，小鹿全分给孩子们！”

酷酷猴连忙说：“你吃了兔子肉也不能解决问题！小鹿有6只，而你有7个孩子，你还是不会分！”

母狼说：“那该怎么办呢？愁死我了！”

酷酷猴说：“我来帮你！你丈夫的遗愿是让你公平对待你的孩子们，也不要亏待你自己。你有6只小鹿，要分给你们8个，肯定不能每只狼1只小鹿了。但还要把6只小鹿平均分，我们只有把每只小鹿肉切成同样多的小块儿，再平均分！”

“这倒是个好办法！可是，每只小鹿切几块才能平均分8份呢？”母狼问。

“这个问题就不难了。我们可以先把每只

小鹿平均分2块试试，6只一共是6×2=12块，8的口诀里没有12，不行。每只小鹿平均分3块，6只一共3×6=18块，8的口诀里没有18，还是不行。每只小鹿平均分4块，6只一共4×6=24块。8的口诀里有24，行了！”酷酷猴说。

母狼兴奋地说：“我明白了，把每只小

鹿平均切成4块，6只一共切24块，24÷8=3块。我和孩子们每人3块。太好了！”

母狼话刚说完，小狼们就兴奋得手舞足蹈起来：“妈妈终于会分鹿肉了！我们有肉吃了！”小狼们高兴地打闹起来，有几只小狼互相追逐着跑远了。

母狼看着自己的孩子跑远了，马上去追，边追边喊：“别跑了！快回来！小心母狮呀！”

老猫一看机会来了，赶紧说：“母狼走了，咱们快通过‘一线天’！”说着，老猫领着酷酷猴和花花兔快速从“一线天”穿过。

酷酷猴和老猫边走边聊天。酷酷猴问：“你见过大怪物吗？”

老猫摇摇头说：“没有，我听说大怪物长得又高又大，身上披着黑色或棕色的毛皮，力大无穷，抓住一只狼，一下就能撕成两半。另外，我还听说大怪物聪明过人呢！”

老猫指着前面的一片大森林说：“大怪物就住在前面的大森林里，你们去找他吧！”

酷酷猴冲老猫鞠了一躬，和老猫道别：“谢谢老猫的帮助！”

酷酷猴解析

公平分配

故事中的问题是，当把一些物体平均分给若干人，每人不够分一个时，该怎么平均分。如果我们以一个物体为单位平均分，不能分时，可以把一个物体平均分成2份、3份、4份……以其中的一份为单位再平均分。也就是要把单位变小，直到能够平均分为止。故事中一共是6个物体，要平均分给8个人，把每个物体平均分4份，6个物体共分成24份，才能平均分给8个人。

酷酷猴考考你

有6个苹果，平均分给10个小朋友，该怎样分？

打开密码锁

酷酷猴和花花兔走进大森林，越往里走光线越暗。突然一条大蟒蛇窜了出来，拦住了他们的去路。

花花兔吓得大叫。

酷酷猴走上前对大蟒蛇说：“请问，大怪物住在这片森林里吗？”

蟒蛇仰起头说：“不错，伟大的大怪物就住在里面。不过，我现在非常饿。你们两个商量一下，谁给我当午餐，我就放另一个过去。”

“啊？要吃我们当中的一个？”花花兔的全身又开始哆嗦了。

酷酷猴自告奋勇地说：“我愿意让你吃，

zhǐ yào nǐ néng zhuō zhù wǒ
只要你能捉住我。”

huā huā tù zài yì páng jí de zhí hǎn kù kù hóu zhè
花花兔在一旁急得直喊：“酷酷猴，这
wàn wàn shǐ bu de
万万使不得！”

nǐ lái chī ya nǐ lái chī ya kù kù hóu zài qián
“你来吃呀！你来吃呀！”酷酷猴在前
miàn dòu yǐn zhe mǎng shé zài hòu miàn zhuī
面逗引着，蟒蛇在后面追。

kù kù hóu biān pǎo biān huí tóu duì huā huā tù shuō nǐ kuài
酷酷猴边跑边回头对花花兔说：“你快
jìn sēn lín lǐ qù zhǎo dà guài wu
进森林里去找大怪物！”

kù kù hóu zài qián miàn pǎo mǎng shé zài hòu miàn qióng zhuī bù shě
酷酷猴在前面跑，蟒蛇在后面穷追不舍。

kù kù hóu huí tóu shuō wǒ kù kù hóu méi duō shao ròu chī
酷酷猴回头说：“我酷酷猴没多少肉，吃
le wǒ nǐ yě chī bu bǎo
了我你也吃不饱！”

蟒蛇喘着粗气："吃了你先垫个底儿，待会儿再吃那只肥兔子！"

突然从树上跳下一个头戴面具、全身披着黑毛的高大怪物，挡住了蟒蛇的去路。

怪物大吼一声："大胆的蟒蛇，不许伤害酷酷猴！"

蟒蛇气不打一处来："嘿！来了个管闲事的！我把你再吞了，就差不多饱了。"

蟒蛇迅速地缠住了怪物，怪物发怒了："让你尝尝我的厉害！嗨——"只见他双手用力往外一拉，生生地把蟒蛇拉成了两段，然后用力摔在了地上。

酷酷猴冲怪物一抱拳："谢谢这位壮士救了我！你知道大怪物在什么地方吗？"

"跟我来！"怪物冲酷酷猴点点头。

酷酷猴跟着怪物来到一座小山前，转过小山，看见花花兔站在一个山洞的前面正冥思苦想。

“花花兔，你在想什么呢？”酷酷猴的说话声吓了花花兔一大跳。

“我正想得入神呢，你吓死我啦！”花花兔一边埋怨酷酷猴，一边指着山洞门说，“这山洞里有一个门，门上有一个密码锁，密码是门上的图形中应填的数字。我正想怎么往图形里填数呢！试了两次都不对，只有三次机会，否则密码锁就锁死了，我们也就永远进不了山洞了！”

酷酷猴朝着花花兔手指的方向看去，门上有几行字，字下面还有一个图形：

下面的图形是一个密码锁，要开锁，请将2、3、4、5、6、7、8、9这8个数填在下图的空格里，使四边形每条边上的三个数之和都等于15。填对了，门自动打开。只有三次机会，三次全填错，密码锁永久锁死，填错之人将永远不能进入山洞。请慎重考虑。

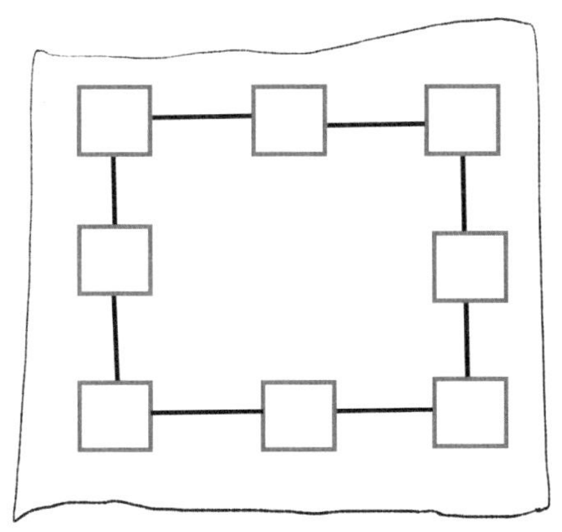

花花兔说："我刚才把8个数随便往里填了两次，都不对！还有最后一次机会了，千万不能填错了！"

"你随便往里填，当然不行了！"酷酷猴说。

"不随便填，那还有什么办法？我可没想出来！"花花兔说。

"我先看看。一共8个空格，4条边，每条边上有3个数，和都是15。那四边形顶点上的数就要被加2次呀！"酷酷猴似乎有所发现。

"还真是！那四边形不在顶点上的4个

数只加1次，对吗？”花花兔问。

“对了！如果每条边上的和都是15，四条边一共是15＋15＋15＋15＝60。而8个数的和是2＋3＋4＋5＋6＋7＋8＋9＝44，60－44＝16，多出了16！”酷酷猴说。

“为什么会多出了16呢？这8个数里没有16呀，是你拔根猴毛变出来的？哈哈！”花花兔逗得自己大笑起来。

“严肃点儿！这16不是我变的，是四边形4个顶点上数的和。因为在把每条边的和相加时，4个顶点的数各算了两次，而8个数的和里它们只被算了一次！”酷酷猴严肃地对花花兔说。

“这下我明白了，真的不是你变的！可知道了这些，下面该怎么办呢？”花花兔问。

“我们看，在8个数中，哪4个数的和是16。”酷酷猴回答。

“这个我来！找到了！2＋3＋5＋6＝16。

这下可以往图里填了吧？”花花兔说着就要往门上写。

“慢！这是最后一次机会，我们还是先在纸上填填试试吧！”酷酷猴制止了花花兔。

他俩在纸上试着填数，酷酷猴说：“2和3不能放在同一条边上，因为2+3=5，15-5=10，这8个数里没有10。我们只能把2和3填在对角。”

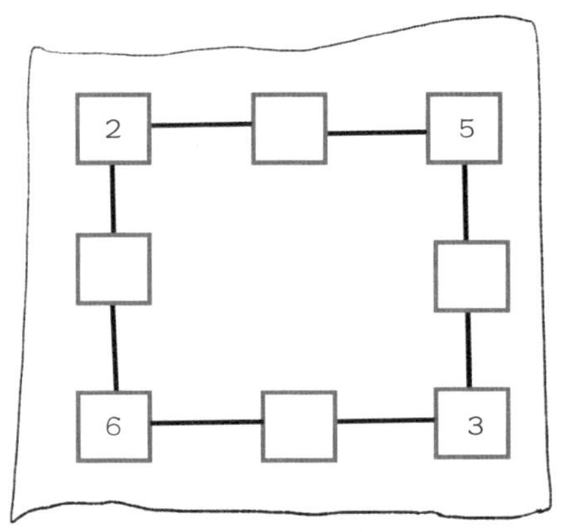

“这种方法肯定不行！”酷酷猴说。

“为什么？还没填其他的数呢，你就说不行？”花花兔不解地问。

“你没发现左面的边和右面的边两个数

de hé dōu shì ma liǎng tiáo biān dōu yào tián
的和都是8吗？15－8＝7，两条边都要填7，
kě shì zhǐ yǒu yí gè kě yǐ tián kù kù hóu shuō
可是只有一个7可以填！”酷酷猴说。

huā huā tù xià de zhí duō suo hǎo xuán na xìng kuī méi
花花兔吓得直哆嗦：“好悬哪！幸亏没
yǒu wǎng mén shàng tián yào bù wǒ men zhēn de yǒng yuǎn bù néng jìn
有往门上填，要不我们真的永远不能进
shān dòng le zhè yàng tián bù xíng gāi zěn yàng tián
山洞了！这样填不行，该怎样填？”

kěn dìng hái yǒu yì zǔ hé shì de gè shù yǒu le
“肯定还有一组和是16的4个数。有了！
bǎ zhè gè shù tián zài dǐng diǎn shàng
2＋3＋4＋7＝16！把这4个数填在顶点上。
shàng miàn de biān zhōng jiān gé tián
上面的边2＋4＝6，15－6＝9，中间格填9。
zuǒ miàn de biān zhōng jiān gé tián
左面的边2＋7＝9，15－9＝6，中间格填6。
xià miàn de biān zhōng jiān gé tián
下面的边7＋3＝10，15－10＝5，中间格填5。
yòu miàn de biān zhōng jiān gé tián
右面的边4＋3＝7，15－7＝8，中间格填8。
chénggōng le kù kù hóu xīng fèn de shuō
成功了！”酷酷猴兴奋地说。

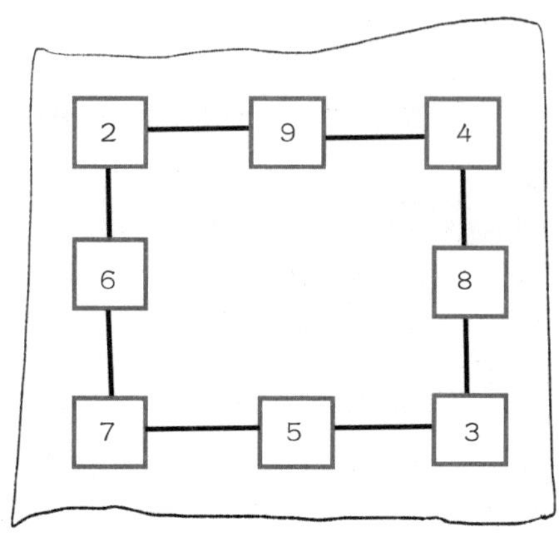

zhè xià wǒ kě yǐ wǎng mén shàng tián le huā huā tù
“这下我可以往门上填了！”花花兔
biān shuō biān wǎng mén shàng tián shù gāng tián wán hū de yì shēng
边说边往门上填数。刚填完，呼的一声，
shān dòng de mén dǎ kāi le
山洞的门打开了。

dòng lǐ fēi cháng hēi lǐ miàn hái chuán lái gū gū de
洞里非常黑，里面还传来咕咕的
guài shēng
怪声。

huā huā tù gǎn jǐn tuì huí lái lǐ miàn hēi jí la hái yǒu
花花兔赶紧退回来：“里面黑极啦，还有
guài shēng zhēn kě pà
怪声。真可怕！”

kě shì hào qí de huā huā tù yòu bù gān xīn bù shí de tàn
可是好奇的花花兔又不甘心，不时地探
zhe tóu wǎng dòng lǐ kàn tū rán cóng dòng lǐ fēi chū yí gè
着头往洞里看。突然，从洞里飞出一个
dōng xi
东西。

kù kù hóu dà jiào liú shén huà yīn wèi luò yí gè
酷酷猴大叫：“留神！”话音未落，一个
xī guā zá zài le huā huā tù de liǎn shàng
西瓜砸在了花花兔的脸上。

huā huā tù bèi xī guā zá le yí gè gēn tou āi yā zhè
花花兔被西瓜砸了一个跟头：“哎呀！这
shì shén me mì mì wǔ qì
是什么秘密武器？”

dòng lǐ fā chū yí zhèn huān xiào shēng hā hā dǎ zhòng
洞里发出一阵欢笑声：“哈哈，打中
la xī xī zhēn hǎo wán
啦！……嘻嘻，真好玩！”

huā huā tù zháo jí le tā zhàn qǐ lái shuāng shǒu chā
花花兔着急了，她站起来，双手叉
yāo chòng dòng lǐ hǎn shì shéi zài è zuò jù yǒu běn shi
腰冲洞里喊：“是谁在恶作剧？有本事

chū lái
出来！”

kù kù hóu yì hā yāo shuō le shēng bié gēn tā men fèi huà
酷酷猴一哈腰，说了声：“别跟他们废话

le gēn wǒ wǎng lǐ chōng
了，跟我往里冲！”

酷酷猴解析

填数游戏

填数游戏的一般解法，是要先考虑重复使用次数较多的数。这样的数，有时是一个，有时是多个。当一个数被重复使用2次、3次、4次……时，用图形中所有边上数的和减填入图形中所有数的和，得到的就是被重复使用2次的那个数及那个数的2倍、3倍……依此类推。当多个数被重复使用2次、3次、4次……时，用图形中所有边上数的和减填入图形中所有数的和，得到的就是被重复使用的几个数的和及被重复使用的几个数的和的2倍、3倍……依此类推。先把重复使用的数填入图形，再填其他的数。

酷酷猴考考你

把1、3、5、7、9、11这六个数填入下图的空格里，使三角形每条边上的三个数的和都是15。

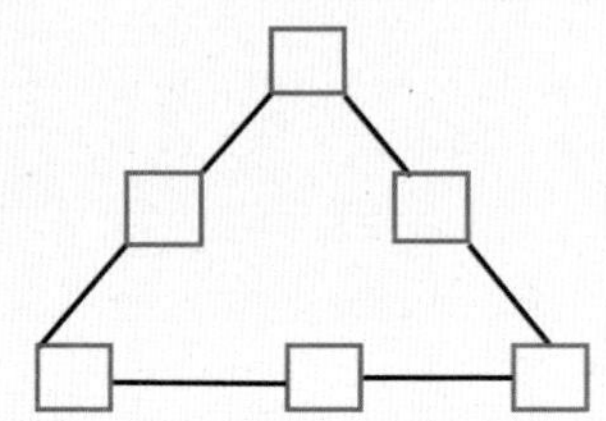

见面礼

kù kù hóu hé huā huā tù chuān guò yí duàn shān dòng lái dào
酷酷猴和花花兔穿过一段山洞，来到
yí piàn dà sēn lín yí gè dà guài wu dài zhe liǎng gè xiǎo guài wu
一片大森林，一个大怪物带着两个小怪物
zài děng zhe tā liǎ ne
在等着他俩呢。

dà guài wu shuō huān yíng kù kù hóu hé huā huā tù lái wǒ
大怪物说：“欢迎酷酷猴和花花兔来我
jiā zuò kè
家做客！”

xiǎo guài wu shuō gāng cái wǒ yǐ jīng yòng xī guā huān yíng guò
小怪物说：“刚才我已经用西瓜欢迎过
nǐ men la xī xī
你们啦！嘻嘻！”

kù kù hóu wèn dà guài wu nǐ zhǎo wǒ lái gàn
酷酷猴问：“大怪物，你找我来干
shén me
什么？”

dà guài wu shuō wài miàn dōu chuán shuō kù kù hóu cōng míng
大怪物说：“外面都传说酷酷猴聪明
de bù dé liǎo wǒ bǎ nǐ qǐng lái xiǎng jìn xíng yí cì zhì lì bǐ
得不得了！我把你请来，想进行一次智力比
sài kàn shéi zuì cōng míng shuō zhe dà guài wu ná chū gè
赛，看谁最聪明！”说着，大怪物拿出9个
zhuāng yǒu píng guǒ de kǒu dai
装有苹果的口袋。

大怪物指着口袋说："这9个口袋里分别装着9个、12个、14个、16个、18个、21个、24个、25个、28个苹果。让我儿子拿走若干袋，再让我女儿拿走若干袋，我女儿拿走的苹果数是我儿子的一半，最后剩下一袋送给你作为见面礼。你能告诉我，送给你的这袋里有多少苹果吗？我女儿、我儿子拿走的

分别是哪几袋苹果？”说完，两个小怪物开始拿口袋。

两个小怪物把8袋苹果拿走，剩下了1袋苹果。

花花兔说：“我想这些怪物没那么好心，准是把苹果数最少的那袋留给了你！你说9个准没错！”

酷酷猴却不这样想：“人家邀请我来，又送我苹果，对咱们不错。我要算一下才能知道有多少苹果。”

花花兔把头一歪：“这可怎么算？”

“可以这样想，”酷酷猴说，“因为他女儿拿走的苹果数是他儿子的一半，把他女儿拿走的苹果数看成1份，他儿子拿走的苹果数就是这样的2份。他们合起来就是这样的3份。求他们拿走的总个数就要用1份数乘3，总个数肯定是能被3整除的数。现在把这9袋苹果除以3的商和余数写出来。”说着，酷酷猴拿起笔在纸上写了起来。

$9 \div 3 = 3$　　$12 \div 3 = 4$

$14 \div 3 = 4 \cdots\cdots 2$　　$16 \div 3 = 5 \cdots\cdots 1$　　$18 \div 3 = 6$

$21 \div 3 = 7$　　$24 \div 3 = 8$

$25 \div 3 = 8 \cdots\cdots 1$　　$28 \div 3 = 9 \cdots\cdots 1$

“你看，9、12、18、21、24都是能被3整除的，它们的和除以3也没有余数。16、25、28都是除以3余1的，它们的和除以3也没有余数，因为余数是3个1，和是3。只剩下一袋14个的，除以3余数是2，给我的见面礼就是这袋！”酷酷猴说。

花花兔赶紧把苹果倒在地上，开始数：“1个、2个……14个。一个不多，一个不少，正好是14个！”

“神啦！”两个小怪物听得两眼发直。

大怪物连连点头："果然够神的！还有另两个问题，接着解！"

"把剩下的8个数除以3的商加起来，3+4+5+6+7+8+8+9=50，再加上余数的3个1凑成了1个3，共51个3，51÷3=17，你女儿得到的苹果数里有17个3。看看哪几个商的和是17。4+6+7=17。12个、18个、和21个这三袋你女儿拿走了，剩下的9个、16个、24个、25个、28个这五袋你儿子拿走了。"

"酷酷猴，你简直是神算哪！这个方法我听明白了，可是我还是觉得脑子转得发晕，还有让我脑子少转几圈的方法吗？"

"当然有！把9袋苹果的总数求出来：9+12+14+16+18+21+24+25+28=167个，167÷3=55……2，余数是2的是14个，是给我的，第一个问题解答完了。167−14=153个，153÷3=51个，这是大怪物女儿的苹果总个数。凑 51，12＋18＋21＝51 个，女儿是 12 个、18 个、21 个，剩下的几袋是儿子的，这是第二个问题，解答完了。”酷酷猴回答花花兔的问题。

“这个方法是让脑子少转了几圈。可是，167 ÷ 3 和 153 ÷ 3，我有点儿不会算！”花花兔说。

“两个方法，各有好处，也有不足。等你数学知识学得多了，会的方法就多了！”酷酷猴说。

大怪物对酷酷猴竖起大拇指说：“酷酷猴果然聪明，方法真多！”

说着，让小怪物把见面礼放到了酷酷猴面前。

酷酷猴解析

余数和商的妙用

故事里的题目中，两种解法都用到了余数。第一种解法是根据每个数除以3的余数解决问题，第二种解法是根据总数除以3的余数解决问题。由于女儿和儿子的苹果总数应是3的倍数，所以除以3有余数，且余数又不能与其他数的余数合起来是3的倍数的数就是送给酷酷猴的数。对于女儿和儿子各得哪几袋苹果的问题，第一种解法是根据每个数除以3的商解决问题的，商就是每个数里含有3的个数，别忘了加上余数相加得3的个数，把商的和平均分3份，也就是把对应的总数平均分3份。第二种解法是直接用总数除以3得出一份数，再凑数。

酷酷猴考考你

妈妈买了6袋梨，分别是11个、12个、13个、15个、19个和22个。妈妈自己留下了一袋，剩下的分给了小明和妹妹，妹妹的梨的个数是小明的一半。妈妈留下的是哪袋梨？小明和妹妹分别得到了哪几袋梨？

露出真面目

大家都夸酷酷猴聪明、神算，大怪物坐不住了。为了显示自己的聪明，他对酷酷猴说：“其实我也很聪明，请你出题来考我，我一定能快速解出来！”

酷酷猴没说话，先在地上写出一串数：

1、2、3、2、3、4、3、4、5、4、5、6……

酷酷猴说：“你看我写的这串数，请在30秒钟之内把它的第100个数写出来。”

大怪物一听只有30秒的时间，赶紧让他的儿女轮着往下写：“孩儿们，你们俩一人写一个，玩命往下写！”

“得令！”两个小怪物答应一声，就拼命地写起来。

儿子刚说“第48个”，女儿就接着说“第49个”。

刚数到第49个，酷酷猴下令：“停！30秒钟已到。”

儿子摇摇头：“哎呀！写这么快，还没写到一半。”

大怪物一脸怀疑：“酷酷猴，你来写写看。我就不信你在30秒钟之内能写出来！”

酷酷猴冲大怪物做了一个鬼脸：“傻子才一个一个地写呢！”

“不傻应该怎样写？”大怪物有点儿动气。

酷酷猴不慌不忙地说：“我先把这串数列的排列规律写出来。”说着，拿起笔在数列上画起了圈。

“你看，这列数的排列规律是，3个数一组，每组都是3个连续的自然数，每组的第一个数和它所在的组数相等，连起来看，是

从1开始的连续自然数。”酷酷猴画完后，指着自己画的线和圈对大怪物说。

“你说的这个规律和第100个数是几有什么关系？”大怪物不解地问。

“当然有关系了！用100÷3=33……1，第100个数是34！”酷酷猴说。

“这么快！也太神了吧！对吗？你得给我好好解释解释，我还蒙着呢！”大怪物说。

“因为3个数一组，100 ÷ 3 = 33……1中的商33表示第100个数之前一共有33组，而余数1表示第100个数是第34组的第一个数。每组的第一个数和它的组数相同，所以，第100个数是34。”酷酷猴解释道。

大怪物两眼一直盯着酷酷猴，听得很认真，自言自语道：“原来是这么回事，我怎么没想到呢？”

酷酷猴趁大怪物听得入神，一把拿掉大怪物的面具：“嘿！你给我露出真面目吧！”

花花兔惊叫：“原来神秘的大怪物是黑猩猩！”

“不，不。”大怪物连忙解释，“我们不是黑猩猩，是大猩猩。你们和黑猩猩成了朋友，愿不愿意和我们大猩猩也成为朋友？”

花花兔拉着大猩猩的手：“谁会不愿意

和最大的猩猩交朋友呢？！”

从此，他们成了好朋友。酷酷猴和花花兔回家以后，还经常给大猩猩写信，一起聊他们最喜欢的数学问题。

酷酷猴解析

数列的规律与除法

有些数列排列规律的问题，是可以用除法解决的。故事中这种数列的规律可以通过分组观察找出，每组中数的排列都有相同的规律，但又不同于周期问题，每组数的组成还是有变化的。通过除法的计算，找到问题中所要确定的第几个数，是所在第几组中的第几个数，从而确定这个数是几。

酷酷猴考考你

下面这个数列中的第103个数是几？

1、2、3、4、2、3、4、5、3、4、5、6、4、5、6、7……

数学知识对照表

书中故事	教材学段	知识点	难度	思维方法
黑猩猩的来信	二年级上册	乘法的意义	★★★	转化思想
狒狒的真话和假话	二年级下册	推理	★★★★	假设与推理
山中鬼怪	二年级下册	求一份数和几份数	★★★★	不对应到对应
黑猩猩发香蕉	二年级下册	用有余数除法解决周期问题	★★★★	利用规律解题
换了新头领	二年级下册	重叠问题	★★★★	有序思考
跳木桩	二年级下册	巧数线段	★★★★	分类解题
请裁判	二年级下册	简单的推理	★★★★	列表解题
寻找长颈鹿	二年级下册	找图形和数字的对应关系	★★★★	利用规律解题
小猩猩的考题	三年级上册	盈亏问题	★★★★★	变与不变
击鼓的时间	二年级下册	敲钟问题	★★★★	利用规律解题
兔子和鸡关在一起	二年级下册	鸡兔同笼	★★★★	假设法解题
鲜花在几个长方形里	二年级下册	数长方形的个数	★★★★	有序观察与思考
遭遇鬣狗	二年级下册	利用乘法口诀解题	★★★★	利用规律解题
狮王斗公牛	三年级	合理安排	★★★	找联系解决问题

书中故事	教材学段	知识点	难度	思维方法
蚂蚁战雄狮	三年级	找规律计算	★★★	枚举列表法
老鹰解难	二年级下册	移多补少和求总数	★★★★	移多补少
鱼鹰捉鱼	三年级上册	较复杂的倒推	★★★★★	列表法解题
毒蛇围攻	二年级下册	分组和找对应	★★★★	分组找对应
狒狒兄弟的年龄	二年级下册	简单的年龄问题	★★★★	1.转化思想 2.枚举与筛选
神秘来信	二年级上册	乘法口诀和加法竖式题	★★★	利用规律解题
要喝兔子粥	二年级下册	画图找对应	★★★★	数形结合思想
智斗鳄鱼	二年级下册	份数和几份数	★★★★	找对应解题
走哪条路	二年级下册	简单的数阵	★★★★	1.列举法解题 2.利用规律解题
守塔老乌龟	二年级上册	按规律填图	★★★	利用规律解题
要见木乃伊	二年级下册	数复杂图形中的三角形	★★★★	利用规律解题
猫家族的功劳	二年级上册	按规律填数	★★★	利用规律解题
母狼分小鹿	二年级下册	平均分	★★★★	合理尝试
打开密码锁	二年级下册	填数游戏	★★★★	利用规律解题
见面礼	二年级下册	有余数除法	★★★★	利用规律解题
露出真面目	二年级下册	有余数除法	★★★★	利用规律解题

"考考你"答案

第7页：7＋7＋7＋7＋12=（8）×（5）

或（5）×（8）=7×（6）－（2）或7×（7）－（9）

第12页：是小明打碎的。小红、小明说的是假话，小亮、小军说的是真话。

第19页：苹果14个，梨8个

第25页：铅笔1、6、11、16、21、26、31、36、41号

橡皮：2、7、12、17、22、27、32、37、42号

尺子：3、8、13、18、23、28、33、38、43号

笔记本：4、9、14、19、24、29、34、39号

笔袋：5、10、15、20、25、30、35、40

老师需准备的奖品数：铅笔18支，橡皮27块，尺子9把，笔记本8本，笔袋8个

第31页：2、3、4、5、6、7、8个夹子

第37页：28

第44页：小红是第三名，戴黄帽子；小黄是第二名，戴蓝帽子；小蓝是第一名，戴红帽子。

第51页：

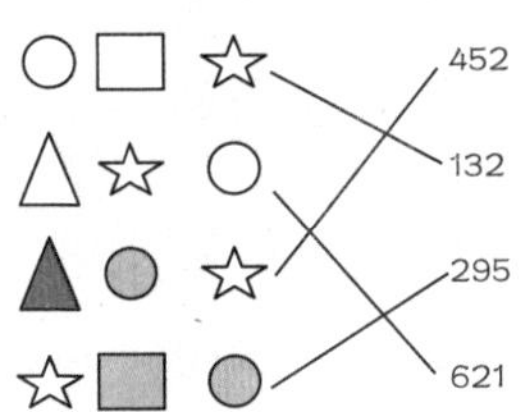

第57页：7个小朋友，17根香蕉

第62页：15秒

第68页：鸡7只，兔3只

第76页：12个

第84页：98根

第92页：1.先把羊带过河，自己独自返回；2.将狼带过河，将羊带回；3.将青菜带过河，自己独自返回；4.最后将羊带过河。

第100页：32

第107页：120棵

第113页：小军27张，小亮32张，小刚31张

第119页：大和尚25个，小和尚75个

第127页：姐姐11岁，妹妹5岁

第136页：元=7，宵=8，看=9，灯=6

第144页：60只

第151页：小明6岁，爸爸30岁，爷爷60岁

第158页：第14行第5个数

第167页：

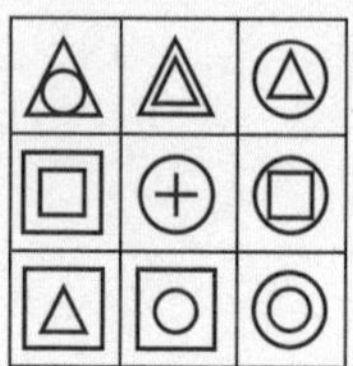

第175页：12个

第182页：65　44

第189页：把每个苹果平均分成5份，每个同学得到这样的3份。

第200页：

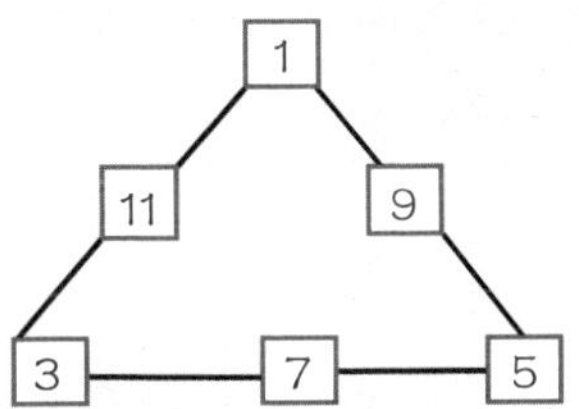

第207页：妈妈11个。小明13个、19个、22个。妹妹12个、15个。

第212页：28

征集令

亲爱的小朋友们：

我是酷酷猴！

怎么样，和我一起运用数学知识冒险的过程，是不是让你觉得数学真是又有趣、又有用呢？

你也想变身为数学小达人，和我一起冒险吗？那就快来参加我们的数学侦探小测试吧！答对即可加入我们的“数学侦探小分队”，还有机会和“数学爷爷”李毓佩、“数学妈妈”张小青亲密互动哟！

请用手机扫描二维码添加朝华出版社微信公众号，开始测试吧！

彩 色 注 音

李毓佩数学探案集

升级版

李毓佩 张小青 著

朝華出版社
BLOSSOM PRESS

图书在版编目（CIP）数据

李毓佩多解思维同步数学故事 / 李毓佩，张小青著. -- 北京：朝华出版社，2021.8（2024.8 重印）
ISBN 978-7-5054-4818-6

Ⅰ. ①李… Ⅱ. ①李… ②张… Ⅲ. ①数学—儿童读物 Ⅳ. ① O1-49

中国版本图书馆 CIP 数据核字 (2021) 第 111725 号

李毓佩多解思维同步数学故事

作　　者　李毓佩　张小青
插　　画　冉少丹

出 版 人　汪　涛
责任编辑　赵　星
责任印制　陆竞赢　崔　航
封面设计　南博文化

出版发行　朝华出版社
社　　址　北京市西城区百万庄大街 24 号　　邮政编码　100037
订购电话　（010）68996522
传　　真　（010）88415258（发行部）
联系版权　zhbq@cicg.org.cn
网　　址　http://zhcb.cicg.org.cn
印　　刷　文畅阁印刷有限公司
经　　销　全国新华书店
开　　本　889mm × 1194mm　1/32　　字　　数　460 千字
印　　张　20
版　　次　2021 年 8 月第 1 版　2024 年 8 月第 4 次印刷
装　　别　平
书　　号　ISBN 978-7-5054-4818-6
定　　价　74.40 元（全 3 册）

“数学爷爷”李毓佩的话

我从事数学科普创作近40年，一直以来的创作初衷都是还数学本来生动、活泼、有趣的面貌。我以往的作品主要是针对小学中年级以上的孩子。这主要是因为小读者理解故事里的数学知识需要具备一定的数学基础，而我在大学任教，对低年级小孩子的课堂学习情况并不了解。

2015年春天，朝华出版社的编辑找到我，说希望我能和小学数学教师联手创作，在我的数学故事的基础之上，融入课堂数学学习的内容——仍然是数学故事的形式，但相关数学知识与小学低年级课堂学习同步，同时加入解题思路——让这些故事距离孩子的学习实际更近一些。我欣然应允了。

结果证明，这次合作是成功的：张小青老师在给低龄孩子们讲清楚、讲透数学知识上的能力，特别是她所提倡的“一题多解，启发孩子创造性思维”的创作思路，是我所认可的；新作既保留了数学故事的趣味性，又贴近课堂学习，对更多孩子产生了实实在在的帮助，影响了更多小读者。也正因此，三册书出版后，不但年年重印，还取得了《中国出版传媒商报》年度优秀教辅先锋奖、“第一阅读”年度新书儿童类第一名等荣誉。

一晃五年过去了，本着让这套书更好的初衷，我们进行了修订升级。全新的升级版，每册书都增加了两三个小故事，丰富了数学知识点。衷心希望这套书能继续影响和帮助更多孩子，让数学学习变得更生动有趣。因为，数学不是枯燥乏味的，也不仅仅是有趣好玩的，它更是有用的。

李毓佩

2021年春

“数学妈妈”张小青的话

时间过得真快呀，与朝华出版社和李毓佩教授合作的这套数学童话故事书已经问世五年多的时间了。

这套书出版至今，一直都很受孩子和家长的喜欢和认可，实现了我们的初衷：让更多的孩子喜欢数学，帮助孩子们深化理解和掌握课堂内的数学知识，并将这些知识拓展到课堂之外；提高孩子解决数学问题的能力，一题多解，培养孩子的发散思维能力，进而提升孩子的创造性思维能力。

李教授已经提到了这套书所获荣誉的情况，除荣誉之外，也得到了多方的肯定和非常好的反馈。

我们学校为每位数学老师购买了这套书，作为学校数学课的课外读物。我的很多学生也购买了这套书，孩子们都觉得：李爷爷的故事生动活泼有趣，张老师出的题目新颖好玩，解题思路多样而灵活，对课内和课外的数学学习都很有帮助。有些孩子通过阅读这套书，数学成绩有了很大的提高。学生家长反馈，这套书让他们知道如何对孩子进行专业的数学辅导了，并拓宽了对数学的认知。

这次改版，每册书都增加了两三个小故事，内容更丰富了，涵盖了更多的知识点，相信对孩子和家长的帮助会更大。期待新版书早日出版，希望一如既往地得到孩子和家长们的喜爱和肯定。

張小青

2021年春

目录

国宝丢了 / 1

惨遭毒气袭击 / 8

竹雕项链 / 17

多少金币 / 23

忘记日期 / 34

长颈鹿告状 / 40

猴子球赛 / 47

灰熊过生日 / 55

灰兔和白兔聚会 / 62

大蛇偷蛋 / 68

橡胶鸡蛋 / 74

智斗双蛇 / 80

找虎大王告状 / 85

猴子牌香水 / 92

多少件坏事 / 98

被罚做好事 / 104

发现大怪物 / 109
活捉大怪物 / 114
山鸡到底有几只 / 120
得意的狐狸 / 126
狐狸狡辩 / 135
交换信息 / 143
日记本中的秘密 / 149
一把破尺子 / 154
短鼻子大象和长鼻子大仙 / 161
山猫和黄鼠狼捉贼 / 172
真假大仙 / 179
假大仙现原形 / 186
警察上当 / 192
追捕狐狸 / 198
法网难逃 / 203

数学知识对照表 / 208
“考考你”答案 / 211
推荐语 / 214

国宝丢了

“嘀嘀嗒——嘀嘀嗒——”“咚咚！”又吹又打好热闹！啊，原来大森林里正开欢迎会，欢迎国宝大熊猫来这里访问。大象、山羊、小白兔、黄狗警官排成一排，夹道欢迎大熊猫。大熊猫脖子上挂着一串漂亮的竹子雕刻项链，频频向欢迎的群众点头挥手。

大象紧走两步，握住大熊猫的手：“欢迎国宝大熊猫！”

大熊猫用鼻子向四周闻了闻：“我听说你们这儿有许多好吃的竹子。”

“有，有，你可以敞开吃。请先到酒店休息。”大象把大熊猫请进刚刚建成的酒店，

jiǔ diàn quán bù shì yòng xīn xiān de zhú zi jiàn zào de
酒店全部是用新鲜的竹子建造的。

dà xióng māo kàn jiàn xīn xiān de zhú zi chán jìn er shàng lái le ná qǐ zhú biān yǐ zi zhāng zuǐ jiù yào kěn
大熊猫看见新鲜的竹子，馋劲儿上来了，拿起竹编椅子，张嘴就要啃。

dà xiàng jí máng lán zhù shuō zhè zhāng yǐ zi méi qīng xǐ bù gān jìng wǒ zhè jiù qù ná zhuān mén gěi nǐ zhǔn bèi hǎo de gān jìng de zhú zi
大象急忙拦住，说：“这张椅子没清洗，不干净。我这就去拿专门给你准备好的、干净的竹子。”

bù yí huì er dà xiàng yòng bí zi juǎn zhe yí dà kǔn shàng hǎo de zhú zi sòng gěi le dà xióng māo dà xióng māo měi měi de chī le yí dùn
不一会儿，大象用鼻子卷着一大捆上好的竹子，送给了大熊猫。大熊猫美美地吃了一顿。

yè wǎn dà xióng māo zhǔn bèi xiū xi hū rán chuāng wài shǎn guò liǎng tiáo shòu cháng de hēi yǐng dà xióng māo yě méi zài yì tā yí lù láo lèi gāo jǔ shuāng shǒu dǎ le yí gè hā qian hē zhēn lèi wǒ yào hǎo hǎo shuì yí jiào le shuō zhe yì tóu dǎo zài chuáng shàng shùn jiān jiù dǎ qǐ le hū lu
夜晚，大熊猫准备休息，忽然，窗外闪过两条瘦长的黑影。大熊猫也没在意，他一路劳累，高举双手打了一个哈欠：“嗬——真累，我要好好睡一觉了。”说着一头倒在床上，瞬间就打起了呼噜。

zhè shí chuāng wài de yí gè hēi yǐng cháo wū lǐ yì zhǐ jiù zài lǐ miàn dòng shǒu zhǐ jiàn liǎng gè méng miàn rén xùn sù cuān le jìn qù yòng kǒu dai tào zhù le dà xióng māo de nǎo dai
这时，窗外的一个黑影朝屋里一指：“就在里面，动手！”只见两个蒙面人迅速蹿了进去，用口袋套住了大熊猫的脑袋。

dà xióng māo jīng xǐng le dà hǎn jiù mìng a
大熊猫惊醒了，大喊：“救命啊！”

蒙面人恶狠狠地说："周围没人，你叫也没用，快乖乖跟我们走吧！"说完两人挟持着大熊猫，消失在茫茫的黑夜中。

第二天一早，黄狗警官匆忙来找酷酷猴。酷酷猴是一只小猕猴。这只小猕猴可不得了，他聪明过人，身手敏捷，数学还特别好。在这之前，他用超强的数学解题能力，已经帮黄狗警官破了好几起重大案件。黄狗警官只要遇到和数学有关的棘手案件就要找酷酷猴来帮忙。

黄狗警官紧张地说："酷酷猴，不好了，国宝丢了！"

酷酷猴一愣："什么国宝？是文物，还是金银珠宝？"

黄狗警官摇摇头说："都不是，是国宝大熊猫不见了。屋里还留了一张字条，上面全是数字，我看了又看，也不明白是怎么回

shì dà jiā dōu zhī dào nǐ shù xué hǎo kuài bāng wǒ kàn kan ba
事。大家都知道你数学好，快帮我看看吧！”

kù kù hóu jiē guò zì tiáo zhǐ jiàn shàng miàn xiě zhe
酷酷猴接过字条，只见上面写着：

29	28	27	26	25	24	23
22	23	24	25	26	27	28

zhè shì shén me kù kù hóu wèn huáng gǒu jǐng guān hái
“这是什么？”酷酷猴问。黄狗警官还
méi lái de jí huí dá tā de shǒu jī tū rán xiǎng le yì shēng yuán
没来得及回答，他的手机突然响了一声，原
lái shōu dào yì tiáo duǎn xìn suàn chū dì yī pái de zǒng shù bǐ dì
来收到一条短信：“算出第一排的总数比第
èr pái de zǒng shù duō jǐ bìng zài miǎo nèi duǎn xìn huí fù dá
二排的总数多几，并在10秒内短信回复答

案，我就告诉你们大熊猫在哪里。否则，大熊猫性命不保！”

黄狗警官一下急了眼：“10秒？！10秒哪儿算得出来？！”

酷酷猴眼珠一转，一把抢过黄狗警官的手机，回复短信：“是7。”

黄狗警官半信半疑地问：“这么快？你没算错吧？”短信刚发过去，马上又有一条短信发过来：“答案正确。大熊猫就在北山7号山洞。”

黄狗警官用佩服的语气对酷酷猴说：“老弟你真棒！你是怎么算的？”酷酷猴说：“这很简单！第一种方法是：把第一排和第二排相同的数先划去。

29	~~28~~	~~27~~	~~26~~	~~25~~	~~24~~	~~23~~
22	~~23~~	~~24~~	~~25~~	~~26~~	~~27~~	~~28~~

“最后只剩下29和22，奥妙就在这儿

呢！ 29－22＝7。所以，第一排的总数比第二排多7。”

黄狗警官点点头：“果然巧妙。那第二种方法呢？”

“第二种方法是把第二排数按照从大到小的顺序重新排列一下：

29 28 27 26 25 24 23

28 27 26 25 24 23 22

差 1 ＋ 1 ＋ 1 ＋ 1 ＋ 1 ＋ 1 ＋ 1＝7

“上下两排对着的两个数是一组，一共7组，每组的两个数相差1，7组一共相差7。”酷酷猴边说边写。

黄狗警官冲酷酷猴跷起了大拇指：“厉害啊！大森林里就数你的数学最好了，你必须帮忙侦破此案。我任命你为森林侦探，怎么样？”

酷酷猴挠挠头：“那我就当个数学侦探吧！咱们快去北山找7号山洞解救大熊猫！”

酷酷猴解析

比一比求差

当被减数和减数的个数比较多时，可以把两排数先分别相加求总数后再相减，但那样算起来比较麻烦，计算量也比较大。除此以外，我们还可以把每个被减数和每个减数比一比，进行巧算。故事里第一种方法是找到相同比不同：把被减数和减数中相同的数去掉，再用剩下的被减数减剩下的减数。第二种方法则是找对应分组：让每个被减数找到和它最接近的减数，对应成为一组再相减，最后再把每组的差相加。这两种方法计算量都比较小，口算就可以啦。

酷酷猴考考你

下图中●比▲一共少几个？

惨遭毒气袭击

酷酷猴和黄狗警官匆匆赶到北山，往山上爬去。他们来到7号山洞洞口，黄狗警官趴在地上，迅速拔出手枪，把手一挥：“冲！”

酷酷猴一把将他拉住：“不成！咱们在明处，他们在暗处，硬冲要吃亏。山洞里一片漆黑，咱们来个以假乱真！”

说完，酷酷猴折来许多树枝，用这些树枝扎成两个假人。酷酷猴和黄狗警官推着两个假人，一边吆喝，一边往里爬：“大熊猫，我们来救你了！”

“嗖！嗖！”突然从里面飞出两支暗箭，射在假人身上。

“啊！我中箭了！没命啦！”酷酷猴假装中箭，大声叫喊。

一个蒙面人从里面跑了出来：“哈！可以吃猴肉了！”

“哈哈，看你往哪儿跑！”蒙面人刚想扑过去抓酷酷猴，黄狗警官突然从后面跳出来，用枪顶住了蒙面人的后腰，“不许动！把手举起来！”

“摘下你的蒙面布，看看你到底是什么来路！”酷酷猴正要摘下他的蒙面布，蒙面人突然猛地推了一把黄狗警官，掉头就跑。

“我看你往哪儿跑！”黄狗警官刚想举枪射击，酷酷猴把他拦住了：“别开枪，抓活的！”

说时迟，那时快，酷酷猴迅速拆开自己的毛衣，把毛线的一头挂在了蒙面人的身上。随着蒙面人的逃跑，毛线逐渐拆开，酷酷猴的毛衣只剩下上面的一小半儿了。

黄狗警官埋怨酷酷猴：“你不让我开枪，这里面大洞套着小洞，他跑了，到哪里去追呀？”

酷酷猴指指自己的毛衣：“我把毛线的一头儿勾在了他的身上。你看，我的毛衣只剩一小半儿了，咱俩顺着毛线往前追，还怕他跑到天上不成？”

zhè zhǔ yi kù bì le huáng gǒu jǐng guān shuō zhe hé
“这主意酷毙了！”黄狗警官说着，和
kù kù hóu shùn zhe máo xiàn wǎng qián zhuī
酷酷猴顺着毛线往前追。

yóu yú dòng lǐ tài hēi zhuī zhe zhuī zhe zhǐ tīng dōng de yì
由于洞里太黑，追着追着，只听咚的一
shēng huáng gǒu jǐng guān yì tóu zhuàng dào le mén shàng
声，黄狗警官一头撞到了门上。

huáng gǒu jǐng guān wǔ zhe nǎo dai wǒ de mā ya zhuàng sǐ
黄狗警官捂着脑袋：“我的妈呀！撞死
wǒ le zhè lǐ zěn me yǒu shàn mén mén shàng hǎo xiàng hái yǒu zì
我了！这里怎么有扇门？门上好像还有字。”

kù kù hóu mō dào jǐ gēn shù zhī bǎ shù zhī diǎn zháo jiè
酷酷猴摸到几根树枝，把树枝点着，借
zhe huǒ guāng bǎ mén de shàng shàng xià xià kàn le yí gè zǐ xì
着火光把门的上上下下看了一个仔细。

zhǐ jiàn mén shàng xiě zhe
只见门上写着：

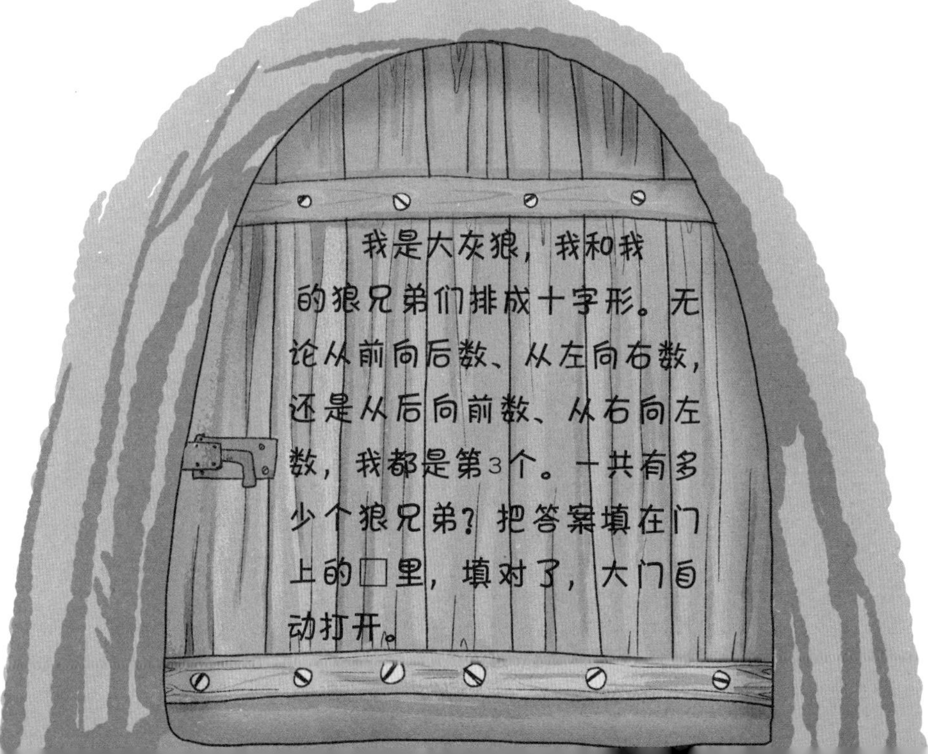

黄狗警官问酷酷猴：“是3+3+3+3=12吧？”酷酷猴说：“不对，是9。”

黄狗警官疑惑地说：“我怎么想都是12啊，为什么会是9呢？”

酷酷猴随手捡起一根树枝，在地上画了起来：“画图数一数，你就知道自己错在哪儿了。”

黄狗警官一拍脑袋：“啊！原来我把大灰狼重复计算了好多次，怪不得不对呢！”

酷酷猴笑着说：“数小的时候画一画最快，可是如果数大了怎么办？那得画多半天哪！所以，我们还可以用第二种方法：

“大灰狼从前向后数是第3个，说明它的前面有2个；同理，它的后面、左面、右面，也各有2个。除大灰狼外共有几个，再加上大灰狼自己，就是全部狼兄弟的数量，即2+2+2+2+1=9个。”

黄狗警官点点头：“我刚才是把‘第几个’和‘有几个’搞混了。如果像我那样算，还得排除重复计算大灰狼的情况。从前向后，从后向前，从左向右，从右向左，大灰狼都是第3个，它一共被数了4次，多数了3次，即3＋3＋3＋3－3＝9个。”

酷酷猴竖起大拇指说：“没错，这就是方法三。”

说完，酷酷猴在大门上的□里填上了9。

刚刚填好，呼的一声，大门打开了，一股强烈的臊味从门里冲出来，把黄狗警官和酷酷猴熏了一个跟头。

黄狗警官捏着鼻子大叫："哇！这是什么味道？"

酷酷猴捂着口鼻："我快窒息了！"

黄狗警官和酷酷猴屏住呼吸冲进洞去，只见大熊猫晕倒在地上。

黄狗警官失望地说："两个蒙面人跑了！"

酷酷猴忙说："先看看大熊猫还活着吗。"

黄狗警官伸手在大熊猫鼻子底下试了试："他还有呼吸。"

"那就好，看来他是被臊味熏晕了。快叫醒他。"

"大熊猫，你醒醒！"黄狗警官不断摇动大熊猫。

大熊猫终于喘了口粗气醒过来："我的妈呀！一个蒙面人冲我放了一个屁，就把我熏死过去了。这哪里是屁，纯粹是毒气呀！"

黄狗警官问道："他们有没有伤害你？"

大熊猫一摸脖子，发现挂在脖子上的竹雕项链不见了，顿时放声痛哭：“哇——我最宝贵的竹雕项链不见了，那是我妈妈的妈妈的妈妈传下来的。现在丢了，这可怎么办哪？呜——哇——”

黄狗警官在一旁劝道：“你不要难过，有神探酷酷猴在，一定可以把竹雕项链找回来。”

黄狗警官回头问酷酷猴：“咱俩怎么办？”

酷酷猴一挥手：“走，到‘鬼市’转一圈！”

“‘鬼市’？听着怪吓人的！”

“‘鬼市’就是交易旧古玩字画的地方。一些偷抢来的东西往往会被拿到那里交易。蒙面人抢走竹雕项链，一定会出手卖掉。‘鬼市’人多手杂，容易浑水摸鱼，把东西卖出去。”

黄狗警官点点头：“有道理！走！”

酷酷猴解析

排队问题

解决排队问题，最直接的方法就是根据题意画一画，再数一数，利用数形结合的思想，把抽象问题变得直观形象。

排队问题中有两个很重要的概念，就是基数和序数。“有几个”是基数，“第几个”是序数。故事中，黄狗警官就是把序数当成基数计算，所以做错了。故事中第二种解法利用的是转化思想，把所有的“第3个”都转化为“有2个”，这样就不会数重复，可以直接相加。黄狗警官提出的第三种解法则是集合思想，居中的大灰狼在前、后、左、右的计数中都被数了一次，多数了3次（重复的部分就是交集），减掉这多数的3次（去掉交集）就对了。

酷酷猴考考你

用★☾♥排成一个丁字形，★的左右都只有☾，从左向右数，★排在第四，从右向左数，★排在第五，★的下面有9个♥，三种图形一共有多少个？

竹雕项链

酷酷猴和黄狗警官穿着便装来到“鬼市”，只见市场上十分热闹，卖什么东西的都有。

忽然，一只大灰狼神秘地凑到酷酷猴的身边，小声问：“发票要吗？手机要吗？iPhone 12！”

酷酷猴压低声音问：“有宝贝吗？”

“有！”大灰狼拍着胸脯说，“只要你说出是什么宝贝，如果没有，兄弟我给你抢去！”

酷酷猴一个字一个字地说：“竹——雕——项——链。”

“嗯？”大灰狼的眼珠在眼眶里转了三圈，“我们刚刚弄到手的竹雕项链，你怎么知道？”

酷酷猴皱起眉头，不耐烦地问：“真啰唆！你到底卖不卖？”

大灰狼掏出两张纸，纸上画着两只钟表：“这张图画的是钟表在镜子里的样子，第一只钟表的时间在先，第二只钟表的时间在后，请你算出两个钟表上的时刻相差多长时间，我就过多长时间回来和你交易，过时不候。”说完大灰狼头也不回地走了。

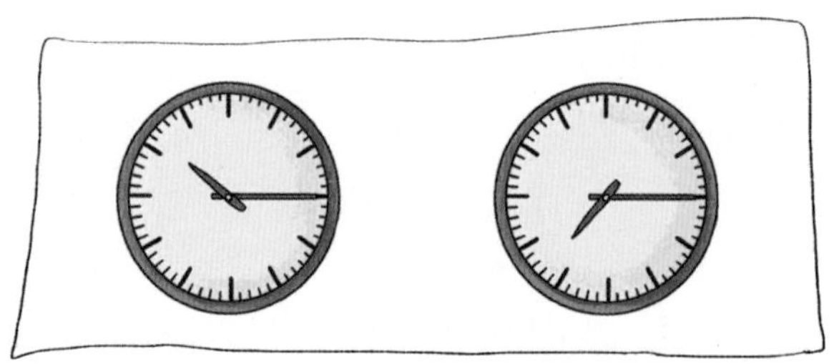

黄狗警官摇摇头：“这只大灰狼也真怪，直接看表不就得了，还非得从镜子里看。”

酷酷猴说：“黑社会里歪门邪道多了。咱们要把交易的准确时间算出来。”

黄狗警官皱着眉头问酷酷猴：“这镜子

里看到的时间和实际的时间不一样吧？怎么看镜子里的时间呢？”

酷酷猴一边画图一边说：“镜子里看到的时间并不是实际的时间。我们在钟面上沿12点到6点画一条虚线，镜子中的时针和分针与实际的时针和分针是关于这条虚线左右对称的。

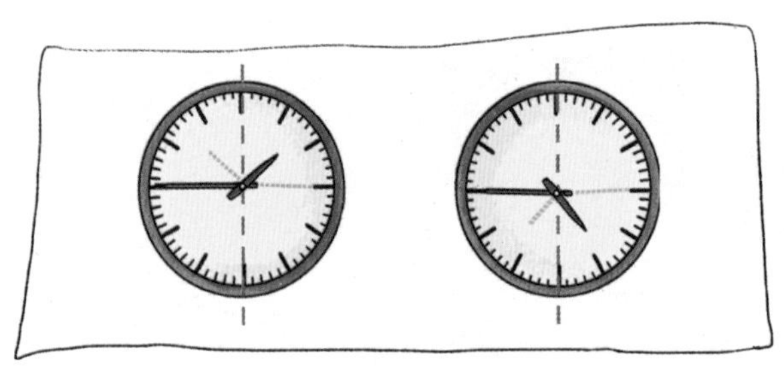

“第一张纸上镜子中看到的是10:15，实际时间是1:45。第二张纸上镜子中看到的是7:15，实际是4:45。

“当然，还有第二种方法。”酷酷猴冲黄狗警官挤了挤眼睛，“把纸翻过来，从背面看到的就是实际时间。”

“4时45分－1时45分＝3时。要过3小时才能交易呀？”黄狗警官急于要抓住罪犯，急得抓耳挠腮。

酷酷猴笑着说：“人家都说我们猴子是急脾气，你黄狗警官比猴子还急，哈哈！”

好不容易熬过了3小时，黄狗警官迫不及待地说：“交易时间到了。”

酷酷猴和黄狗警官瞪大了眼睛，四处张望，果然看见大灰狼晃晃悠悠地走了过来。

大灰狼冲他俩招招手：“嘿，你们还行，准时来交易。”

酷酷猴往前走了两步，压低声音问：“货带来了吗？”

大灰狼把脖子一挺，一脸严肃地喊道：“这竹雕项链是稀世珍宝，怎么能在‘鬼市’这么乱的地方交易！”

酷酷猴揪了一下大灰狼的袖子：“有话好好说，你嚷什么？你敢保证这里没有便衣警察？”

大灰狼吐了一下舌头，然后附在酷酷猴的耳边小声说：“到中心大街的一家咖啡馆里交易。”说完左右看了看，没发现什么特殊情况，就一溜烟走了。

“我拿上钱！”酷酷猴提着一箱子钱和黄狗警官直奔咖啡馆。

酷酷猴解析

利用对称解决问题

让我们举个例子：画下一个→，在镜子中看到的就是←。小朋友们仔细观察就会发现：镜子里看到的画面和实际的是左右对称的。我们把→和←并排放在一起，中间画上一条竖直的虚线，沿虚线对折，→和←就重合在一起，→和←就是轴对称关系。

故事中的第一种解法就是利用轴对称的概念，找到和已知图形对称的图形来解决问题。第二种方法则是利用对称解决问题的一个小窍门，由于镜子里的物体和实际物体是关于镜面对称的，我们把这张纸当作镜子，翻过来看到的情况就相当于实际的情况。

酷酷猴考考你

在镜子里看到的时间是3:30，那么实际时间是几时几分？实际的9:00在镜子里看又是几点？请你画一画，想一想。

多少金币

在咖啡馆前，一只穿着破衣服的穷狐狸在向过路人要饭吃：“可怜可怜我穷狐狸，给点吃的吧！”

黄狗警官看见一愣：“奇怪，我第一次看见狐狸要饭。”

酷酷猴也觉得蹊跷：“狡猾的狐狸怎么会要饭？咱俩要好好注意他。”

但时间紧迫，不容多想，他俩赶紧迈步走进咖啡馆。

大灰狼迎了上来，笑呵呵地说：“二位来得好快。”

酷酷猴提了提手中的箱子说：“我要看货。”

大灰狼却摇摇头："按道上的规矩，我应该先看钱。"

"看！"酷酷猴啪地打开了箱子，里面是满满的金币。

"哇！这么多金币。看来我要发大财啦！"大灰狼的眼珠都发红了。

酷酷猴说："我的钱没问题，你的货呢？"

大灰狼交给酷酷猴一张字条："这上面写着价钱，如果金币不够你就来交易，罚金币100枚！"字条上写着：

> 买竹雕项链需要这些钱：这些钱取出一半给狐大哥，剩下的分给狼二弟、狼三弟和狼四弟。狼三弟得到40枚，比狼二弟多10枚，比狼四弟少25枚，最后剩下15枚赠送给神探酷酷猴，钱就分完了。

"哇！酷酷猴，还有你的金币呢！"黄狗警官说。

酷酷猴撇了撇嘴："别上当，这是大灰狼的离间计。现在快算出需要多少枚金币，看看我们带的金币够不够。"

"这题太简单了。金币一共是240枚，我们带了250枚，足够了！嘿嘿！我黄狗警官也是神算了！"黄狗警官抢先算完了金币数。

“答案是错的！你已经掉进大灰狼的圈套里了！”酷酷猴的话给黄狗警官泼了一头冷水。

黄狗警官吓了一跳：“什么圈套哇？”

“我算给你看。知道狼三弟有40枚金币，狼三弟比狼二弟多10枚，狼二弟就是40−10=30枚；又知道狼三弟比狼四弟少25枚，狼四弟就是40+25=65枚。把狼二弟、狼三弟、狼四弟和酷酷猴的金币数加在一起，30+40+65+15=150枚；再加上狐大哥那一半，150+150=300枚。我们只带了250枚金币，不够分哪！如果我们就这样去交易，他们发觉金币不够的话，不但不会卖给我们竹雕项链，还会罚我们100枚金币！”酷酷猴说。

黄狗警官深吸了一口气说：“太悬了！300枚金币，这个大灰狼想抢钱哪！我事先到市场了解过，那个竹雕项链最多值100枚金币！他出了这么一道容易算错的题，想再罚我们100枚金币。不过，大灰狼有那么多心眼儿吗？背后一定有个狡猾的家伙给他出主意！”

“你分析得有道理，和我想到一块儿去了。我已猜到那个家伙是谁了，估计他一会儿就会现身！看来，这两个家伙不是真心交易，心里打着鬼主意呢！”酷酷猴说。

“那我们该怎么办呢？也不能让他们的诡计得逞啊！”黄狗警官焦急地问。

酷酷猴一转眼珠，凑到黄狗警官耳边小声说：“我们要让他们相信我们带了足够多的金币，然后……先答应他，把他稳住！你出去看看要饭的狐狸还在不在。”

黄狗警官点点头，出去了。

“算完了没有？竹雕项链还要不要了？！”站在远处等候的大灰狼不耐烦地喊道。

酷酷猴回头对大灰狼说：“只要300枚金

币？我带的钱绰绰有余，看货吧！”

提到看货，大灰狼面露难色。他支支吾吾地说：“我不是不想给你们看，竹雕项链在我大哥手里。”

“你说的是狐大哥吧？”酷酷猴一语道破，“刚才我在门口看到他在要饭哪！”

大灰狼吃了一惊：“啊，你都知道了？”

黄狗警官慌慌张张从门外跑进来：“不好，那个要饭的狐狸不见了。”

酷酷猴脸色突变：“啊，让他跑了？”

突然传来一声咳嗽，只见狐狸从外面走了进来。他早已不是要饭的穷酸样了，而是一副绅士派头——身穿黑色燕尾服，戴着墨镜，叼着雪茄烟，脖子上打着领结，手提一个精致的密码箱。

狐狸说道：“谁说我跑了？我要完了饭，回家换了件衣服才赶来。不晚吧？”

酷酷猴也不搭话，直奔主题：“狐狸先生，货带来了吗？”

狐狸提了提手中的箱子：“在这里边。不过我们一手交钱一手交货！”

“小意思！”酷酷猴不屑地答道。

“我们和你们是诚心交易，按规矩办，一手交钱一手交货。打开箱子先验货吧！”黄狗警官附和道。

“验货就验货。竹雕项链就在里面。”狐狸一边说一边“啪”的一声，打开了箱子。酷酷猴和黄狗警官往箱子里一看，果然是大熊猫的竹雕项链。

酷酷猴说：“货没问题，准备交易！”

“慢！”狐狸把手一挥，“验完了我们的货，我们还要数数你们的金币够不够呢！我的狼兄弟已经告诉你们了，钱不够，不但终止交易，还要罚你们100枚金币呢！”

酷酷猴和黄狗警官交换了一下眼神，说

道："我们这可是满满一箱子金币，比300枚多。如果你们不数，整箱金币就都是你们的；如果你们非要数，多出来的金币就要退还给我们。而且你就不怕在你们数金币的时候，我们把竹雕项链抢走吗？"

狐狸转了转三角眼，说："我狐狸也不是小心眼儿的人，一手交钱一手交货！我说'开始交易'，我们各自把自己的箱子推到对方那边。"

"好，就依你！你可以喊开始了！"黄狗警官大声说。

"开始交易！"狐狸的话音刚落，酷酷猴和黄狗警官"嗖"地拔出了腰间的手枪，紧跟着双双空翻跃起。瞬间，酷酷猴拿枪顶住了狐狸的脑袋，黄狗警官拿枪顶住了大灰狼的太阳穴。

"你们不讲信用！"狐狸和大灰狼一边哆嗦一边齐声嚷。

hé nǐ men méi shén me xìn yòng kě jiǎng nǐ men bǎng jià dà
“和你们没什么信用可讲！你们绑架大
xióng māo tōu zǒu zhú diāo xiàng liàn hái gāo jià chū shòu bù shǔ yú zì jǐ
熊猫，偷走竹雕项链，还高价出售不属于自己
de dōng xi yǐ jīng fàn fǎ le kù kù hóu qì fèn de shuō
的东西，已经犯法了！”酷酷猴气愤地说。

wǒ men jīn tiān jiāo yì de mù dì jiù shì yào zhuā zhù nǐ men
“我们今天交易的目的就是要抓住你们，
zhǎo huí zhú diāo xiàng liàn huáng gǒu jǐng guān biān shuō biān kā kā
找回竹雕项链！”黄狗警官边说边“咔、咔”
liǎng shēng bǎ shǒu kào kào zài le hú li hé dà huī láng de shǒu shàng
两声，把手铐铐在了狐狸和大灰狼的手上。

kù kù hóu hé huáng gǒu jǐng guān yā zhe chuí tóu sàng qì de dà huī
酷酷猴和黄狗警官押着垂头丧气的大灰
láng hé hú li ná zhe jīn bì hé zhú diāo xiàng liàn huí dào le jǐng
狼和狐狸，拿着金币和竹雕项链，回到了警
chá jú
察局。

jīng guò fǎ yuàn shěn pàn hú li hé dà huī láng bèi pàn guān jìn
经过法院审判，狐狸和大灰狼被判关进
jiān yù liǎng nián bìng fá jīn bì méi
监狱两年，并罚金币100枚。

酷酷猴解析

比多比少和加减

有些题目当中，会出现“谁比谁多几，谁比谁少几”这样的句子。解这样的题目，关键是弄清数量关系，明确大数、小数、差，再列式计算。故事里有一句“狼三弟有40枚金币，狼三弟比狼二弟多10枚”。黄狗警官看到“多”字就以为应该用加法，他并没弄清到底谁多、到底谁少。这里虽然出现了“多”字，但其实是狼三弟比狼二弟多，即狼三弟的金币数是大数，狼二弟的金币数是小数。已知大数和差求小数，应该用减法。同样的道理，狼三弟比狼四弟少25枚，狼三弟的金币数是小数，狼四弟的是大数。已知小数和差求大数，应该用加法。

酷酷猴考考你

三个兄弟分苹果，老二分到16个，比老大少4个，比老三多5个，老大、老三各分得多少个?

忘记日期

这天中午，酷酷猴睡得正香，一阵急促的电话铃声把他从睡梦中惊醒。

他抓起电话听筒大声问：“是哪个讨厌的家伙？不知道我正在睡觉吗？”

听筒里传来熟悉的声音：“我是黄狗警官，现在有件疑案急需你来侦破。”

“我马上就到！”一听说有案子可破，酷酷猴立刻就来了精神，他跨上摩托车直奔警察局。

在警察局，老山羊正状告山猫。原来山猫借了他的10根胡萝卜，一直赖着不还。山猫要老山羊说出是哪天借的，老山羊记不清确切日期。山猫说既然说不出日子，那

jiù shì méi jiè
就是没借！

huáng gǒu jǐng guān xiǎo shēng duì kù kù hóu shuō nǐ kàn zhè
黄狗警官小声对酷酷猴说：“你看，这

zěn me bàn yí gè wàng le rì qī yí gè shuō bu chū rì qī jiù
怎么办？一个忘了日期，一个说不出日期就

bù chéng rèn
不承认。”

kù kù hóu dào bèi shuāng shǒu zǒu dào lǎo shān yáng miàn qián
酷酷猴倒背双手走到老山羊面前：

nǐ bú yào zháo jí màn màn de xiǎng chú le rì qī wài
“你不要着急，慢慢地想，除了日期外，

nǐ hái néng xiǎng qǐ diǎn er bié de
你还能想起点儿别的

shén me
什么？”

lǎo shān yáng dī tóu xiǎng
老山羊低头想

le yí huì er tū rán shuō
了一会儿，突然说：

“我想起来了，那是今年1月份的事，是1月的第一个星期四。”

山猫大声叫道：“酷酷猴，别听他瞎说！”

酷酷猴不理山猫，继续问：“老山羊，你还想起点儿什么？”

老山羊绞尽脑汁，突然一拍大腿说：“我想起来了，当时说好1月的最后一天还账。当时，我看了一眼日历，1月的最后一天是星期二。”

“这下好办了！”酷酷猴转身对山猫说，“如果我推算的日期和日历上的一样，你承不承认借过胡萝卜，还不还账？”

山猫想了想回答：“如果你算对了，我就承认，也会及时还账。”

酷酷猴说：“那就好！1月是大月，最后一天是31日，是星期二。我们往前推，找到1月的最后一个星期四是几日。还是画个图吧，别推错了。”

kù kù hóu shuō zhe ná qǐ bǐ lái cóng zhǐ de yòu cè kāi
酷酷猴说着，拿起笔来，从纸的右侧开
shǐ wǎng zuǒ cè xiě xiān xiě le rì xīng qī èr
始往左侧写。先写了31日，星期二……

星期	三	四	五	六	日	一	二
日期							31

rán hòu xiě xià zhè yì zhōu de qí tā jǐ rì duì yìng de shì xīng
然后写下这一周的其他几日对应的是星
qī jǐ
期几：

星期	三	四	五	六	日	一	二
日期	25	26	27	28	29	30	31

yuè de zuì hòu yí gè xīng qī sì shì rì yí gè xīng
“1月的最后一个星期四是26日，一个星
qī tiān wǎng qián tuī tiān hái shi xīng qī sì
期7天，往前推7天还是星期四，26－7＝19，
zài wǎng qián tuī yuè rì rì rì dōu shì xīng qī sì
再往前推，1月19日、12日、5日都是星期四。

星期	三	四	五	六	日	一	二
日期		5					
		12					
		19					
	25	26	27	28	29	30	31

“不能再往前推了，再推就推到前一年的12月份了。所以，1月的第一个星期四是1月5日。”酷酷猴一口气推算出借胡萝卜的日期。

老山羊眼睛一亮，马上说：“对！没错！就是1月5日借的！”

黄狗警官拿出日历一查，1月5日正好是星期四。黄狗警官夸赞道：“酷酷猴的数学真棒！不过，这种推法麻烦了点儿，还有没有别的方法呀？”

“有哇！1月31日是星期二，再过两天是星期四，也就是2月2日。为了计算方便，我们把这两天假设成1月的第32天和第33天。1月的第33天是星期四，用33减去7的倍数，结果小于7就可以。33－28＝5，所以1月的第一个星期四是1月5日。”酷酷猴给黄狗警官讲了另一种解法。

黄狗警官点头道：“这种方法真是在脑子里转转就算出来了。”

山猫像泄了气的皮球一样，一屁股坐在了地上。

随后，山猫被带到法院，熊法官判他立即还给老山羊10根胡萝卜，并向老山羊赔礼道歉。

酷酷猴解析

推算日期

推算日期，一般可根据一个星期有7天的周期来推算。在同一个月中，用某个日期加（减）7或7的倍数，得到的日期，与这个日期同为星期几。故事中的第一种方法是一个7天一个7天推算的，比较麻烦。第二种方法是4个7天一次推算的，相对比较简单。

酷酷猴考考你

某年4月的倒数第二天是星期三，这个月的第一个星期六是4月几日？

长颈鹿告状

最近森林里真是不太平，山猫刚被审判完，酷酷猴还没从动物法院出来，就看到长颈鹿甩着大长腿，大步流星地来到熊法官的面前，递上了一张状纸，气喘吁吁地对熊法官说：“熊法官，我家出大事了，我辛辛苦苦给我的孩子摘的苹果，几乎都被长尾猴、灰熊和黑猫抢光了。熊法官一定要为我主持公道，让这三个坏家伙把苹果还给我，这可是我们一家人一个星期的食物哇！”长颈鹿说完，小跑着出了法院，边跑还边喊，“我要赶紧回家，保护好剩下的苹果不被抢走！”

熊法官打开状纸，只见上面写道：

三个强盗，不知来自何方，把我的苹果几乎一扫而光。长尾猴抢走的个数除以灰熊抢走的个数等于3，黑猫抢走的个数乘2等于灰熊抢走的个数，他们三个强盗一共抢走了我81个苹果，可怜我长颈鹿只剩下10个苹果。

熊法官看完状纸，直吸凉气：“状纸写得不错，还带点儿诗意，只是每个强盗各抢了多少个苹果呢？看得我丈二和尚没有头绪呀！这可怎么破案呢？”

“不知道可以算哪！”酷酷猴接过状纸，仔细看了两遍。

熊法官问：“你说该从哪里入手算呢？”

酷酷猴说：“别急，让我仔细想想……从三个强盗的关系入手！”

“三个强盗的关系？没听说长尾猴、灰熊、黑猫这三个坏家伙有什么关系呀。他们既不是亲戚也不是朋友，只是一样的坏！”熊法官疑惑地说。

“我说的不是什么亲戚和朋友关系，是数量关系！”酷酷猴赶紧对熊法官说。

“数量关系？哪里说了？”熊法官问酷酷猴。

“我来给你读一句，‘长尾猴抢走的个数除以灰熊抢走的个数等于3’。这句话说的就是长尾猴的苹果个数和黑熊的苹果个数之间的数量关系！”

酷酷猴话音刚落，熊法官就眼睛一亮，立即接着说：“我明白了。还有一句‘黑猫抢走的个数乘2等于灰熊抢走的个数’。这句话说的是黑猫苹果的个数和灰熊苹果个数的关系！”

“聪明！说对了！”酷酷猴边说边向熊法官竖起了大拇指。

“可是，知道了这些数量关系，怎么求他们分别抢走了多少个呢？”熊法官问酷酷猴。

“别急，咱们仔细分析一下！”酷酷猴边说边拿出一张白纸开始连写带画地忙活起来，“长尾猴的苹果数除以灰熊的苹果数等于3，说明长尾猴的苹果数里面有3个灰熊的苹果数。我画个图给你看！用●代表灰熊的苹果数，用■代表长尾猴的苹果数。”

■ = ● + ● + ●

“这下我看明白了！”熊法官高兴地说。

“好，我们接着来！”酷酷猴说，“黑猫的苹果数乘2等于灰熊的苹果数，说明灰熊的苹果数里面有2个黑猫的苹果数，用▲代表黑猫的苹果数，就可以画图。”

● = ▲ + ▲

“是这么回事！”熊警官边点头边说，“可是，知道了这些关系，又该怎么算呢？”熊警官又开始犯难了。

“别急嘛！我们找到了关系，再找数量！”酷酷猴说。

“数量？有了！81个！可是，81个是他们一共抢走的苹果数，怎么才能算出来他们每个人抢走多少个呢？”熊法官问。

“你看图！”酷酷猴指着图说，“从图上

看，哪种图形代表的数量最少？哪种图形代表的数量最多？”

熊法官看了看下面的图，恍然大悟：“■代表的数量最多，▲代表的数量最少！”

长尾猴■　灰熊●　黑猫▲

■=●+●+●　●=▲+▲

“对了！我们可以通过他们的数量关系，把他们都用▲表示！”酷酷猴说。

“让我来试试。一个●是2个▲，3个●是6个▲，他们合起来就是6+2+1=9个▲，81÷9=9个，黑猫抢走了9个苹果，灰熊抢走了9×2=18个，长尾猴抢走了9×6=54个！”

“算对了！”酷酷猴拍手道。熊法官说：“这下有得干了。酷酷猴，你先帮我去抓长尾猴这个大坏蛋吧，他竟然抢了那么多苹果！”

“没问题，您就等好消息吧！”话刚说完，酷酷猴就不见了踪影。

酷酷猴解析

根据乘、除法的意义解题

加、减、乘、除法的意义非常重要，掌握意义不仅能帮助我们计算，还能帮助我们解决实际问题。故事中，长尾猴的苹果数除以灰熊的苹果数等于3，长尾猴的苹果数是被除数，灰熊的苹果数是除数，商是3。根据除法的意义，商表示被除数里有多少除数，所以，长尾猴的苹果数里有3个灰熊的苹果数。黑猫的苹果数乘2等于灰熊的苹果数，根据乘法的意义，黑猫的苹果数乘2表示2个黑猫的苹果数，也就是灰熊的苹果数里有2个黑猫的苹果数。然后就可以通过等量替换，将三种数量都用最少的黑猫的苹果数表示，来解决问题。

当然，如果以后我们学习了分数和小数，还可以都替换为长尾猴或者灰熊的苹果数，也可以解决问题。这两种方法，我们以后学习了分数和小数后可以尝试一下。

酷酷猴考考你

爸爸妈妈带着小红来到果园摘草莓，爸爸摘的颗数除以妈妈摘的颗数等于2，小红摘的颗数乘3等于妈妈摘的颗数。他们一共摘了100颗草莓，爸爸、妈妈和小红各摘了多少颗草莓？

猴子球赛

酷酷猴直奔大森林深处去找长尾猴，老远就听到小猴子们在大喊：“加油！加油！”走近一看，原来是小猴子们在进行乒乓球单打比赛。只见每个小猴子的身上都贴着号码，从1号到5号，现在比赛的是1号和3号，长尾猴就坐在乒乓球桌边的椅子上当裁判。只听他时不时地还在喊着：“1号扣球，3号接球！”一边观赛的小猴子们眼睛不离球，看得全神贯注，看到精彩扣球就大喊：“加油，加油！”

酷酷猴大喊：“长尾猴，接传票！”兴致勃勃的长尾猴被酷酷猴这样一喊，吓得一激灵，对酷酷猴说：“我说猴侦探，你吓了我一跳。我犯什么事了，要我接传票？”

“你干了什么事你自己不知道吗？你抢了长颈鹿家的苹果，还不赶紧交出来，跟我去见熊法官。长颈鹿已经把你告到法院了！”

“告到法院？我是抢了她的苹果，可是当时又不是我一个人抢的，还有灰熊和黑猫呢！嘿嘿，我抢的是最少的。我才抢了6个，而且也没有了，被我的孩子每人

一个都吃到肚子里了！不过，给你大侦探面子，我一会儿从我树上摘6个给你！”长尾猴满不在乎地说。

“长尾猴，我知道你是有名的狡猾，我早就防着你呢。你抢的是最多的，54个！”酷酷猴大声说道。

长尾猴搔了搔后脑勺儿：“酷酷猴不愧是数学天才呀！什么也瞒不了你。没错，我是抢了54个，不过，我要先把孩子们的比赛进行完，再和你去见熊法官。”长尾猴不再狡辩，承认了犯罪事实。“好，一言为定！”酷酷猴说。

“孩子们，咱们欢迎大侦探酷酷猴观看我们的比赛！”长尾猴转向他的孩子们，小猴子们欢呼雀跃，鼓起掌来。“大侦探，先耐心地看比赛吧！”长尾猴对酷酷猴说。

这时，球桌旁比赛的小猴刚好赛完，小猴子们开始骚动起来。“比赛结束了吗？”

cháng wěi hóu wèn xiǎo hóu zi men xiǎo hóu zi men miàn miàn xiāng qù
长尾猴问小猴子们。小猴子们面面相觑，
yǒu de diǎn tóu yǒu de yáo tóu yǒu de fā dāi
有的点头，有的摇头，有的发呆。

cháng wěi hóu jiàn zhuàng fā pí qi le wǒ wèn nǐ men bǐ sài
长尾猴见状发脾气了："我问你们比赛
wán le méi yǒu zěn me bù shuō huà ne kuài shuō xiǎo hóu zi
完了没有，怎么不说话呢？快说！"小猴子
men xià de gèng shì bù gǎn shuō huà le
们吓得更是不敢说话了。

kù kù hóu jiě wéi shuō nǐ bié jí ma bǎ nǐ de bǐ sài
酷酷猴解围说："你别急嘛。把你的比赛
guī zé gào su wǒ wǒ lái bāng nǐ jiě jué wèn tí
规则告诉我，我来帮你解决问题。"

bǐ sài guī zé hěn jiǎn dān jiù shì wǒ de zhī xiǎo hóu zi
"比赛规则很简单，就是我的5只小猴子，
měi zhī dōu yào hé qí tā zhī sài chǎng cháng wěi hóu huí dá dào
每只都要和其他4只赛1场。"长尾猴回答道。

nà jiù hǎo bàn le wǒ men wèn wen měi zhī xiǎo hóu zi dōu sài
"那就好办了，我们问问每只小猴子都赛
le jǐ chǎng bú jiù kě yǐ le ma kù kù hóu gěi cháng wěi hóu
了几场，不就可以了吗？"酷酷猴给长尾猴
chū le gè zhǔ yi
出了个主意。

cháng wěi hóu yì tīng yǎn jing yí liàng shuō zhè ge zhǔ
长尾猴一听，眼睛一亮，说："这个主
yi hǎo cóng hào kāi shǐ xiàng wǒ huì bào nǐ men gè zì dōu
意好！从1号开始，向我汇报，你们各自都
sài le jǐ chǎng
赛了几场？"

hào shuō chǎng hào shuō chǎng hào
1号说："4场！"2号说："3场！"3号
shuō chǎng hào shuō chǎng lún dào hào le
说："2场！"4号说："1场！"轮到5号了，
zhī jiàn hào zhī zhi wū wū de shuō wǒ yě bù zhī dào wǒ sài le
只见5号支支吾吾地说："我也不知道我赛了

几场，我忘了……”

“忘了？你怎么不长脑子呢！这可怎么办？”长尾猴又气又急地说。

“别急，我有办法！”酷酷猴说，“我们知道1号已经赛了4场，2号赛了3场，3号赛了2场，4号赛了1场，5号赛了几场呢？我们画图分析一下！”酷酷猴边画图边说，“我们先看1号。他赛了4场，把1号和2、3、4、5号各连一条线。”

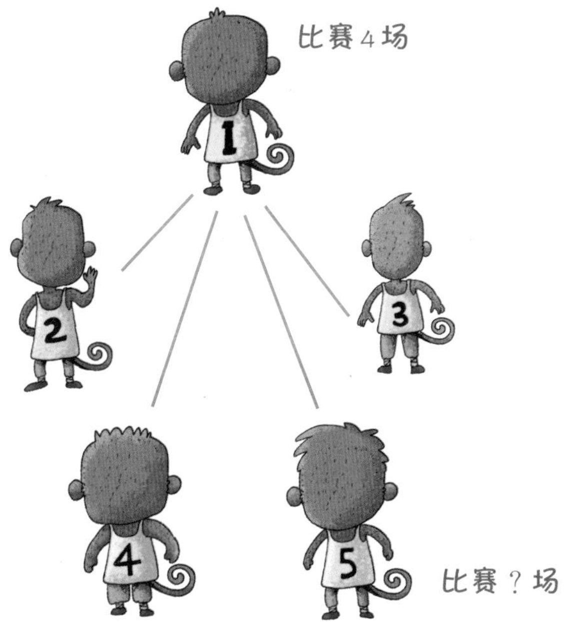

“咦？我和每个人都赛了1场，我的比赛结束了！”1号小猴高兴地说。

“是的，你已经完成任务了！”酷酷猴对1号小猴说。

“2号赛了3场，只能连3个人，和谁连，不和谁连呢？”长尾猴疑惑了。

“别急！我们往后看。2号肯定不能和4号连！”酷酷猴回答长尾猴。

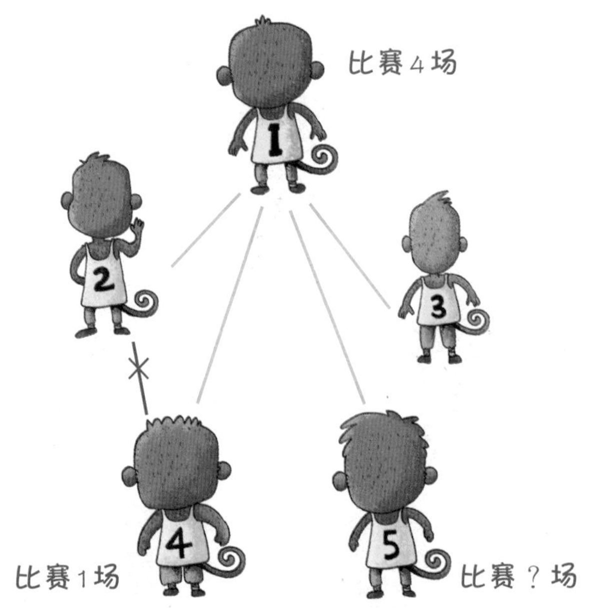

“明白啦！不能和4号连，是因为4号已经和1号连过了！而4号只赛过这1场。所以，2号就是和1、3、5号连！”长尾猴兴奋地说。

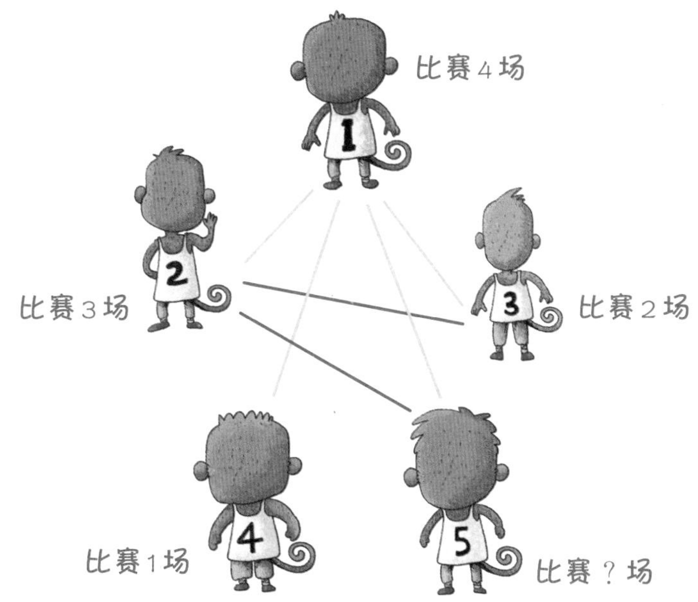

“3号赛的2场也在这里啦，分别是和1号、2号。4号赛的1场也已经连过了，是和1号赛的。”酷酷猴说。

“我知道了，我赛了2场！是和1号、2号！”5号小猴拍着手说。

“对了！”酷酷猴说。

“酷酷猴，谢谢你帮我解决了问题。等比赛完了，我跟你去见熊法官！”长尾猴吆喝道，“来呀孩子们，比赛继续！”

比赛终于结束了，长尾猴拿着54个抢来的苹果，和酷酷猴一起向法院走去。

酷酷猴解析

比赛场次

计算比赛场次的问题，要先弄清楚比赛规则。故事中的比赛规则是：每2只小猴之间都要赛1场，即5只小猴每只都要赛4场，一共赛10场。为什么是10场，不是20场呢？举例说明：1号和2号的比赛虽然只是一场比赛，但是这一场比赛对1号来说是赛了1场，对2号来说也是赛了1场。故事中解题的关键点就是4号只赛了1场，所以，2号和3号肯定都没有和4号比赛过，因为4号和1号已经确定赛过了1场。这样，就可以得出5号赛了2场。

酷酷猴考考你

小红、小明、小刚、小亮、小军、小敏6个人每两个人都要握1次手。小红已经握了5次手，小明已经握了4次，小刚已经握了3次，小亮已经握了2次，小军已经握了1次。现在问你，小敏已经握了几次手？

舒尔特方格游戏

2	16	18	5	3
25	21	10	15	11
4	17	9	8	20
22	12	1	7	13
19	14	6	24	23

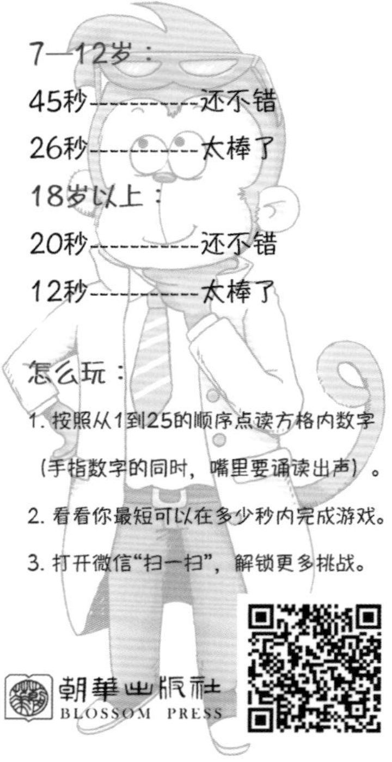

7—12岁：

45秒-----------还不错

26秒-----------太棒了

18岁以上：

20秒-----------还不错

12秒-----------太棒了

怎么玩：

1. 按照从1到25的顺序点读方格内数字（手指数字的同时，嘴里要诵读出声）。
2. 看看你最短可以在多少秒内完成游戏。
3. 打开微信“扫一扫”，解锁更多挑战。

朝華出版社
BLOSSOM PRESS

灰熊过生日

酷酷猴带长尾猴见熊法官，熊法官没收了长尾猴抢的54个苹果，对长尾猴说：“你虽然交回了苹果，但是毕竟也犯了抢夺罪，回去等待判决吧！”

长尾猴走后，酷酷猴对熊法官说：“我再去找灰熊，让他交出抢走的18个苹果！”

“慢！”熊法官说，“灰熊一般藏在树洞里，你想把他硬拖出来是很困难的，要想点儿办法才行。”

酷酷猴笑笑说：“我会有办法的。”

酷酷猴很快找到了灰熊的大树洞，洞门关着，酷酷猴敲了敲门。

灰熊在里面烦躁地说：“真是越乱越添

乱！本来我这儿还算不出来呢，这又有人敲门。谁呀？”

“酷酷猴！”酷酷猴大声自报家门。

“酷酷猴？你这个大侦探找我准没好事，真是善者不来，来者不善哪！”灰熊对酷酷猴说，“今天是我的生日，你是来给我祝寿的吗？带礼物来没有？”

“祝寿？你过完生日要和我去见熊法官！”酷酷猴对灰熊说。

“我犯了什么法，要去见法官？”灰熊不服气地说。

“你就别装傻了，你抢了长颈鹿的18个苹果，已经被长颈鹿告到熊法官那里去了！”酷酷猴大声地对灰熊说。

“这个长颈鹿，真是小气鬼，就抢了她几个苹果，还告到法院去了！酷酷猴，你要是帮我解决了难题，我就拿着苹果和你去见法官！”灰熊说。

“好！一言为定！说说你的难题吧！”酷酷猴爽快地答应了灰熊。

灰熊听酷酷猴这样说，立即打开了房门。

“今天我开生日舞会，邀请了100位好朋友，准备了苹果和梨两种水果招待朋友们。我知道有28位朋友两种水果都吃，有53位朋友吃苹果，有64位朋友吃梨。我现在打算再买一些香蕉招待苹果和梨都不吃

的朋友，可是我怎么也算不出来到底有多少位朋友两种水果都不吃呀！”灰熊很犯难，着急地对酷酷猴说。

“这个问题不难，看我的！”酷酷猴胸有成竹地说。

说话间，酷酷猴拿起笔画了起来，边画边说：“我画两个圆圈，一个圆圈代表吃苹果的客人，另一个圆圈代表吃梨的客人。”

“不对呀！你怎么把两个圆交叉画了？应该分开画呀！”灰熊不解地对酷酷猴说。

“这你就不懂了吧！不是还有两种水果都吃的客人吗？我交叉画就是为了表示这些两种水果都吃的客人！”酷酷猴说。

“啊！我明白了，中间共有的部分就是

两种水果都吃的客人！”灰熊恍然大悟道。

“说对了！那我们就把28写在中间的共有部分。”酷酷猴边对灰熊竖大拇指边写数。

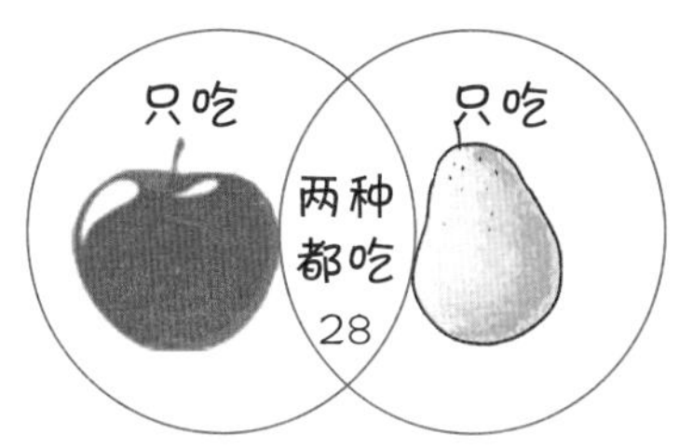

“那我也写！把53写在28左面的空白处，把64写在28右面的空白处！”灰熊边说边写。

“慢，不对！”酷酷猴对灰熊说。

灰熊疑惑地看着酷酷猴问：“不对？为什么？”

“28左面的空白部分表示只吃苹果的客人，28右面的空白部分表示只吃梨的客人。”酷酷猴回答灰熊。

“我明白了，53和64里面都包含两种水果都吃的那28人！”灰熊一拍脑门儿说。

“这就对了，用53−28=25，64−28=36，把25和36填进去就可以了。”

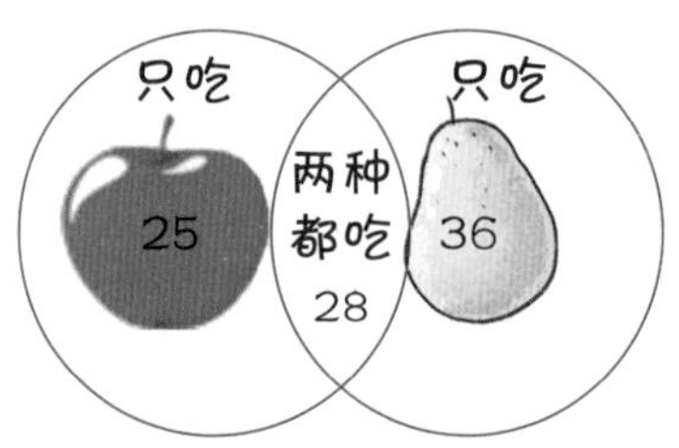

只吃苹果的+28人=吃苹果的53人

只吃梨的+28人=吃梨的64人

酷酷猴接着说："现在客人分成了四类：两种水果都吃的，只吃苹果的，只吃梨的，两种水果都不吃的。100−28−25−36=11，有11位客人两种水果都不吃。"酷酷猴一口气算出了结果。

"太好啦！我终于知道要买几根香蕉了！酷酷猴，你太棒了！"灰熊高兴地说，"不过，酷酷猴，我听说你是解题能手，还会多种解法，能不能再教我一招？"

"这个嘛……"酷酷猴摸着下巴想了想说，"还有一种解法：我们可以把客人分成两类：至少吃一种水果的和两种水果都不吃的。53+64−28=89人，得出答案有89人至少吃一种水果；100−89=11人，得出答案有11

rén liǎng zhǒng shuǐ guǒ dōu bù chī
人两种水果都不吃！”

kù kù hóu wǒ fú le wǒ gēn nǐ qù jiàn xióng fǎ
“酷酷猴，我服了！我跟你去见熊法
guān huī xióng yì pāi dà tuǐ tí zhe zhuāng píng guǒ de dài
官！”灰熊一拍大腿，提着装苹果的袋
zi gēn zhe kù kù hóu xiàng fǎ yuàn de fāng xiàng zǒu qù
子，跟着酷酷猴向法院的方向走去。

hēi māo tīng shuō cháng wěi hóu hé huī xióng dōu qù jiàn fǎ guān le
黑猫听说长尾猴和灰熊都去见法官了，
zhī dào zì jǐ yě nán táo fǎ wǎng biàn zhǔ dòng tóu àn zì shǒu le
知道自己也难逃法网，便主动投案自首了。
xióng fǎ guān pàn tā men sān rén bǎ qiǎng lái de píng guǒ huán gěi cháng jǐng
熊法官判他们三人把抢来的苹果还给长颈
lù bìng fá měi rén gěi cháng jǐng lù jiā yì wù láo dòng qī tiān
鹿，并罚每人给长颈鹿家义务劳动七天。

酷酷猴解析

包含与排除

故事中的题目是包含与排除的问题，可以利用集合的思想解答，解题的关键是数量之间的包含关系。题目中，吃苹果的53人中包含着两种水果都吃的人；同样，吃梨的64人中，也包含两种水果都吃的28人。第一种方法，从53和64中分别排除28，就很容易解决问题了。第二种解法，从53与64的和中排除重复计算的28，也可以很容易地解决问题。

酷酷猴考考你

二年级一班有40名同学，喜欢唱歌的有17人，喜欢跳舞的有25人，唱歌和跳舞都喜欢的有10人，有多少人既不喜欢唱歌又不喜欢跳舞？

灰兔和白兔聚会

zhè yì tiān kù kù hóu zhèng zài sàn bù tū rán kàn jiàn huáng
这一天，酷酷猴正在散步，突然看见黄
shǔ láng dūn zài dì shàng xiǎo shēng dí gu zhe shén me huáng shǔ láng kàn
鼠狼蹲在地上小声嘀咕着什么。黄鼠狼看
jiàn kù kù hóu zǒu le guò lái yí liù yān pǎo yuǎn le
见酷酷猴走了过来，一溜烟跑远了。

kù kù hóu hào qí de zǒu shàng qián qù yí kàn zhǐ jiàn dì
酷酷猴好奇地走上前去一看，只见地
shàng xiě zhe yì shǒu dǎ yóu shī
上写着一首打油诗：

灰兔白兔做游戏。
白兔原本有七只，
一只灰兔变白兔，
灰白数量一般齐。
灰兔原本有几只？

kù kù hóu xiǎng zhè shì shén me yì si wǒ kàn huáng shǔ láng
酷酷猴想：这是什么意思？我看黄鼠狼
méi ān hǎo xīn bì xū dào bái tù jiā zhēn chá qīng chu
没安好心！必须到白兔家侦察清楚。

kù kù hóu lái dào bái tù jiā kàn jiàn bái tù yì jiā zhèng zài
酷酷猴来到白兔家，看见白兔一家正在

máng huo zhe kù kù hóu wèn hòu shuō nǐ men jiā hǎo rè nao a
忙活着。酷酷猴问候说："你们家好热闹啊！"

dà bái tù xiào zhe shuō jīn tiān wǎn shang huī tù yì jiā yào
大白兔笑着说："今天晚上灰兔一家要
lái zuò kè
来做客。"

ō kù kù hóu lì kè jǐng tì qǐ lái huī tù yì jiā
"噢，"酷酷猴立刻警惕起来，"灰兔一家
yào lái duō shao rén na
要来多少人哪？"

zhè wǒ kě bù zhī dào dà bái tù shuō zhe ná chū yì fēng
"这我可不知道。"大白兔说着拿出一封
xìn dà huī tù zuó tiān tuō rén dài lái yì fēng xìn shuō lái duō
信，"大灰兔昨天托人带来一封信，说来多
shao kè rén ràng wǒ zì jǐ suàn
少客人让我自己算。"

kù kù hóu jiē guò xìn yí kàn dà jīng shī sè yuán lái xìn
酷酷猴接过信一看，大惊失色。原来信
shàng xiě de zhèng shì gāng cái kàn jiàn de nà shǒu dǎ yóu shī
上写的正是刚才看见的那首打油诗。

kù kù hóu máng wèn zhè fēng xìn shì shéi sòng lái de
酷酷猴忙问："这封信是谁送来的？"

shì xiǎo mián yáng
"是小绵羊。"

kù kù hóu lì kè qù zhǎo xiǎo mián yáng xiǎo mián yáng nǐ
酷酷猴立刻去找小绵羊："小绵羊，你
kuài gào su wǒ shì shéi ràng nǐ bǎ xìn sòng gěi dà bái tù de
快告诉我，是谁让你把信送给大白兔的？"

xiǎo mián yáng duō duo suō suō de shuō shì dà huī tù ràng wǒ
小绵羊哆哆嗦嗦地说："是大灰兔让我
bǎ xìn sòng gěi dà bái tù de bàn lù shàng wǒ yù dào le huáng shǔ
把信送给大白兔的。半路上我遇到了黄鼠
láng huáng shǔ láng bǎ xìn chāi kāi kàn le hái jǐng gào wǒ bù xǔ
狼，黄鼠狼把信拆开看了，还警告我，不许
gào su rèn hé rén tā kàn guò le xìn
告诉任何人他看过了信。"

kù kù hóu diǎn dian tóu shuō zhè jiù duì le kàn lái yì
酷酷猴点点头说：“这就对了！看来一
zhuāng qiǎng jié àn jí jiāng fā shēng
桩抢劫案即将发生！”

xiǎo mián yáng máng wèn qiǎng jié shéi qiǎng shéi ya
小绵羊忙问：“抢劫？谁抢谁呀？”

huáng shǔ láng yào qiǎng jié huī tù yì jiā kù kù hóu shuō
“黄鼠狼要抢劫灰兔一家。”酷酷猴说，
wǒ xū yào bǎ huī tù de zhī shù lì jí suàn chū lái
“我需要把灰兔的只数立即算出来。”

xiǎo mián yáng jiē guò huà tóu shuō zhī huī tù biàn bái tù
小绵羊接过话头说：“1只灰兔变白兔，
jiù shì shuō huī tù bǐ bái tù duō zhī ba suǒ yǐ huī tù yǒu
就是说灰兔比白兔多1只吧？所以，灰兔有
zhī duì ma
7+1=8只。对吗？”

kù kù hóu shuō dāng rán bú duì huī tù yīng gāi bǐ bái tù
酷酷猴说：“当然不对。灰兔应该比白兔
duō zhī ér bú shì zhī
多2只，而不是1只。”

xiǎo mián yáng wèn wèi shén me shì zhī ne
小绵羊问：“为什么是2只呢？”

kù kù hóu ná bǐ zài dì shàng huà qǐ tú lái
酷酷猴拿笔在地上画起图来：

nǐ kàn zhǐ yǒu dāng huī tù bǐ bái tù duō gè zhī
“你看，只有当灰兔比白兔多2个1只
shí zhī huī tù biàn bái tù bái tù huī tù cái xiāng děng ne
时，1只灰兔变白兔，白兔灰兔才相等呢！
suǒ yǐ huī tù yǒu zhī
所以，灰兔有7+1+1=9只。”

xiǎo mián yáng huǎng rán dà wù duì ya rú guǒ huī tù
小绵羊恍然大悟：“对呀！如果灰兔

只比白兔多1只的话，当1只灰兔变成白兔后，白兔就反而比灰兔多1只了。”

酷酷猴点了点头：“没错！你也可以换个思路想，1只灰兔变成白兔后，白兔就多了1只，灰兔就少了1只。白兔原来有7只，多1只后是8只；灰兔少1只后是8只，那原来就是9只。”

小绵羊着急地说：“算出来以后要怎么办哪？”

“我得立即通知大灰兔！”酷酷猴转身直奔灰兔家。

大灰兔听说黄鼠狼要在半路上抢劫自己，吓得没了主意。他说：“那我们就不去白兔家了。”

酷酷猴摇摇头说：“不合适。白兔在家张灯结彩欢迎你们去呢！”

大灰兔着急地说：“那可怎么办？”

酷酷猴趴在大灰兔耳朵旁，小声说：

“咱们这样……这样……”

大灰兔点点头：“好主意！”

大灰兔收拾了一下，拉上一辆带篷的车，朝白兔家走去。车里面不断传出小灰兔的打闹声。躲在树后面的黄鼠狼看见车子过来了，不顾一切地冲了上去。

“抢劫——快乖乖地出来吧！哈哈！”

huáng shǔ láng dǎ kāi chē péng gāng xiǎng zuān jìn qù tū rán cóng
黄鼠狼打开车篷刚想钻进去，突然从
lǐ miàn shēn chū liǎng gè wū hēi de qiāng kǒu nǐ zhè ge qiáng dào
里面伸出两个乌黑的枪口。“你这个强盗，
bù xǔ dòng kù kù hóu shǒu ná zhe liǎng zhī qiāng duì zhǔn le
不许动！”酷酷猴手拿着两支枪，对准了
huáng shǔ láng de nǎo dai huáng shǔ láng xià de pì gǔn niào liú lián
黄鼠狼的脑袋。黄鼠狼吓得屁滚尿流，连
gǔn dài pá de táo zǒu le
滚带爬地逃走了。

酷酷猴解析

相差多少

故事中，灰兔和白兔原来差几只是解题的难点，第一种解法是用数形结合的思想画图帮助理解。解这类题，我们可以用画线段图的方法，很快得到答案。

酷酷猴给出的第二种解法，是避开了“原来灰兔比白兔多几只”这个难点问题，而是从“1只灰兔变白兔”后的结果入手，反过来推算。变化后，白兔多了1只是8只，灰兔少了1只也是8只，灰兔原来就是9只。

酷酷猴考考你

小刚有15支笔，小芳给小刚10支笔后，小芳和小刚的笔就同样多了。小芳原来有多少支笔?

大蛇偷蛋

这一天，酷酷猴抱着一堆野果回家，路过鸡窝时，听到鸡窝里传出阵阵哭声：“呜呜——”酷酷猴放下野果，钻进窝里看个究竟。

酷酷猴见老母鸡在哭，忙问：“老母鸡，你怎么了？”

老母鸡擦了擦眼泪，说：“这几天鸡蛋总是莫名其妙地没了，我怎么孵小鸡呀！”

酷酷猴又问：“知道是谁偷的吗？”

“不知道哇！”老母鸡说，“他好像每天都准时来偷蛋。”

酷酷猴想了想说：“这样吧，我们躲在暗处，看看究竟是谁偷了你的鸡蛋。”

lǎo mǔ jī diǎn dian tóu shuō hǎo yú shì biàn hé kù kù
老母鸡点点头说："好！"于是便和酷酷

hóu zǒu chū jī wō cáng dào yì kē dà shù de hòu miàn tā men děng
猴走出鸡窝，藏到一棵大树的后面。他们等

le hěn jiǔ hū rán tīng dào cǎo cóng lǐ chuán lái xī xī sū sū de
了很久，忽然听到草丛里传来窸窸窣窣的

shēng yīn
声音。

xū kù kù hóu shì yì lǎo mǔ jī bú yào shuō huà
"嘘——"酷酷猴示意老母鸡不要说话，

dī shēng shuō lái le liǎng tiáo shé lǎo mǔ jī shùn zhe kù
低声说，"来了两条蛇！"老母鸡顺着酷

kù hóu suǒ zhǐ de fāng xiàng kàn jiàn yí dà yì xiǎo liǎng tiáo shé zhèng
酷猴所指的方向，看见一大一小两条蛇正

xiàng jī wō pá lái
向鸡窝爬来。

zǒu zài hòu miàn de xiǎo shé wèn zǒu le zhè me cháng
走在后面的小蛇问："走了这么长

de lù zěn me hái bú dào ne
的路，怎么还不到呢？"

xū dà shé dī shēng shuō qián miàn jiù
"嘘——"大蛇低声说，"前面就

shì jī wō le
是鸡窝了。"

xiǎo shé yòu wèn zhè er lí wǒ men jiā
小蛇又问："这儿离我们家

yǒu duō yuǎn
有多远？"

dà shé huí dá bú suàn yuǎn
大蛇回答："不算远。"

xiǎo shé xǐ huan páo gēn wèn dǐ
小蛇喜欢刨根问底：

jù tǐ yǒu duō shao mǐ ya
"具体有多少米呀？"

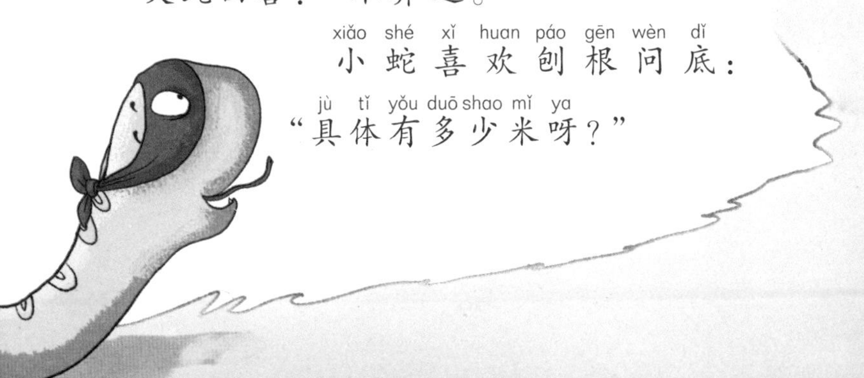

dà shé
大蛇

nài xīn de shuō zuó
耐心地说："昨

tiān wǒ cóng jiā dào zhè er xiān
天我从家到这儿，先

zǒu le mǐ xiē kǒu qì yòu zǒu le mǐ zhěng le zhěng tóu
走了75米，歇口气；又走了32米，整了整头

jīn jiē zhe zǒu le mǐ shàng le yí cì xǐ shǒu jiān yòu zǒu
巾；接着走了25米，上了一次洗手间；又走

le mǐ jué de dù zi è le chī le yí kuài xiǎo diǎn xin
了68米，觉得肚子饿了，吃了一块小点心；

jiē zhe zǒu le mǐ fā xiàn zǒu guò tóu le yòu wǎng huí zǒu
接着走了12米，发现走过头了，又往回走

le mǐ lái dào le jī wō wǒ tōu chī wán jī dàn jué de yǒu
了4米来到了鸡窝。我偷吃完鸡蛋，觉得有

jìn le jiù yì kǒu qì zǒu huí le jiā lǐ nǐ suàn yi suàn cóng
劲了，就一口气走回了家里。你算一算，从

jiā dào zhè er yǒu duō yuǎn
家到这儿有多远？"

xiǎo shé bù gāo xìng de shuō wǒ yòu méi tōu chī jī dàn wǒ
小蛇不高兴地说："我又没偷吃鸡蛋，我

bú huì suàn
不会算！"

hā hā wǒ chī le jī dàn wǒ huì suàn dà shé
"哈哈！我吃了鸡蛋，我会算！"大蛇

biān shuō biān xiě wǒ men xiān liè gè suàn shì
边说边写，"我们先列个算式75 + 32 + 25 +

68 + 12 − 4……"

“为什么不加4而是减4呢？”大蛇还没说完，小蛇就迫不及待地打断了大蛇的话。

“当然是减4了，因为我最后一次多走了4米，又退回去了，所以要减4呀！现在你会算了吗？”大蛇边回答边问小蛇。

“我会了，先列个竖式算75＋32得107，再列个竖式算107＋25得132，再列个竖式算132＋68得200，后面的我会口算了，200＋12＝212，212－4还要列个竖式得208。”小蛇边说，边密密麻麻地写了好几个竖式，写完叹口气说，“这题算起来可真麻烦，累死小爷了！”

“看你这么卖力气，我教你个巧算的方法吧，不用列竖式，全能口算！”大蛇炫耀地说。

“这么神奇！快给我讲讲！”小蛇着急地说。

“你看，75 和 25 个位数凑 10，十位数凑 9，它们两个加起来就是 100。”

“我明白了，就是把个位凑 10、十位凑 9 的数先相加得 100。那 32 和 68 相加也得 100，再用 12－4 得 8，200＋8＝208。看，我没吃鸡蛋，也会算啦！”小蛇受到启发后，一口气算出答案来。

大蛇笑着说：“今天偷的鸡蛋，你多吃几个。你在这儿等我，我先进去看看！”

大蛇钻进鸡窝不久，很快就出来了。他惊奇地说：“怎么里面一个鸡蛋也没有？”

酷酷猴解析

连加的巧算

计算题中包含很多巧算的方法，凑整就是其中很重要的一种方法。在连加中，什么样的两位数能凑整呢？首先是个位数要能凑10；其次看十位数，十位数能凑9。这样的两个数相加，和肯定是100。依此类推，个位凑10，十位凑8，和是90；个位凑10，十位凑7，和是80……故事中，32和12个位上都是2，都能和68个位的8凑10，这时选择能凑100的相加会更简便些。

酷酷猴考考你

不列竖式，你会巧算下面这道题吗？

54+26+46+24+50=?

橡胶鸡蛋

小蛇噘着嘴说："一定是今天母鸡偷懒，没有生蛋！"

大蛇安慰说："母鸡明天一定会生蛋。我们明天再来吃吧！"

两条蛇走后，老母鸡对酷酷猴说："怎么办？我躲得过今天，躲不过明天，明天他们还会再来的！"

酷酷猴说："不要着急，我有个好办法！"他用橡胶做了一个假鸡蛋，放进鸡窝里。这个假蛋通过一根细管，连接到鸡窝外面的打气筒。

酷酷猴高兴地说："明天

让他们尝尝我的橡胶鸡蛋，保证味道好极了！”

老母鸡夸奖说：“真是个好主意！”

第二天，两条蛇又准时来了。他们钻进鸡窝后，大蛇首先发现了橡胶鸡蛋，他高兴地说：“好大的鸡蛋哪！哈哈！”便张嘴把假鸡蛋吞进肚子里。

小蛇忙问：“还有没有大鸡蛋哪？”

酷酷猴躲在暗处，看大蛇把橡胶鸡蛋吞进肚里后，就立刻用打气筒往橡胶鸡蛋里面打气，哧——哧——大蛇的肚子鼓起了一个大包。

小蛇吃惊地问大蛇：“你的肚子怎么鼓起一个大包？”

大蛇得意地说：“吃了一个大鸡蛋，当然会鼓起一个大包！没事的。”

大蛇的肚子越鼓越大，小蛇说：“不对呀！你的肚子怎么变得这样大？是不是鸡蛋

zài nǐ dù zi lǐ fū chū xiǎo jī le
在你肚子里孵出小鸡了？”

téng sǐ wǒ la dà shé téng de zài dì shàng dǎ gǔn er
“疼死我啦！”大蛇疼得在地上打滚儿。

kù kù hóu zǒu jìn jī wō lǐ duì dà shé shuō nǐ jīn hòu
酷酷猴走进鸡窝里，对大蛇说：“你今后
hái gǎn bu gǎn tōu chī jī dàn
还敢不敢偷吃鸡蛋？”

dà shé āi qiú shuō bù gǎn le kuài ráo le wǒ ba
大蛇哀求说：“不敢了，快饶了我吧！”

kù kù hóu wèn nǐ měi tiān tōu chī jǐ gè dàn
酷酷猴问：“你每天偷吃几个蛋？”

dà shé huí dá wǒ lián zhe tiān tōu dàn dì èr tiān bǐ
大蛇回答：“我连着3天偷蛋，第二天比
dì yī tiān duō tōu gè dì sān tiān bǐ dì èr tiān duō tōu gè
第一天多偷1个，第三天比第二天多偷1个，
tiān yí gòng tōu le gè dàn wǒ měi tiān tōu jǐ gè jī dàn
3天一共偷了21个蛋。我每天偷几个鸡蛋，
nǐ zì jǐ suàn ba
你自己算吧！”

“你肚子都疼成这样了，还出题考我？不过我最不怕别人考我了。”酷酷猴想了想说，“3天一共偷了21个蛋，但是3天偷的蛋数不相同。我来想办法把它们都变成和第一天的蛋数相关。第二天的蛋数－1＝第一天的蛋数，第三天的蛋数－1－1＝第一天的蛋数，21−1−1−1=18个，是3个第一天的蛋数，18÷3=6个。第一天6个，第二天7个，第三天8个。”

大蛇不服气地说：“你酷酷猴是解题高手，只用一种方法解可不行，我不认输！”

酷酷猴毫不示弱地说：“好！我让你心服口服。我发现，你三天偷的蛋数有一个特点，是三个相邻的自然数，第一天最少，第二天居中，第三天最大。那么，我就用 21÷3=7 个，得到第二天偷的蛋数，7−1=6 个，是第一天偷的蛋数，7+1=8 个是第三天偷的蛋数。”

酷酷猴话音刚落，老母鸡伤心地说：“我明白了，大蛇这三天偷吃我的鸡蛋数是：6 个，7 个，8 个。我就算生再多蛋，还是不够他吃！酷酷猴，你用力打气吧！”

“好！”酷酷猴又往大蛇肚子里打气。

大蛇疼得实在受不了，他用力一甩头，把连接橡胶鸡蛋的皮管拉断了。哧——一股气流从大蛇口中喷出，只见大蛇向上腾空而起，又往后飞了好远一段路程，嘭的一声重重撞在树上，昏迷过去了。

“大蛇，大蛇！”小蛇跑到大蛇掉落的地方，叫了半天，大蛇才缓缓地苏醒过来。

大蛇恨恨地说：“酷酷猴，我和你的恩怨还没了结！”说完和小蛇一起逃走了。

酷酷猴解析

和差问题

故事中的题目是有关三个数的和差问题。和差问题的特点是：知道了两个数或几个数的和与它们的差，求这些数分别是多少。解决和差问题的核心思想是转化，通过和差，将几个不同的数转化成同一个数。可以用任何一个数作为标准，其他的数根据与它的和差进行转化。

故事中的第一种解法是解这类题的一般解法。具体讲，就是把几个数都转化成较小数，用总数减去它与其他数的差。循着这个思路，还可以都转化成居中数和最大数，再求其他数。

故事中的第二种解法，是解这道题的特殊解法。能采用这种方法，是因为题中的数目是有一定规律的—— 数有单数个、相邻数间的差又相等—— 是三个连续的自然数。

酷酷猴考考你

小明、小亮、小军三个好朋友的年龄和是24岁，小明比小亮小1岁，比小军大1岁，他们三人各多少岁？

智斗双蛇

酷酷猴劳累了一天，晚上想好好在树上休息一下。当他拉住树枝往上爬时，突然听到树上有个声音对他说：“刚回来？我已经等你半天了！”

酷酷猴抬头一看，啊！大蛇正盘在树上，等着他呢。

酷酷猴立刻从树上跳下来，他刚刚站稳，又听到背后有个声音说：“下来做什么？”酷酷猴回头一看，小蛇在地上正等着他呢！酷酷猴被两面夹击，处境十分危险。

酷酷猴厉声问道：“你们想怎么样？”

大蛇冷笑了一声，拿出橡胶鸡蛋对酷酷猴说：“我尝过了这个橡胶鸡蛋的滋味，今天特地让你也尝一尝！”

酷酷猴眼珠一转，笑着说：“要让这个橡胶鸡蛋胀起来，必须有打气筒。没有打气筒，就算我把橡胶鸡蛋吃进肚子里，我的肚子也不会胀起来！”

大蛇想了想是这么个道理，于是说：“你把打气筒藏到哪儿去了？快给我拿出来！”

酷酷猴往东一指：“不远，往东走一会儿就到了。跟我走吧！”

小蛇拦住了酷酷猴的去路：“慢着！我们没有你走得那么快，你必须告诉我向东走多远。”

“好，我告诉你。”酷酷猴说，“有2、3、4三个数字，用它们组成不同的两位数和三位数，要从小到大把它们排列起来，不能有重复的数，也不能有遗漏的数，从这些数中，找出6个单数，这6个单数的和就是要走的米数。怎么样，会吗？不会就请回吧！”

小蛇瞪大了眼睛：“问题这么长、这么难，你有心为难我！我不会做！”

大蛇从树上爬下来，对小蛇嚷道：“不要想都没想，就和酷酷猴说你不会，他正等着看咱们的笑话呢！”

小蛇又想了想，说：“好像有点儿想法了，可以先从两位数想。”

“对！先从两位数的高位十位开始想，高位数小，数就小。”大蛇肯定地说，“十位最小是几？”

“最小是2，哦！我想出了两个，23和24。”小蛇兴奋地回答。

“嗯，这是十位是2的两个数，还有十位是3和4的。”大蛇接着提示道。

“十位是3的有32和34；十位是4的有42和43。三位数要从最高位百位想起。百位最小是2，有234和243；百位是3的有324和

342，百位是4的有423和432。”小蛇一口气说完了。

大蛇掏出笔：“我来把它们从小到大写出来。”

23 < 24 < 32 < 34 < 42 < 43 < 234 < 243 < 324 < 342 < 423 < 432

小蛇摇着尾巴在旁边数：“单数有23、43、243、423。怎么只有4个？”小蛇一回头，发现酷酷猴早已不见了，“不好！我们被酷酷猴耍了！”

大蛇怒道：“要不是你算得这么慢，我们早让他吃上苦头了！”

酷酷猴解析

用数字组数

用数字组数，要做到有序思考，才能保证组成的数不重复也不遗漏。一般要从数的最高位开始考虑。故事中采用了分类解决问题的方法，先考虑两位数的情况，再考虑三位数的情况。注意，数字中有“0”时，0不能做最高位。

酷酷猴考考你

用数字0、1、2组成不同的两位数和三位数，并从大到小排列。要做到不重复也不遗漏，请你试试吧！

找虎大王告状

山猫、黄鼠狼和大蛇，想干的坏事不但没干成，还被酷酷猴狠狠地惩罚了。他们一直对酷酷猴耿耿于怀，无奈酷酷猴是神探，他们也想不出什么好主意报复酷酷猴。

这一天，大蛇带着小蛇和山猫、黄鼠狼凑到了一起，商量怎么报复酷酷猴。几个坏蛋对酷酷猴虽然恨之入骨，但无奈酷酷猴本领强大，他们不敢直接跟酷酷猴宣战，思来想去，想到了虎大王。

虎大王是森林之王，虽然不是警察，但在森林中也主持公道，动物们对他都是又敬又怕。四个家伙想利用虎大王对酷酷猴实施报复，便绞尽脑汁编好了酷酷猴的“罪状”，找到虎大王来告状。

威武的虎大王坐在宝座上问：“你们告谁呀？一个一个地说。”

没想到动物们齐声说道：“我们都是来告酷酷猴的！”

“什么？你们这些不好惹的家伙来告一只小猴子？哈哈……”虎大王笑得前仰后合。

黄鼠狼往前走一步说：“大王有所不知，酷酷猴聪明过人，我们谁也斗不过他！”

dà shé mǒ le yì bǎ yǎn lèi kù kù hóu piàn wǒ chī xià
大蛇抹了一把眼泪：“酷酷猴骗我吃下
xiàng jiāo jī dàn tā hái wǎng jī dàn lǐ dǎ qì chà diǎn er bǎ
橡胶鸡蛋，他还往鸡蛋里打气，差点儿把
wǒ zhàng sǐ le dà wáng yí dìng yào tì wǒ zhǔ chí gōng dào wa
我胀死了！大王一定要替我主持公道哇！”

yǒu zhè huí shì hǔ dà wáng cóng zuò wèi shàng zhàn le qǐ
“有这回事？”虎大王从座位上站了起
lái mìng lìng dào shān māo yǔ huáng shǔ láng nǐ men chuán lìng
来，命令道，“山猫与黄鼠狼，你们传令
gěi kù kù hóu jiào tā mǎ shàng lái jiàn wǒ
给酷酷猴，叫他马上来见我！”

zūn mìng shān māo yǔ huáng shǔ láng zhuǎn shēn zǒu le chū qù
“遵命！”山猫与黄鼠狼转身走了出去。

zhè shí kù kù hóu zhèng zài shù shàng chī zǎo cān xiǎo sōng
这时，酷酷猴正在树上吃早餐，小松
shǔ huāng huāng zhāng zhāng de pǎo lái bào gào bù hǎo le kù kù
鼠慌慌张张地跑来报告：“不好了！酷酷
hóu hǔ dà wáng yào zhǎo nǐ suàn zhàng
猴，虎大王要找你算账！”

kù kù hóu yí huò de wèn hǔ dà wáng zhǎo wǒ suàn shén me
酷酷猴疑惑地问：“虎大王找我算什么
zhàng
账？”

xiǎo sōng shǔ shuō shān māo huáng shǔ láng dà shé xiǎo shé
小松鼠说：“山猫、黄鼠狼、大蛇、小蛇
jí tǐ gào nǐ ya
集体告你呀！”

kù kù hóu diǎn dian tóu shuō wǒ zhī dào le xiè xie
酷酷猴点点头说：“我知道了，谢谢
nǐ shuō wán tā ná chū yì zhāng zhǐ tiáo zài shàng miàn xiě le
你！”说完他拿出一张纸条，在上面写了
xiē zì tā bǎ zì tiáo tiē zài shù shàng rán hòu jiù zǒu le
些字。他把字条贴在树上，然后就走了。

shān māo yǔ huáng shǔ láng lái dào shù xià dà hǎn kù kù
山猫与黄鼠狼来到树下大喊：“酷酷

猴——虎大王找你！快下来！”他们叫了半天，树上也没人回应。

山猫说：“酷酷猴没在。”

黄鼠狼指着树上的字条说：“你看，这一定是酷酷猴留下的字条。”黄鼠狼把字条拿下来，只见上面写着：

> 我在从这棵树开始往正东数第★棵树上休息，可以去那儿找我。
>
> ★=●-■+▲
>
> ▲+■=20　　●+▲=25　　■+●=13
>
> 酷酷猴

黄鼠狼和山猫看到题后，面面相觑：“怎么办？拿回去让虎大王自己算吧！”两人异口同声地说。于是他们回去见虎大王。

黄鼠狼把字条递给虎大王：“报告虎大王，酷酷猴正在第★棵树上睡觉，我们没

yǒu zhǎo dào tā ya
有找到他呀！”

dì kē hǔ dà wáng kàn wán zì tiáo wèn dào
“第★棵？”虎大王看完字条，问道，

shéi huì suàn zhè ge
“谁会算这个★？”

huáng shǔ láng shuō wǒ men dāng zhōng zhǐ yǒu dà shé tóu nǎo
黄鼠狼说：“我们当中，只有大蛇头脑

jīng míng chú le dà shé shéi hái huì suàn
精明，除了大蛇，谁还会算？”

hǔ dà wáng duì dà shé shuō nǐ suàn chū lái wǒ shǎng nǐ
虎大王对大蛇说：“你算出来，我赏你

ròu chī
肉吃。”

dà shé kàn zhe zì tiáo shàng de nèi róng xiǎng le xiǎng shuō
大蛇看着字条上的内容，想了想说：

kě yǐ xiān qiú gè shì duō shao
“可以先求●、■、▲各是多少。”

kě tí zhōng zhè jǐ gè luàn qī bā zāo de shì zi nǎ ge
“可题中这几个乱七八糟的式子，哪个

yě kàn bu chū zhè sān gè tú xíng gè shì duō shao wa hǔ dà wáng
也看不出这三个图形各是多少哇！”虎大王

yí huò de wèn
疑惑地问。

zhè bù zháo jí wǒ lái xiě xie nín jiù zhī dào le
“这不着急，我来写写您就知道了。”

dà shé kāi shǐ dòng bǐ xiě
大蛇开始动笔写：

▲ + ■ + ● + ▲ + ■ + ● = 58

20 + 25 + 13

hǔ dà wáng kàn le kàn dà shé xiě de suàn shì bù jiě de
虎大王看了看大蛇写的算式，不解地

问："这有什么玄机？"

大蛇说："我把三组数变成两组数，玄机就出来了！"

▲ + ■ + ● + ▲ + ■ + ● = 58

虎大王恍然大悟："58是两组▲ + ■ + ●的和。"

大蛇接着说："所以，▲ + ■ + ●是58的一半，等于29。▲+■+●-（▲+■）=●= 29-20=9，▲=25-9=16，■=13-9=4，★=9-4+16=21。酷酷猴在正东的第21棵树上！"大蛇兴奋地说。

大蛇写完，对着虎大王伸出手来："虎大王，我的肉！"

三块鲜嫩的羊肉落到了大蛇手上，一旁的黄鼠狼、山猫和小蛇，看得目瞪口呆，馋得口水直流。

这时，虎大王发话了："你们四个快去

bǎ kù kù hóu dài lái
把酷酷猴带来！”

sì gè jiā huo qí shēng hǎn shì biàn tuì le chū qù
四个家伙齐声喊“是！”，便退了出去。

酷酷猴解析

图形算式

图形算式是指用图形表示数，根据已知的图形算式的数量关系，求出每个图形所表示的数，或问题中图形算式的结果。

主要方法是，通过图形算式间的计算，使图形算式变形，转化成更易解决问题的形式。故事中的方法，是三个算式相加，求出三个图形和的2倍，再求出三个图形的和。还有第二种方法，是把两个算式相加再减第三个算式，求出两个相同图形的和，再求一个图形。例如：20+25−13=32=▲的2倍，▲=16。

酷酷猴考考你

▰+⊘=24　　▰+★=19　　⊘+★=25

求：▰=？　⊘=？　★=？

猴子牌香水

山猫找到上次贴着字条的那棵树，从那里开始往正东数：“1、2、3、4、5、6……21。到了！”

山猫正要抬头大喊酷酷猴的时候，黄鼠狼拦阻说：“慢着！酷酷猴诡计多端，你一叫他，他就会跑了！”

山猫问：“那怎么办？”

黄鼠狼对大蛇说：“你先偷偷地爬上去，把酷酷猴缠住，别让他逃跑。”

“好吧！”大蛇答应一声，忙往树上爬。

这时树上的酷酷猴说话了：“睡醒了，先洒点‘猴子牌香水’吧！”接着，猴尿从天而降，正好落在山猫、黄鼠狼、小蛇的头上。

huáng shǔ láng yǎn zhe tóu jiào dào
黄鼠狼捂着头叫道：
āi yā shén me xiāng shuǐ ya
“哎呀！什么香水呀，
sā le wǒ yì tóu hóu niào zhēn
撒了我一头猴尿，真
zāng
脏！”

zhè shí dà shé chán zhù le
这时，大蛇缠住了
kù kù hóu de yì tiáo tuǐ kàn nǐ wǎng nǎ
酷酷猴的一条腿：“看你往哪
er pǎo
儿跑！”

kù kù hóu yòng lì yì shuǎi tuǐ dà shé fēi le chū qù shuāi
酷酷猴用力一甩腿，大蛇飞了出去，摔
zài yí kuài dà shí tou shàng
在一块大石头上。

shān māo pǎo guò qù yí kàn jīng jiào dào dà shé shuāi
山猫跑过去一看，惊叫道：“大蛇摔
yūn le
晕了！”

huáng shǔ láng zài shù xià dà hǎn kù kù hóu bù dé wú
黄鼠狼在树下大喊：“酷酷猴不得无
lǐ hǔ dà wáng pài wǒ men lái jiào nǐ qù yí tàng
礼！虎大王派我们来叫你去一趟！”

酷酷猴反问黄鼠狼："既然是虎大王找我，可有书面通知？"

"这……"黄鼠狼眼珠一转，"有，有。我出来时忘带了。"

山猫也搭腔："对！我们忘带了。"

"忘带了？"酷酷猴晃着脑袋说，"那就做我出的题吧。做对了，我亲自去见虎大王，不劳你们大驾；做不对，我继续给你们洒'猴子牌香水'！"

"怕你不成？做就做！你出题吧！"黄鼠狼气急败坏地嚷道。

"从1到100的数中，数字1出现了多少次？限时30秒回答正确，否则，你们又要尝尝'猴子牌香水'的味道了！哈哈！"酷酷猴在树上得意地大笑。

"黄鼠狼兄弟，你有办法吗？我可一听就晕了，从1到100，怎么数哇？还限时30秒，看来我们又得接猴尿了。"山猫灰心地说。

"我一时也没什么好的办法，不过，我们

三个人合作吧。你看住酷酷猴，别让他借机逃跑。我和小蛇一起做题。”黄鼠狼说。

“好！我数数，你记1的次数。”黄鼠狼对小蛇说。

说完，黄鼠狼从1开始数数，小蛇拿出一支笔在纸上记着：“1，11……”

记着记着，小蛇开始有点乱了，对黄鼠狼说：“我怎么觉得记得不对了，要不你再重新数？”

话音刚落，树上的酷酷猴说话了：“时间到！好笨的方法呀！乱了吧？好好学学数学吧！”

“我不信你能有什么好办法！你故意出题为难我们，其实自己也不知道怎么数吧？”黄鼠狼挑衅地说。

“好，我就教教你们，谁让我的数学好呢。从1到100，有三类数：一位数，两位数和三位数。所以数字1就可能出现在个位、十位和百位上。出现在个位上是1、11、21、31、41、51、61、71、81、91，出现了10次。”

“你少数了1次，是11次。你错啦！酷酷猴终于出错了！”山猫兴奋地说。

“你别出丑了，11中有一个1是在十位上，怎么能算在个位上呢？酷酷猴没错。”黄鼠狼说。

酷酷猴瞥了山猫一眼：“1出现在十位上是10、11、12、13、14、15、16、17、18、19，出现了10次。1出现在百位上是100，出现了1次。一共是10+10+1=21次。你们没做出来，我可要洒‘香水’了！请接‘香水’！”说着，一泡猴尿又从天而降。三个家伙一个没落，全都淋到了“猴子牌香水”。

黄鼠狼气急败坏，让小蛇去向虎大王汇报，自己和山猫在树下看住酷酷猴。小蛇一路飞奔，去找虎大王。

酷酷猴解析

数字出现的次数

数一数在某一数段中某个数字出现的次数，一般是采用分类解决问题的方法。通过分类，使问题清晰而简化。例如故事中，是按数位分类，看数段中最大到几位数，就分几个数位考虑。如果像黄鼠狼和小蛇那样，一个数一个数地数的话，不但费时费力，还容易出错，而且当数的范围比较大时，就太麻烦了。

酷酷猴考考你

在11~40中，数字2出现了多少次？

多少件坏事

xiǎo shé jiàn dào hǔ dà wáng kū zhe liǎn shuō kù kù hóu tīng
小蛇见到虎大王，哭着脸说：“酷酷猴听
shuō nín zhǎo tā tā bú dàn bù lái fǎn ér shuāi yūn le dà shé
说您找他，他不但不来，反而摔晕了大蛇，
hái xiàng wǒ men sā niào
还向我们撒尿！”

fǎn le fǎn le hǔ dà wáng cóng zuò wèi shàng tiào le
“反了！反了！”虎大王从座位上跳了
qǐ lái hǒu dào wǒ qīn zì bǎ kù kù hóu zhuā huí lái
起来，吼道，“我亲自把酷酷猴抓回来！”
shuō wán jiù dài zhe xiǎo shé fēi bēn dào dà shù xià
说完就带着小蛇飞奔到大树下。

hǔ dà wáng xiàng zhe shù shàng gāo jiào kù kù hóu tīng zhe
虎大王向着树上高叫：“酷酷猴听着，
wǒ hǔ dà wáng lái zhuā nǐ le nǐ kuài diǎn er xià lái
我虎大王来抓你了！你快点儿下来！”

huáng shǔ láng zài yì páng bāng qiāng shuō kuài diǎn er xià
黄鼠狼在一旁帮腔说：“快点儿下
lái
来！”

zhǐ tīng hū de yì shēng cóng shù shàng fēi xià yí kuài xī guā
只听呼的一声，从树上飞下一块西瓜
pí zhèng hǎo zá zài huáng shǔ láng de tóu shàng huáng shǔ láng āi
皮，正好砸在黄鼠狼的头上，黄鼠狼“哎
yō yì shēng wǔ zhe tóu shuō zá sǐ wǒ le
哟”一声，捂着头说：“砸死我了！”

kù kù hóu zài shù shàng xiào zhe shuō xī xī wǒ chī xī
酷酷猴在树上笑着说："嘻嘻，我吃西
guā qǐng nǐ chī xī guā pí tā tíng le tíng wèn hǔ
瓜，请你吃西瓜皮！"他停了停，问，"虎
dà wáng zhǎo wǒ yǒu shén me shì ma
大王找我有什么事吗？"

hǔ dà wáng zhì wèn nǐ wèi shén me qī fu shān māo huáng
虎大王质问："你为什么欺负山猫、黄
shǔ láng dà shé hé xiǎo shé ne
鼠狼、大蛇和小蛇呢？"

zhè shí bèi shuāi yūn de dà shé
这时，被摔晕的大蛇
xǐng le guò lái jiàn hǔ dà wáng
醒了过来，见虎大王
zhèng zhì wèn kù kù hóu máng dā
正质问酷酷猴，忙搭
qiāng dào méi cuò kù kù hóu jiù
腔道："没错！酷酷猴就
shì qī fu wǒ men wǒ bèi tā
是欺负我们，我被他

摔晕了，刚醒过来！”

“笑话！”酷酷猴回答说，“他们四个可不好惹，平时专门欺负小动物们，做尽坏事！我只是伸张正义惩罚了他们，他们反而来诬告我！”

虎大王问：“你说他们做尽了坏事，可有证据？”

“当然有，我做过调查！”酷酷猴拿出一个本子，说，“我逐户调查，发现他们四个的罪恶罄竹难书。”

虎大王又问：“他们做了多少件坏事？”

酷酷猴翻开本子念道：

他们每人都做了同样多的坏事。我发现，用他们做的坏事总数加1减10，再加1减10，再加1减10……这样连续先加后减9次，最后还剩1件坏事。小蛇没有独自做过坏事，都是被大蛇带着做的，罪过小一点儿。

虎大王对山猫、黄鼠狼和大蛇说："你们各自都算算，你们几个到底做了多少件坏事？"

酷酷猴插话了："对！让他们每人算一次，方法还不能一样！"

山猫着急地说："我先算！我先画个示意图：

★ $\xrightarrow{+1}$ □ $\xrightarrow{-10}$ □ …… □ $\xrightarrow{+1}$ □ $\xrightarrow{-10}$ 1

"假设做了10件、20件、30件……不行，都不对，这可怎么算呢？我算不出来了！"

"你这只傻猫，正着算当然不行了，看我的，应该倒着算！"黄鼠狼一边嘲笑山猫一边连说带写，"从1开始倒着算，每次都加10减1，这样做9次，就是原来的数。用★表示原来的数。"

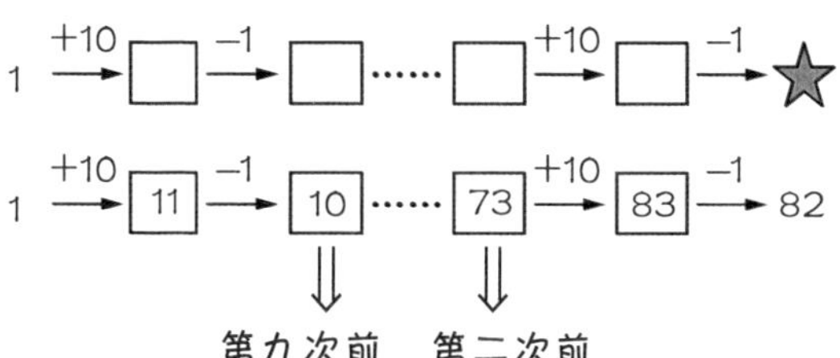

“1+10=11，11−1=10，这是第九次前的数；10+10=20，20−1=19，这是第八次前的数；……73+10=83，83−1=82，这是第一次前的数，也就是说我们每人做了82件坏事。算得我快断气了！酷酷猴出题专门整人！”黄鼠狼终于算完了，上气不接下气地说。

“方法笨，活该累死你！”大蛇不屑一顾地对黄鼠狼说，“每次都是减10再加1，说明每次都是减9，减了9次9，还剩1。这说明原数里有9个9还多1，9×9+1=82。我们每人做了82件坏事。”大蛇说出了更简单的方法。

“这个方法巧！”虎大王点了点头，随即瞪大眼睛说，“虽然算对了，但是你们做的坏事也太多了！刚才，酷酷猴已经把你们多次做坏事，但屡教不改的事告诉了我。这次你们还到我这里来诬告酷酷猴，我看你们至少犯了诽谤罪。还是把你们交给神探酷酷猴来处理吧！”

jǐ gè jiā huo chuí tóu sàng qì qí shēng shuō méi xiǎng dào
几个家伙垂头丧气，齐声说："没想到
hái shi luò dào le kù kù hóu shǒu lǐ zhēn dǎo méi ya
还是落到了酷酷猴手里，真倒霉呀！"

酷酷猴解析

简单的倒推

倒推是一种常用的逆向思维解题方法：从结果出发，推出原来的数。故事中的第一种解法是连续逆运算，推出原来的数。这也是常用的倒推法，但对于故事中的题目来说，比较麻烦。第二种解法是根据每次运算的特点，转化成有余数除法的逆运算，用乘加的运算求出原数。

酷酷猴考考你

小明问爷爷今年的年龄，爷爷对小明说："用我今年的年龄每次减9加1，再减9加1，这样8次后，就是你今年的年龄的一半。"小明今年12岁，爷爷今年多少岁？

被罚做好事

kù kù hóu dài zhe sì gè huài jiā huo lái dào le jǐng chá jú
酷酷猴带着四个坏家伙来到了警察局。
tā xiān duì xiǎo shé jìn xíng le pī píng jiào yù ràng xiǎo shé yǐ hòu bú
他先对小蛇进行了批评教育，让小蛇以后不
yào hé dà shé xué zuò huài shì yào duō zuò hǎo shì xiǎo shé lián lián
要和大蛇学做坏事，要多做好事。小蛇连连
diǎn tóu bǎo zhèng yǐ hòu zài yě bù xué huài le rán hòu kù kù
点头，保证以后再也不学坏了。然后，酷酷
hóu yòu ràng dà shé shān māo huáng shǔ láng sān gè zuò dào zì jǐ bàn
猴又让大蛇、山猫、黄鼠狼三个坐到自己办
gōng zhuō qián suí hòu kù kù hóu ná chū yí dà duī xiǎo zhǐ hé
公桌前。随后，酷酷猴拿出一大堆小纸盒，
luò zài tā men miàn qián
摞在他们面前。

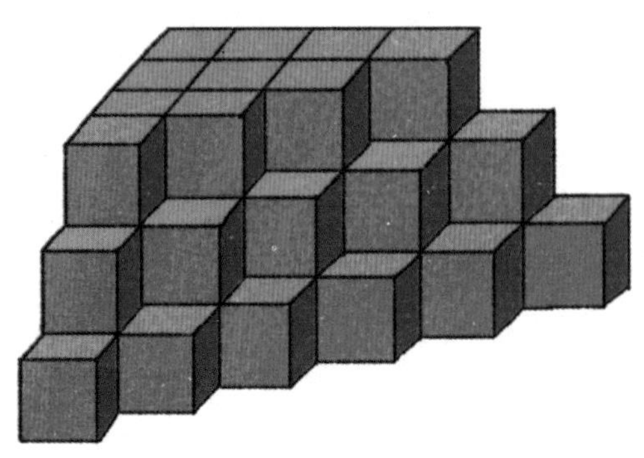

酷酷猴对三个坏家伙说："你们做了那么多坏事，必须做好事来补偿。怎么样，这样的惩罚很公平吧？"接着，酷酷猴指了指那堆盒子说："我对你们的要求都在这些盒子里。每个盒子里都有三张小字条，上面分别写着你们每人该做的一件好事。一共有多少小纸盒，你们每人就要做多少件好事。你们自己数吧！不过，你们不能拿起盒子来一个一个数，要观察我摆的图形，至少用两种方法来数！"

山猫苦着脸说："这堆纸盒

有的看得见，有的看不见，怎么数才能数全呢？”

黄鼠狼眼珠子一转：“有了！我从上向下，一层一层地数。第一层是1+2+3+4=10块；第二层有10块被第一层压着，加上没被压着的5块，是15块；第三层有15块被第二层压着，再加上没被压着的6块，是21块。一共是10+15+21=46块。”

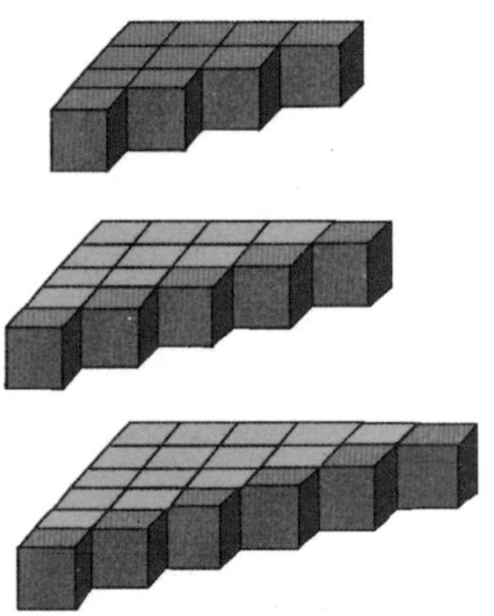

一旁的大蛇突然叫了起来：“有了！我想出第二种方法了！”

大蛇说：“我把盒子移动一下，变换位置，让盒子堆变得整齐些。我从第三层多出的盒子中，拿出5块补到第一层，这样三层都有15块，但第三层多1块。一共是15+15+15+1=46块。”

大蛇边说边移动纸盒子。

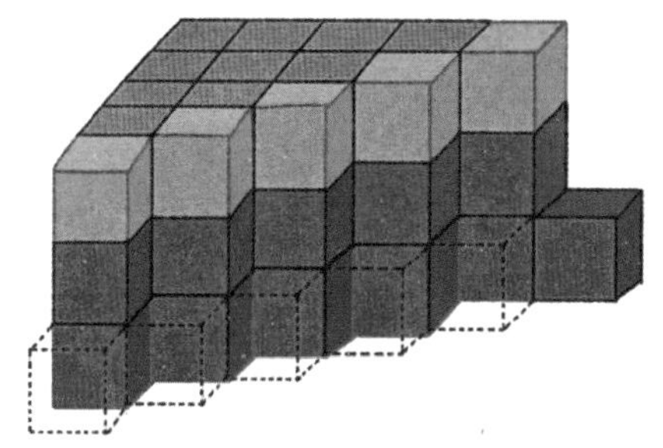

三个家伙一起看着酷酷猴，大蛇先说话了：“每个人做46件好事，太多了吧？”

酷酷猴恨恨地说：“你们做了那么多坏事，罚做46件好事还敢嫌多！再叫唤，就罚你们每人做100件好事！”

三个家伙一听，都吓得连连求饶：“我们不抱怨了，就听酷酷猴你的！”

酷酷猴对三个坏家伙说：“限你们一个月内把好事做完，每天都必须向我汇报做好事

de qíng kuàng
的情况！”

sān gè jiā huo huī liū liū de lí kāi le jǐng chá jú gè zì
三个家伙灰溜溜地离开了警察局，各自

huí jiā zuò hǎo shì qù le
回家做好事去了。

酷酷猴解析

巧数积木块

数积木块时，对于那些看不到的积木块，我们要通过观察、分析和想象找到合理巧妙的方法解决。故事中的第一种方法是分层分类数：没被压住的层直接数；数被压住的层时，则将没被压住的和被压住的分别计算，然后再相加。

第二种方法是移多补少。把不规则的图形转化成比较规则的图形，以便观察和计数。

酷酷猴考考你

数数下面的图形中一共有多少个积木块。

发现大怪物

大森林刚平静了几天，又有不好的消息传到了酷酷猴的耳朵里。

山羊、小鹿、兔子都来向酷酷猴报告发现了大怪物。

“大怪物！什么大怪物？”

“吓死人啦！牛头、狼尾，还长有四条细腿。”动物们纷纷向酷酷猴描述大怪物的样子。

酷酷猴安慰动物们道：“大家不要惊慌，我就不相信真的会有什么大怪物，其中必有蹊跷。我一定要调查清楚！”

晚上，酷酷猴藏在大树上，等着大怪物出现。不一会儿，大怪物摇头摆尾地过来了，正好走到大树下停了下来。

大怪物的头说："走半天了，在这儿歇会儿。"

大怪物的尾说："好的。"

酷酷猴感到奇怪，这个大怪物的头和尾怎么都会说话？

大怪物的头又说："第一次咱俩捉了6只鸡，分别是2、3、4、4、5、6千克，都放到你家了。"

大怪物的尾说："第二次捉了4只鸡，分别是5、6、8、9千克，可都放在你家了。"

大怪物的头情绪有点儿激动地说："不对！放在你家6只鸡，放在我家才4只，你应该给我1只才行，这样咱俩每人5只才公平！"

大怪物的尾也不甘示弱："门儿都没有！我6只鸡的总千克数是2+3+4+4+5+6=24千克，你4只鸡的总千克数是

$5+6+8+9=28$千克。我给你1只，我的千克数就更少了，我才能吃几口鸡肉哇？鸡肉都让你吃了！咱俩的千克数相等才公平呢！你比我多28−24=4千克，你给我4千克。”

大怪物的头一听就火了：“你算的是什么糊涂账！我给你4千克以后，我就比你少4千克了。我给你2千克咱俩都26千克了，这样就公平了。哈哈！不过我没有2千克的鸡，没办法给你呀！你凑合少吃点儿吧！”

大怪物的尾转转眼珠说：“幸亏我数学学得好，你难不倒我。咱俩可以换鸡，只要你拿比我多2千克的鸡和我换就行。你的5

千克换我的3千克，或者你的6千克换我的4千克，还可以你的8千克换我的6千克。如果你不怕麻烦的话，还可以拿你的9千克换我的3千克和4千克。这样，你得到的鸡的只数和千克数就都和我的相等了，才算公平！”

大怪物的头都听傻了，心里想：以后还真得把数学学好了，否则太丢人了。大怪物的头无奈地说：“那就和你换吧。”

大怪物的尾说：“先去我家取，再去你家换。”说完，大怪物就尾在前、头在后地走了。

酷酷猴感到很惊奇：这个大怪物还会倒着走？

酷酷猴解析

公平和相等

在生活中经常会遇到怎样分配公平的问题，故事中出现了两种分配标准：按只数分与按千克数分。当每只鸡的千克数同样多时，就可以按只数分。但当每只鸡的千克数不相等时，就要按千克数分。

怎样把不相等变成相等呢？首先求出两者的差，把这个差平均分成两份，每人得一份即可。故事中，由于怪物头没有这样的一份即2千克的鸡，可以通过差是2的大数和小数交换，把不相等变成相等。只要怪物头拿自己的鸡换回怪物尾家中少2千克的鸡就可以了。

酷酷猴考考你

妈妈买回一些糖。哥哥抓了3把，摆了3堆，弟弟抓了5把，摆了5堆，就抓完了。哥哥数数自己抓的糖，分别是9、7、6块；弟弟一数自己抓的糖，分别是6、4、3、2、1块。弟弟一算，自己的总块数比哥哥少了，就要求和哥哥的糖数一样多。哥哥说：“不重新分了，只能拿你的一堆或几堆和我换。”弟弟该怎么和哥哥换呢？

活捉大怪物

kù kù hóu kàn
酷酷猴看

dào dà guài wu dào zhe
到大怪物倒着

zǒu gǎn jǐn gēn le
走，赶紧跟了

shàng qù dà guài wu méi zǒu
上去。大怪物没走

jǐ bù tū rán tíng le xià lái
几步，突然停了下来。

dà guài wu de wěi shuō bù néng dào wǒ jiā qù zhè jǐ
大怪物的尾说：“不能到我家去。这几

tiān wǒ yí jiàn hǎo shì dōu méi zuò kǒng pà kù kù hóu yào qù wǒ jiā
天我一件好事都没做，恐怕酷酷猴要去我家

zhǎo wǒ
找我。”

dà guài wu de tóu jí le nǐ shì bu shì bù xiǎng cóng nǐ
大怪物的头急了：“你是不是不想从你

jiā ná jī hé wǒ huàn xiǎng cóng wǒ jiā zhí jiē ná yì zhī dà féi jī
家拿鸡和我换，想从我家直接拿一只大肥鸡

zǒu xiǎng de měi bú qù bù chéng
走？想得美！不去不成！”

dà guài wu de wěi yě bú shì ruò wǒ jiù shì bú qù
大怪物的尾也不示弱：“我就是不去，

kàn nǐ zěn me yàng
看你怎么样！”

dà guài wu de tóu dà hǒu yì shēng　ràng nǐ cháng chang

大怪物的头大吼一声："让你尝尝

wǒ de lì hai　shuō zhe　yí xià zi jiù bǎ pī zài

我的厉害！"说着，一下子就把披在

zì jǐ shēn shàng de wěi zhuāng chě le xià lái

自己身上的伪装扯了下来。

kù kù hóu dìng jīng yí kàn　yuán lái dà guài wu bú shì bié ren

酷酷猴定睛一看，原来大怪物不是别人，

shì shān māo hé huáng shǔ láng wěi zhuāng de　shān māo wěi zhuāng chéng

是山猫和黄鼠狼伪装的，山猫伪装成

dà guài wu de tóu　huáng shǔ láng wěi zhuāng chéng dà guài wu de wěi

大怪物的头，黄鼠狼伪装成大怪物的尾。

kù kù hóu fā xiàn shì zhè liǎng gè huài jiā huo　xīn lǐ xiǎng

酷酷猴发现是这两个坏家伙，心里想：

shān māo hé huáng shǔ láng bù jiē shòu chéng fá zuò hǎo shì　yòu chū lái

山猫和黄鼠狼不接受惩罚做好事，又出来

zuò huài shì　zhè cì zhuā zhù tā men　yí dìng yào yán chéng

做坏事，这次抓住他们，一定要严惩。

shān māo shuō　wǒ chū yí dào tí　rú guǒ nǐ dá duì le

山猫说："我出一道题，如果你答对了，

wǒ men jiù bú yòng huàn jī le　wǒ bǎ qiān kè de jī zhí jiē gěi

我们就不用换鸡了！我把5千克的鸡直接给

nǐ　huáng shǔ láng

你！"黄鼠狼

dào yě tòng kuài　rú

倒也痛快："如

guǒ wǒ dá bu chū lái　wǒ

果我答不出来，我

bǎ qiān kè de jī gěi

把2千克的鸡给

nǐ

你！"

hǎo

"好！

yì yán wéi

一言为

定！”山猫说，“我把我这个月前12天偷的鸡做了一个记录，我的偷鸡行动是有规律的，如果你能从我的记录中看出这个规律，把我记录单上的（　）里的数填对了，我就给你5千克的鸡。”说着，他从兜里拿出一张皱皱巴巴的纸，上面写着一排数：

3　14　5　12　7　10　（　）　8　11　6　（　）　（　）

黄鼠狼接过纸，看了看，想了想，一拍脑门儿说：“有了！我知道你偷鸡的行动规律了：你从这个月的1号开始，决定单数日子抓单数只鸡，以后每个单数日子都比前一个单数日子多抓2只鸡；从这个月的2号开始，你在双数日子抓双数只鸡，以后每个双数日子都比前一个双数日子少抓2只鸡。”说完，只见黄鼠狼拿出笔在纸上写起来：

日期	1	2	3	4	5	6	7	8	9	10	11	12
鸡数	3	14	5	12	7	10	(9)	8	11	6	(13)	(4)

黄鼠狼刚写完，山猫就夸奖道：“知我者还是黄鼠狼啊！你没发现我是一天抓得多，一天抓得少吗？这叫劳逸结合！”

黄鼠狼说：“快给我5千克的鸡！”

山猫点了点头说：“我兑现承诺，马上去我家取鸡！”

这时，小松鼠在树上对酷酷猴说：“大侦探，你也在这儿，正好！你看到大怪物原来是山猫和黄鼠狼伪装的吧！”

酷酷猴小声对小松鼠说：“你这样……这样……”小松鼠点点头。

小松鼠先跳到左边的一棵松树上，大声叫道：“不好啦！山猫家着火啦！”

山猫一听就着急了：“我得回家看看，

jiā lǐ hái yǒu zhī dà féi jī ne
家里还有4只大肥鸡呢！”

huáng shǔ láng zhèng tōu tōu de xìng zāi lè huò tū rán tīng dào
黄鼠狼正偷偷地幸灾乐祸，突然听到
xiǎo sōng shǔ zài yòu biān de dà shù shàng hǎn bù hǎo la huáng
小松鼠在右边的大树上喊：“不好啦！黄
shǔ láng jiā bèi shuǐ yān le
鼠狼家被水淹了！”

á huáng shǔ láng dà jīng shī sè wǒ jiā hái yǒu
“啊？”黄鼠狼大惊失色，“我家还有6
zhī féi jī ne shuō wán sā tuǐ jiù wǎng jiā pǎo
只肥鸡呢！”说完撒腿就往家跑。

méi xiǎng dào zài shān māo jiā yǒu xióng jǐng chá zài huáng shǔ
没想到，在山猫家有熊警察，在黄鼠
láng jiā yǒu huáng gǒu jǐng guān yí duì dà huài dàn yí gè yě méi pǎo
狼家有黄狗警官。一对大坏蛋，一个也没跑
diào
掉。

shān māo hé huáng shǔ láng zuò huài shì lǚ jiào bù gǎi bèi pàn
山猫和黄鼠狼做坏事屡教不改，被判
chǔ jū liú bìng láo dòng gǎi zào tā men tōu de jī yě bèi quán bù
处拘留并劳动改造，他们偷的鸡也被全部
mò shōu le
没收了。

酷酷猴解析

找规律填数

找规律填数这类题目，要注意观察数的排列规律，比较简单的方法是观察相邻数的运算规律。故事中的题目，规律稍复杂一些，我们可以把它按照单双日子拆分成两个简单的数列，将复杂问题简单化。这样就能比较容易地发现单双日数列各自的规律：单数日是递增的，双数日是递减的。

酷酷猴考考你

根据数的排列规律填空。

5、100、10、90、15、80、20、(　　)、25、(　　)、(　　)、(　　)

山鸡到底有几只

kù kù hóu bǎ shān māo hé huáng shǔ láng sòng jìn jū liú suǒ
酷酷猴把山猫和黄鼠狼送进拘留所，
gāng xiǎng huí jiā xiū xi yí huì er xiǎo sōng shǔ yòu pǎo le guò lái
刚想回家休息一会儿，小松鼠又跑了过来：
dà zhēn tàn bù hǎo le hēi xióng hé yě zhū dǎ qǐ lái le
“大侦探，不好了！黑熊和野猪打起来了！”

kuài qù kàn kan kù kù hóu hé xiǎo sōng shǔ yì qǐ gǎn dào
“快去看看！”酷酷猴和小松鼠一起赶到
xiàn chǎng hēi xióng hé yě zhū zhèng dǎ de bù kě kāi jiāo
现场，黑熊和野猪正打得不可开交。

kù kù hóu tāo chū shǒu qiāng cháo kōng zhōng fàng le yì qiāng
酷酷猴掏出手枪，朝空中放了一枪：
bú yào dǎ la shuāng fāng kàn jiàn kù kù hóu lái le yě jiù
“不要打啦！”双方看见酷酷猴来了，也就

tíng shǒu le
停手了。

kù kù hóu wèn hēi xióng nǐ men wèi shén me dǎ jià
酷酷猴问黑熊：“你们为什么打架？”

hēi xióng shuō yǒu zhī shān jī bèi yě zhū qiǎng zhe chī le
黑熊说：“有5只山鸡被野猪抢着吃了！”

yě zhū fǎn bó shuō tā hú shuō shān jī shì bèi hēi xióng chī le nǐ hú shuō nǐ hú shuō shuō zhe hēi xióng hé yě zhū yòu yào dǎ qǐ lái
野猪反驳说：“他胡说！山鸡是被黑熊吃了！”“你胡说！”“你胡说！”说着黑熊和野猪又要打起来。

bù xǔ dǎ jià kù kù hóu yòu yí cì lā kāi le hēi
“不许打架！”酷酷猴又一次拉开了黑
xióng hé yě zhū shéi gào su nǐ men yǒu zhī shān jī de
熊和野猪，“谁告诉你们有5只山鸡的？”

hēi xióng ná chū yì fēng xìn wǒ zhè er yǒu qíng bào
黑熊拿出一封信：“我这儿有情报！”

yě zhū yě ná chū yì fēng xìn wǒ yě yǒu qíng bào
野猪也拿出一封信：“我也有情报！”

kù kù hóu bǎ liǎng fēng xìn dǎ kāi yí kàn à liǎng fēng
酷酷猴把两封信打开一看：“啊，两封
xìn de nèi róng yì mú yí yàng
信的内容一模一样。”

xìn de nèi róng shì
信的内容是：

上午八点，有几只山鸡从大槐树下经过，快去抓！

kù kù hóu wèn hēi xióng nǐ shuō yǒu jǐ zhī shān jī
酷酷猴问黑熊：“你说有几只山鸡？”

zhī ya
“5只呀。”

kù kù hóu yòu wèn yě zhū nǐ shuō yǒu jǐ zhī
酷酷猴又问野猪：“你说有几只？”

dāng rán shì zhī nǐ kàn zhè shàng miàn bú shì huà zhe
“当然是5只！你看，这上面不是画着5
zhī jī ma
只鸡吗？”

wǒ kàn nǐ men dào zhēn shì bèn nǎo zi nǐ men bèi piàn
“我看，你们倒真是笨脑子！你们被骗
le shí jì shàng shì zhī shān jī
了，实际上是0只山鸡！”

hēi xióng hé yě zhū yì kǒu tóng shēng dà jiào dào zhī shān
黑熊和野猪异口同声大叫道：“0只山
jī zěn me shì zhī shān jī ne
鸡？怎么是0只山鸡呢？”

kù kù hóu shuō kàn lái nǐ men de chéng fǎ shì bái xué
酷酷猴说：“看来，你们的乘法是白学
le nǐ men kàn shān jī biǎo shì zhī shān jī xiāng jiā
了。你们看，山鸡×3表示3只山鸡相加，
shān jī biǎo shì zhī shān jī xiāng jiā
山鸡×4表示4只山鸡相加……”

kù kù hóu biān shuō biān huà
酷酷猴边说边画：

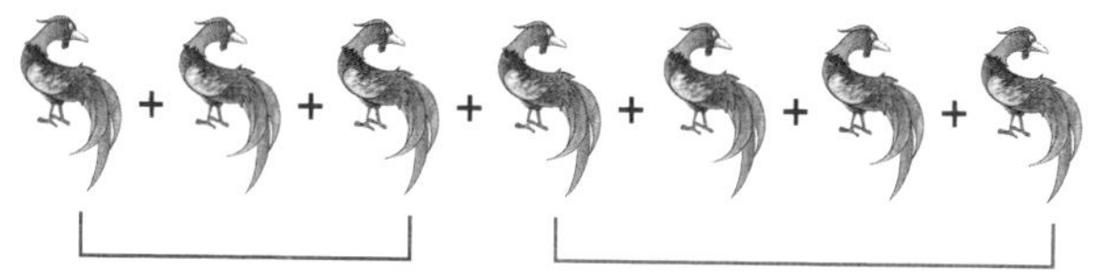

hé qǐ lái jiù shì zhī shān jī rán hòu zài jiǎn qù shān jī
“合起来就是7只山鸡。然后再减去山鸡×5，
jiǎn qù shān jī
减去山鸡×2……”

gāng cái huà de shān jī quán bèi huá diào le shì le
“刚才画的山鸡全被划掉了，是0了！”
hēi xióng dà shēng jiào qǐ lái
黑熊大声叫起来。

shuō duì le zhè ge shì zi de jié guǒ dé suǒ yǐ shān
“说对了！这个式子的结果得0，所以山
jī zhī kù kù hóu shuō
鸡=0只。”酷酷猴说。

yě zhū shuō wǒ míng bai le zhè ge shì zi qí shí shì
野猪说：“我明白了！这个式子其实是

0×3+0×4−0×5−0×2=0。”

黑熊大叫一声：“0只山鸡，让我们去抓什么？”

野猪吼道：“如果抓住送情报的家伙，我要把他吃了！”

酷酷猴自言自语地说：“这份情报会是谁写的呢？”

野猪说：“这家伙的数学一定特别棒！”

酷酷猴说：“你们也别把这个家伙吹上了天！任何人学会乘法的意义，解答这个问题其实都很简单。因为你们的数学太差了，所以被人骗！”

黑熊和野猪被酷酷猴说红了脸。

野猪突然想起来什么：“哎，我觉得有一个家伙非常可疑，你们随我来！”

酷酷猴解析

乘法和加法

乘法和加法是紧密联系的，乘法是求几个相同加数和的简便运算。依据乘法与加法的关系，我们可以根据解决问题的需要，把乘法和加法相互转化。故事中的问题涉及的都是乘法，不好理解，酷酷猴就根据乘法的意义，将乘法形式转化为加法形式，利用加减法的意义解决问题。

酷酷猴考考你

在（ ）里填上正确的数。

■×6-■+■×3=■×（ ）

得意的狐狸

酷酷猴、黑熊跟随野猪来到一片空地上，看见狐狸正和一只斜眼野狗、一只瘸腿野狗分肉饼。

酷酷猴心想：狐狸这家伙上次和大灰狼一起绑架大熊猫、偷窃竹雕项链，被判关进监狱两年，没想到现在刚放出来就又干坏事！酷酷猴让黑熊和野猪先藏起来。

只见狐狸手上托着一摞肉饼，说："这里有 3 张肉饼，我们 3 个分，每人 1 张。野狗兄弟们，快来拿肉饼吧！"

"谢谢狐狸大哥！"两只野狗边讨好狐狸，边从狐狸手里拿走了肉饼。转眼间，狐狸手上就剩下 1 张肉饼了。

两只野狗刚要张嘴大口吃肉饼，突然被狐狸的一声大叫吓了一跳："慢着！吃肉还要配美酒！"

一听说还有美酒喝，两只野狗惊喜地问："还有美酒？！在哪儿呢？"

狐狸得意地说："我前两天到大白兔家偷了好多瓶美酒，我自己喝了一些，还剩了一

些半瓶的和满瓶的，今天，咱仨把这些瓶酒平均分3份。不过，我们得比赛，看谁分得最公平，分得最公平的再得一张肉饼！”说着，狐狸从树丛后面拿出了事先藏好的一张肉饼和一箱子酒瓶。

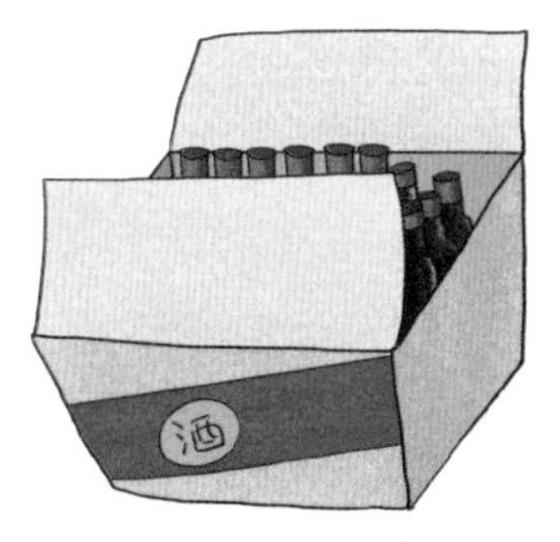

两只野狗听说还有肉饼做奖励，叫嚷道：“狐狸大哥，你快出题吧！”

狐狸坏笑了一下说：“听好了，这儿有21个酒瓶，7个满瓶酒，7个半瓶酒，7个空瓶子，你们说，咱们怎么分公平呢？”

斜眼野狗瞪着斜眼说：“这还不好办，一人7瓶不就行了吗！”

说着，把瓶子快速地分成了3份，每人面前摆了7个酒瓶。

瘸腿野狗不干了："你给了我7个空酒瓶，自己都是半瓶酒，狐狸大哥都是整瓶酒，你真会拍马屁！难道你让我看着你和狐狸大哥喝美酒，我喝空气外加生气不成！"

斜眼野狗不甘示弱："你那7个空酒瓶还能卖钱呢！"

"你的半瓶酒喝完不就变成了空酒瓶？那不也能卖钱吗？不行，不打你，你不知道我的厉害！"说着，瘸腿野狗张开大嘴向斜眼野狗扑过去。

"你个瘸腿儿还敢和我打？！"斜眼野狗边说边应战，两只狗咬成了一团。

旁边的狐狸大喊一声："都住嘴！不许打了！再打，你俩谁也没有酒喝！"

听到狐狸的叫喊声，两只野狗马上结束了战斗，面面相觑地望向狐狸："狐狸大哥，你说，咱们怎么分才公平呢？"

狐狸趾高气扬地说："就知道你俩会打起

来，还是跟我学学吧！最公平的分法是，每人7个酒瓶，酒瓶中的酒还要同样多！把酒喝完了，我们再拿着空酒瓶到废品收购站去卖，换点儿钱花。”

两只野狗用崇拜的眼神看着狐狸说：“都听大哥的，你分吧。”

狐狸得意地说：“看好了，我画个表格，先分整瓶酒，我们三人各2瓶。

每人分到的酒：2瓶

每人分到的酒瓶：2个

“剩下1个整瓶酒给我。然后再分半瓶

de jiǔ nǐ liǎ měi rén xiān fēn gè bàn píng de
的酒。你俩每人先分2个半瓶的。

每人分到的酒：3瓶

每人分到的酒瓶：狐狸3个，其他人4个

shèng xià gè bàn píng de měi rén zài fēn gè
“剩下3个半瓶的，每人再分1个。

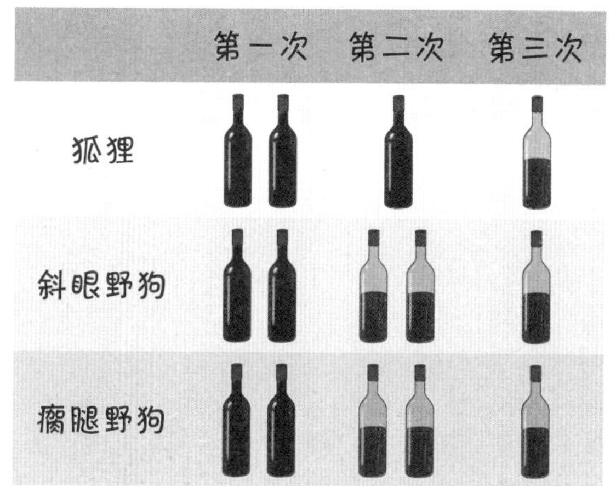

每人分到的酒：3瓶半

每人分到的酒瓶：狐狸4个，其他人5个

“还剩7个空瓶子，这样分，怎么样？这下公平不？”

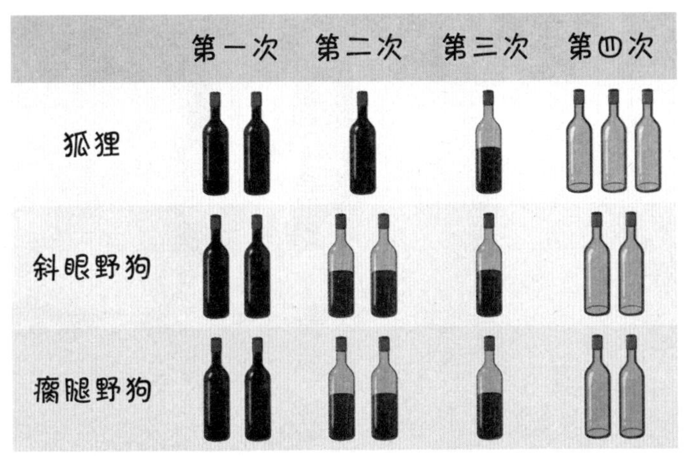

每人分到的酒：3瓶半

每人分到的酒瓶：7个

两只野狗分头看了看大家面前的酒瓶，佩服地说：“太公平了！大哥，我们服你，以后我们全听你的！”

狐狸得意地说：“以后你们就都是我的部下了，好好听我指挥。”

突然，两只野狗好像想起了什么，对狐狸说：“大哥，我们快吃快喝吧，一会儿让黑熊和野猪知道了，过来抢，咱们就别吃别喝了。”

狐狸得意地说：“放心！你们大哥我足智多谋，我让黑熊和野猪打起来了，现在正打得不可开交，哪有心思管这儿！咱们放心吃喝。不过，这块奖励的肉饼我就独自享用了！”

狐狸举起一整瓶酒，刚要和两只野狗互相碰瓶，只听酷酷猴一声大喊：“狐狸，你刚才说的话我全都听到了！”

“啊？！”狐狸扭头一看酷酷猴来了，吓得目瞪口呆。

酷酷猴解析

列表分一分

解决平均分配的问题，关键是平均。例如平均分配酒瓶，既要考虑瓶子，也要考虑到瓶子里装的酒。故事中狐狸采用了分类解决问题的方法。先分酒，再分瓶。分酒时，先分整瓶的，再分半瓶的，最后分空酒瓶。把每次分的结果列表记录下来，这样不但记录了这次分的结果，也便于考虑下一次怎么分。列表法是非常重要而又常用的解题方法，尤其适用于条件复杂的题目。

酷酷猴考考你

有24个矿泉水瓶，11瓶是整瓶的水，5瓶是半瓶的水，8瓶是空瓶。不倒出瓶中的水，把这些矿泉水瓶分给3个同学，使得每个同学都得到同样多的矿泉水瓶和同样多的矿泉水，你能做到吗？

狐狸狡辩

kù kù hóu wèn hú li gāng cóng jiān yù chū lái yòu dǎ
酷酷猴问狐狸："刚从监狱出来，又打
shén me guǐ zhǔ yi ne nǐ zěn me zhī dào hēi xióng hé yě zhū dǎ qǐ
什么鬼主意呢？你怎么知道黑熊和野猪打起
lái le
来了？"

āi yā tàn zhǎng dà ren wǒ nǎ yǒu shén me guǐ zhǔ
"哎呀，探长大人，我哪有什么鬼主
yi chū yù hòu wǒ gēn dà huī láng dōu méi yǒu lái wǎng le ne
意！出狱后，我跟大灰狼都没有来往了呢！
zhì yú shuō hēi xióng hé yě zhū dǎ qǐ lái de shì er wǒ shì zěn me
至于说黑熊和野猪打起来的事儿我是怎么
zhī dào de hú li yǎn zhū yí zhuàn shuō wǒ huì suàn
知道的……"狐狸眼珠一转说，"我会算
guà ya
卦呀！"

kù kù hóu yòu shuō jīn tiān yǒu rén bào àn shuō diū le jǐ
酷酷猴又说："今天有人报案，说丢了几
zhī shān jī nǐ suàn suan shì shéi tōu zǒu de
只山鸡，你算算是谁偷走的！"

wǒ lái suàn suan hú li kāi shǐ zhuāng shén nòng guǐ
"我来算算。"狐狸开始装神弄鬼，
tiān líng líng dì líng líng shéi bǎ shān jī chī gān jìng dà hēi
"天灵灵，地灵灵，谁把山鸡吃干净？大黑
xióng lǎo yě zhū qiǎng chī shān jī bù liú qíng wǒ suàn chū lái
熊、老野猪，抢吃山鸡不留情！我算出来

了，是黑熊和野猪。”

“嗯。”酷酷猴点点头说，“你再算算，总共丢失了几只山鸡？”

狐狸眼珠又一转：“算是可以算出来，只是不能直接告诉你得数。”

“不能直接告诉我得数，那你想怎么告诉我得数呢？提醒你，不要耍花样！”酷酷猴对狐狸说。

“别急，听我出题你不就知道了？大山鸡虽然味道鲜美，但很能吃呀，要不然怎么能长成大山鸡呢！1只山鸡吃的饭和3只鹅吃的同样多，5只鸭子吃的饭和3只鹅吃的同样多。你算算，25只鸭子吃的饭够几只山鸡吃，就知道一共丢了几只山鸡了。”狐狸说完，得意地撇着嘴，不怀好意地看着酷酷猴。

“这道题你为难数学不好的人还说得过去，对我来说，简直是小意思！”酷酷猴说完就在地上画起图来。

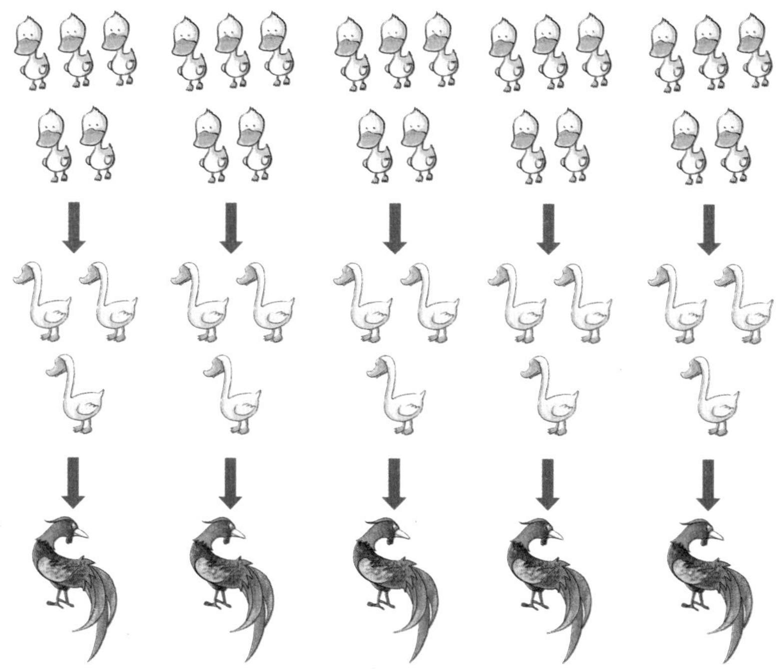

狐狸眯着小细眼："你这图画的是什么乱七八糟的，把我画糊涂了，解释一下吧！"

"听好了！5只鸭子对应3只鹅，3只鹅对应1只山鸡，25里有5个5，就对应5个3，还对应5个1。所以是5只山鸡。听不明白就看图，图上画得很清楚。"酷酷猴说。

“哈哈！大侦探算得对！就是5只小山鸡！”黄鼠狼附和道。

“不对！丢的不是5只山鸡。报案人说，丢了 $1\times2\times3\times4\times5\times6\times7\times8\times\cdots\cdots\times9999\times10000\times(8\times3-24)$ 的乘积——那么多只山鸡！”酷酷猴反驳道。

狐狸听完题，带着哭腔说：“从1连乘到10000，乘积该有多大呀！估计我的计算器也算不出来，显示屏哪能显示那么多数位呀！”

“要想知道乘积，根本用不着真的去乘！”酷酷猴瞥了他一眼。

“不乘怎么能知道呢？我认栽！你告诉我答案吧。”狐狸垂头丧气地说。

“你没看最后小括号中的 $8\times3-24=0$ 吗？连乘算式中，只要有一个因数是0，乘积就是0，所以根本不用算前面的从1乘到10000

shì duō shao nà shì gěi nǐ fàng de yān wù dàn hā hā kù
是多少。那是给你放的烟雾弹！哈哈！”酷
kù hóu shuō wán dà xiào qǐ lái
酷猴说完大笑起来。

kù kù hóu nǐ shuǎ wǒ shuō huà jiān hú li yǎn zhū yí
“酷酷猴你耍我！”说话间，狐狸眼珠一
zhuàn jiǎ zhuāng guān xīn de wèn hēi xióng hé yě zhū dǎ de zěn
转，假装关心地问，“黑熊和野猪打得怎
me yàng le
么样了？”

kù kù hóu shuō ài liǎng bài jù shāng
酷酷猴说：“唉！两败俱伤！”

hú li xīn lǐ àn àn gāo xìng dàn zǐ xì yì xiǎng kù kù
狐狸心里暗暗高兴，但仔细一想：酷酷
hóu huì bu huì piàn wǒ ya wǒ yào qīn zì qù kàn kan hēi xióng hé
猴会不会骗我呀？我要亲自去看看，黑熊和
yě zhū shì bu shì zhēn de liǎng bài jù shāng le
野猪是不是真的两败俱伤了。

hěn kuài hú li kàn dào le tǎng zài dì shàng yí dòng bú dòng
很快，狐狸看到了躺在地上一动不动
de hēi xióng hé yě zhū biàn hěn hěn gěi tā men gè yì jiǎo nǐ
的黑熊和野猪，便狠狠给他们各一脚：“你
men hèng dàn dòu bu guò wǒ hú li
们横，但斗不过我狐狸！”

tū rán hēi xióng cuān qǐ lái jiào dào wǒ méi yǒu sǐ
突然黑熊蹿起来叫道：“我没有死！”

yě zhū yě bèng le qǐ lái wǒ yě huó zhe ne
野猪也蹦了起来：“我也活着呢！”

hēi xióng hé yě zhū yì qǐ jiū zhù le hú li liǎng fèn qíng
黑熊和野猪一起揪住了狐狸：“两份情
bào shì bu shì dōu shì nǐ sòng de
报是不是都是你送的？”

hú li dào yě bú pà bú cuò qíng bào shì wǒ xiě de
狐狸倒也不怕：“不错，情报是我写的，

yě shì wǒ sòng de kě shì qíng bào lǐ míng míng bái bái xiě le yǒu
也是我送的。可是情报里明明白白写了有0
zhī shān jī shéi ràng nǐ men bù dǒng shù xué ne
只山鸡，谁让你们不懂数学呢！”

kù kù hóu zǒu le guò lái duì hú li shuō nǐ tiǎo bō
酷酷猴走了过来，对狐狸说：“你挑拨
sēn lín lǐ de dòng wù hù xiāng cán shā wǒ bǎ nǐ sòng jiāo fǎ tíng
森林里的动物互相残杀，我把你送交法庭，
yào yī fǎ chéng chǔ shuō wán gěi hú li dài shàng le shǒu kào
要依法惩处！”说完给狐狸戴上了手铐。

fǎ tíng kāi tíng shěn pàn hú li tiǎo bō hēi xióng hé yě zhū dǎ dòu
法庭开庭审判狐狸挑拨黑熊和野猪打斗
yí àn
一案。

jīng guò shěn pàn xióng fǎ guān zuì hòu xuān bù hú li fàn
经过审判，熊法官最后宣布：“狐狸犯
le tiǎo bō lí jiàn zuì pàn chǔ hú li dūn jī lóng zi sān tiān bù
了挑拨离间罪，判处狐狸蹲鸡笼子三天，不

gěi fàn chī
给饭吃！”

kù kù hóu yí huò de wèn xióng fǎ guān jī lóng zi néng
酷酷猴疑惑地问：“熊法官，鸡笼子能
guān de zhù hú li ma
关得住狐狸吗？”

xióng fǎ guān shuō dà zhēn tàn nǐ fàng xīn zhè shì jiā
熊法官说：“大侦探，你放心！这是加
mì de jī lóng zi hú li zòng yǒu tiān dà de běn lǐng yě bié xiǎng
密的鸡笼子，狐狸纵有天大的本领，也别想
táo chū qù
逃出去！”

dì èr tiān yì zǎo huáng gǒu jǐng guān fā xiàn jī lǒng zi lǐ kōng
第二天一早，黄狗警官发现鸡笼子里空
le gǎn máng lái zhǎo kù kù hóu dà zhēn tàn bù hǎo le
了，赶忙来找酷酷猴：“大侦探，不好了！
hú li táo zǒu le
狐狸逃走了！”

á kù kù hóu dà chī yì jīng hú li zhè ge jiǎo
“啊？”酷酷猴大吃一惊，“狐狸这个狡
huá de huài jiā huo zǎo wǎn wǒ yào zhuā zhù tā
猾的坏家伙，早晚我要抓住他！”

酷酷猴解析

画图找对应

找对应是重要的数学思想。找到正确的对应关系是找对应解题的关键。画图，是找对应的好方法。故事中，通过画图找到了鸭子、鹅、山鸡饭量之间的对应关系，从而求出了山鸡的数量。

解这类题还可以采用等量替换的方法。找到对等的量，得出3只鹅的饭量=5只鸭子的饭量=1只山鸡的饭量。所以15只鹅的饭量=25只鸭子的饭量=5只山鸡的饭量。

酷酷猴考考你

1支钢笔可以换3支圆珠笔，3支圆珠笔能换7支铅笔，28支铅笔可以换多少支钢笔？

交换信息

这天，酷酷猴在家刚吃完午饭，山羊跑来报信说：“小兔子家出事啦！”酷酷猴一阵风似的来到小兔子家，只见门口围着许多动物。

酷酷猴抱起躺在地上不能动弹的小兔子，只听小兔子说：“昨天夜里，猫头鹰发出怪叫。”说完就昏了过去。

酷酷猴派山羊把小兔子送往医院，然后通知黄狗警官，他去找猫头鹰问明情况。

猫头鹰蹲在树上，睁一只眼闭一只眼在休息。酷酷猴问：“昨天晚上，你为什么在小兔子门前咕咕怪叫？”

猫头鹰睁开了闭着的那只眼睛，说：“昨天夜里我看见三队田鼠，本想抓1只吃

chi méi xiǎng dào dài tóu de tián shǔ shuō le yí duàn huà bǎ wǒ
吃，没想到带头的田鼠说了一段话，把我
gǎo hú tu le
搞糊涂了。”

kù kù hóu jǐng tì de wèn tā shuō shén me
酷酷猴警惕地问：“他说什么？”

tā shuō yī duì tián shǔ yǒu zhī èr duì tián shǔ yǒu
“他说，一队田鼠有11只，二队田鼠有15
zhī sān duì tián shǔ yǒu zhī xiàn zài wèi le xíng dòng fāng
只，三队田鼠有10只。现在，为了行动方
biàn yào bǎ sān duì tián shǔ
便，要把三队田鼠
fēn dào yī duì hé èr
分到一队和二
duì fēn wán hòu
队，分完后，
yī duì hé èr duì de zhī
一队和二队的只
shù yào xiāng
数要相

等。”猫头鹰瞪着大眼睛说，“我想算算一队分到多少只，二队分到多少只，两队各自变成多少只。可是我绞尽脑汁也算不出来，急得咕咕叫。”

酷酷猴失望地摇了摇头说：“闹了半天，你是算不出题急得咕咕乱叫，和我破案无关。”

酷酷猴刚想走，猫头鹰拦住了他：“你如果能帮我算算，我会告诉你一个重要的信息。”

“看来，我要用答案交换你的信息了。”酷酷猴拍拍脑门儿说，“这个问题很简单。先让两队的只数相等。原来第一队和第二队相差 15−11=4 只，从第三队的 10 只中拿出 4 只给第一队，这样第一队和第二队都是 15 只。现在第三队还剩 10−4=6 只，把这 6 只平均分给第一队和第二队，每队分 6÷2=3 只。这样，第一队分到 4+3=7 只，第二队分到 3 只。

“现在两队只数相等，求出一个队的只数就可以了。第二队有15+3=18只，第一队也是18只。”

猫头鹰若有所悟地说：“明白了，还可以从第二队中拿出4只，放到第三队里。第三队有14只，平均分成2份，每份是7只。第二队刚才已经拿出了4只，实际分到7－4＝3只；第一队分到7只，变成11+7=18只。两队各自变成18只。”

酷酷猴想了想说：“我们还可以把三队变成两队，总数11+15+10=36只，平均分成两队，每队是36÷2=18只。一队分到18−11=7只，二队分到18−15=3只。”

猫头鹰听得入了神，赞许地说：“酷酷猴就是酷酷猴，佩服！佩服！”

酷酷猴一拍脑门儿，着急地说：“哎呀，光顾着算题了，赶紧把你的信息告诉我吧。”

猫头鹰小声说：“我看见这群田鼠钻进

了小兔子家，过了一会儿，就听见小兔子大叫了一声。”

酷酷猴听说田鼠有作案的嫌疑，马上开着摩托车找到了老田鼠。

老田鼠很不好意思地说：“小兔子的胡萝卜确实是我们偷的。酷酷猴你也知道，如果老鼠不偷东西吃，可叫我们怎么活呀！”

酷酷猴圆瞪着眼睛说：“偷胡萝卜已经不对，打伤小兔子更是罪上加罪！”

“冤枉！”老田鼠解释说，“小兔子不是我们打伤的，我们只是偷了胡萝卜！”

“不是你们是谁呢？”酷酷猴皱起眉头。

老田鼠往前走了两步，小声对酷酷猴说：“在小兔子家偷胡萝卜时，我闻到一股特殊的气味。”

“什么气味？”

“一股狼臊味！”

“啊？难道是刚出狱的大灰狼？”酷酷

hóu tīng dào láng zì lì kè jǐng jué qǐ lái tā yòng shǒu jī
猴听到“狼”字立刻警觉起来。他用手机
tōng zhī huáng gǒu jǐng guān hòu jiù kāi zhe mó tuō chē qù zhǎo dà
通知黄狗警官后，就开着摩托车去找大
huī láng
灰狼。

酷酷猴解析

从不等到相等

从不等到相等，主要是解决两数差的问题。故事中的第一种解法是，先小数加差，让大小数相等，再把剩余的部分平均分。第二种解法是，先大数减差，让大小数相等，再把剩余的部分平均分。第三种解法是，把所有数根据需要重新平均分，再求答案。

酷酷猴考考你

二（1）班有三个学习小组，第一组有13人，第二组有18人，第三组有17人。现在想把第三组的同学全部分到第一、二两组中，使第一、二组人数相等。请问：第一、二组各分到多少人？第一、二组各自变成多少人？

日记本中的秘密

kù kù hóu chuǎng jìn dà huī láng jiā dà huī láng yǐ jīng bú jiàn
酷酷猴闯进大灰狼家，大灰狼已经不见
le hòu chuāng hu kāi zhe
了，后窗户开着。

zhuī kù kù hóu cēng de yí xià cóng hòu chuāng hu tiào le
“追！”酷酷猴噌的一下从后窗户跳了
chū qù
出去。

huáng gǒu jǐng guān yě xiǎng cóng hòu chuāng chū qù tū rán yòu zhǐ
黄狗警官也想从后窗出去，突然又止
zhù le jiǎo bù tā kàn jiàn zhuō zi shàng fàng zhe yí gè rì jì běn
住了脚步。他看见桌子上放着一个日记本。
rì jì běn shàng xiě zhe
日记本上写着：

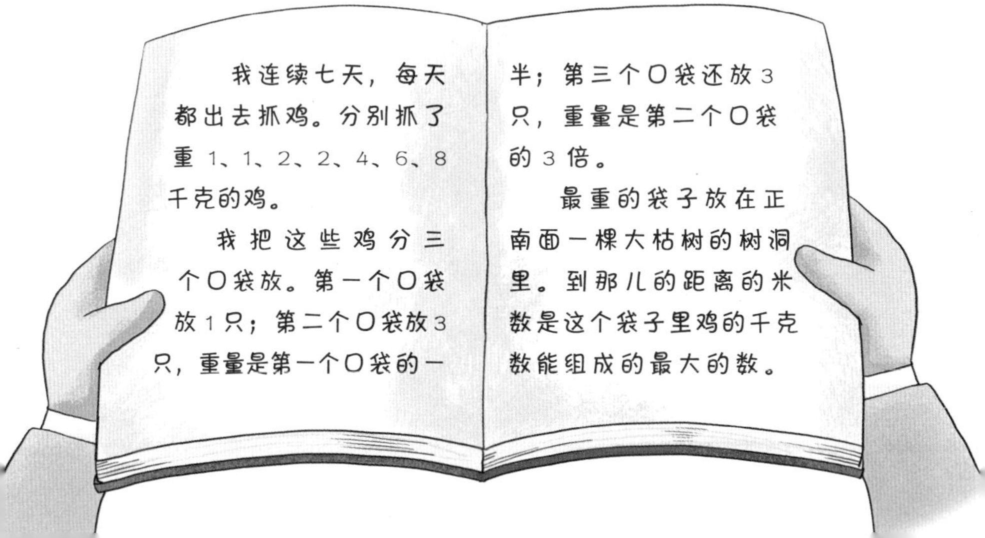

我连续七天，每天都出去抓鸡。分别抓了重1、1、2、2、4、6、8千克的鸡。

我把这些鸡分三个口袋放。第一个口袋放1只；第二个口袋放3只，重量是第一个口袋的一半；第三个口袋还放3只，重量是第二个口袋的3倍。

最重的袋子放在正南面一棵大枯树的树洞里。到那儿的距离的米数是这个袋子里鸡的千克数能组成的最大的数。

黄狗警官看完日记，找到酷酷猴说：“大灰狼现在肯定去取他偷的鸡了，我琢磨着，他会先去取最重的口袋！”

“有道理。但哪个口袋最重呢？我们要向南走多少米呢？”酷酷猴边想边说。

“这还不容易，放3只鸡的口袋肯定是最重的！”黄狗警官不假思索地说。

“那可不一定！再说了，有两个口袋都放了3只鸡呀！”酷酷猴反驳道。

“我们画个图吧。”酷酷猴边说边画图。

“第三个口袋最重！”黄狗警官看到图马上说道。

“还要知道这个口袋里放了哪3只鸡。总重量是1+1+2+2+4+6+8=24千克，一共平均分成了1+2+3=6份，平均每份是24÷6=4千克，第二袋就是4千克。第一袋是4×2=8千克，第三袋是4×3=12千克。现在我们把这

xiē jī fēn dào sān gè kǒu dai lǐ kàn tú kù kù hóu jì
些鸡分到三个口袋里。看图！”酷酷猴继
xù shuō
续说。

kù kù hóu gāng jì suàn wán huáng gǒu jǐng guān lì jí shuō
酷酷猴刚计算完，黄狗警官立即说：
shì mǐ
“是642米！”

liǎng rén xùn sù chū le mén wǎng zhèng nán fāng xiàng fēi bēn ér
两人迅速出了门，往正南方向飞奔而
qù
去。

酷酷猴解析

总数量和总份数

当总数量和总份数对应时，总数量÷总份数=一份数。故事中，三个口袋里鸡的重量虽然不同，但它们之间的数量关系是可以用份数来表示的。先求一份的数量，再求几份数，从而分别求出每个口袋里鸡的重量。

酷酷猴考考你

同学们捐书，第一组捐了5本，第二组捐了6本，第三组捐了7本，第四组捐了4本，第五组捐了8本。把这些书送给三个福利院的小朋友，第一福利院收到的本数分别是第二福利院和第三福利院的一半。三个福利院各分到多少本书？

一把破尺子

大枯树很好找，树洞看起来很深。酷酷猴让黄狗警官在外面守候，自己立即跳进了树洞。树洞里很黑，伸手不见五指，酷酷猴摸索着打算往里走。

突然，从洞里扑棱棱飞出一只老母鸡。酷酷猴一低头，老母鸡从他头上飞了过去。

酷酷猴又要往里走，扑棱棱从里面又飞出一只公鸡。酷酷猴一闪身，让了过去。他在原地等了半天，里面没有动静。

酷酷猴心想：飞出两只鸡了，还剩一只呢，再等等吧。可是左等右等，还是不见第三只鸡飞出来。酷酷猴等不及了，直起腰准备往里闯，没等迈步，从里面扑棱棱又飞出一只公鸡，与酷酷猴迎面相撞。“哎呀！”把酷酷猴撞了个屁股蹲儿，摔出了洞外。

“哈哈……叫你尝尝‘飞鸡’的厉害！”大灰狼在里面十分得意。

酷酷猴从地上爬了起来，冲里面大喊：“大灰狼，你刚出狱就干坏事，不要再耍花招了，快快出来投降！”

大灰狼在里面细声细气地说：“有个问题一直困扰着我，如果你们能帮我解决，我就出去。”

黄狗警官说：“你别啰唆，快把问题说出来！”

黄狗警官话音刚

落，嗖的一声，从树洞中飞出一把尺子，啪——落到了地上。

这时，树洞中的大灰狼说话了：“这把破尺子困扰我好长时间了，本来是一把9厘米长的尺子，现在倒好，由于用了很长时间，好多刻度都磨没了。我现在想画出1、2、3、4、5、6、7、8、9厘米的线段各一条，就剩这么几个刻度，叫我怎么画呀？酷酷猴，你来帮我想想办法！”

酷酷猴和黄狗警官捡起地上的尺子，仔细一看，上面只剩下0、2、5、8、9几个刻度，其他的刻度一点儿也看不清。

0　2　5　8　9

黄狗警官看完后，气不打一处来：“臭狼，拿把破尺子来难为咱们。他偷了那么多东西，肯定有钱，买把新的不就成了！这把破尺子还要当好尺子用，我可没办法。”

酷酷猴嘿嘿一笑：“这个大灰狼是不撞南墙不知我猴侦探的数学有多棒！看我的！”

酷酷猴掏出一支笔，边说边在纸上写：“画线段，只要找到起点和终点就可以了。用好尺子时，一般都是以0做起点，画几厘米长，终点就落在几上。可是这是把破尺子，我们不能只以0做起点。如果我们以其中任意一个刻度做起点，就能画出很多种线段长度。你看：

“0做起点可以画0~2、0~5、0~8、0~9，分别是2厘米、5厘米、8厘米和9厘米。

“2做起点可以画2~5、2~8、2~9，分别是3厘米、6厘米和7厘米。

“5做起点可以画5~8、5~9，分别是3厘米和4厘米。

“8做起点可以画8~9，也就是1厘米。

“整理一下这些厘米数，去掉重复的一个3厘米，把剩下的厘米数从小到大排列：1、2、3、4、5、6、7、8、9。大灰狼要画的线段都能画出来。”

黄狗警官听酷酷猴讲完，佩服地说：“真神了！这把破尺子还能当好尺子用。看来，学好数学还能帮我们生活得更节省呢！”

黄狗警官把酷酷猴写的字条用透明胶条粘在了树洞口，酷酷猴向树洞里的大灰狼喊话：“大灰狼，你听好了，你要画的线段，都能用这把破尺子画出来，不过情况复杂，说不清楚，答案贴在洞口，你出来取吧。”

树洞里的大灰狼一下蹿到洞口，撕下字条就往外冲，想趁机逃跑。奈何洞口被酷酷猴和黄狗警官把守得严严实实，大灰狼一下子冲到了黄狗警官和酷酷猴的怀里，只能束手就擒。

大灰狼垂头丧气地说：“真倒霉，我刚从监狱出来，现在又要被抓进去，唉！”

酷酷猴义正词严地说：“如果你进去以后还这样不思悔改，我看你就不用出来了，一直在监狱里待着吧！”

大灰狼因为偷鸡，犯盗窃罪，又被判刑1年。

酷酷猴解析

画线段

画线段，要根据长度确定起点和终点。一般都是以0刻度作为线段的起点，终点落在所需长度的刻度上。故事中，想用一把破尺子画出更多长度的线段，就要打破一般做法，每一个刻度都可以做起点，其他刻度做终点。终点刻度数－起点刻度数＝线段长度。解这类题要注意有序思考，避免遗漏。还要对所有结果进行整理和排序，避免重复和无序。

酷酷猴考考你

下面这把折断的尺子，可以直接量出哪些长度？

短鼻子大象和长鼻子大仙

huài dòng wù shòu dào le yīng yǒu de chéng fá dà sēn lín lǐ
坏动物受到了应有的惩罚，大森林里
hǎo bù róng yì ān níng le yí zhèn zi zhè tiān yì zǎo kù kù hóu
好不容易安宁了一阵子。这天一早，酷酷猴
zhèng zài sēn lín lǐ zǒu zhe yì zhī bí zi qí duǎn de dà xiàng lán
正在森林里走着，一只鼻子奇短的大象拦
zhù le tā
住了他。

dà xiàng kū sang zhe liǎn duì kù kù hóu shuō kù kù hóu
大象哭丧着脸对酷酷猴说：“酷酷猴，
kuài bāng wǒ bǎ bí zi zhǎo huí lái ya
快帮我把鼻子找回来呀！”

kù kù hóu kàn kan dà xiàng de bí zi hào qí de wèn
酷酷猴看看大象的鼻子，好奇地问：
nǐ shén qi de cháng bí zi zěn me biàn chéng zhū bí zi la
“你神气的长鼻子怎么变成猪鼻子啦？”

dà xiàng yì liǎn wěi qu de shuō dōu shì yí gè méng miàn dà
大象一脸委屈地说：“都是一个蒙面大
xiān gǎo de guǐ
仙搞的鬼！”

shì qing yuán lái shì zhè yàng de yǒu yì tiān dà xiàng yù dào yí
事情原来是这样的：有一天，大象遇到一
wèi méng miàn dà xiān dà xiān gào su dà xiàng dāng qián zuì shí máo de
位蒙面大仙。大仙告诉大象：“当前最时髦的

shì duǎn bí zi bí zi yì duǎn jiù xiǎn de yǒu jīng shen
是短鼻子！鼻子一短，就显得有精神！”

dà xiàng diǎn dian tóu shuō yǒu dào lǐ kě shì shéi néng bāng
大象点点头说：“有道理！可是谁能帮

wǒ bǎ bí zi biàn duǎn ne
我把鼻子变短呢？”

dà xiān zhǐ zhi zì jǐ de bí zi dé yì de shuō zhǐ yǒu
大仙指指自己的鼻子，得意地说：“只有

wǒ huì wǒ bú yào qián zhǐ yào bǎ nǐ men shēn shàng zuì zhí qián
我会！我不要钱，只要把你们身上最值钱

de dà xiàng yá gěi wǒ jiù xíng
的大象牙给我就行！”

dà xiàng shuō wǒ yé ye qù shì hòu jiā lǐ hái bǎo cún
大象说：“我爷爷去世后，家里还保存

zhe tā de xiàng yá wǒ bǎ nà ge gěi nǐ ba
着他的象牙，我把那个给你吧！”

dà xiān lián shēng shuō hǎo dà xiàng pǎo huí jiā hěn kuài ná huí
大仙连声说好。大象跑回家，很快拿回

yì zhī dà xiàng yá jiāo gěi le dà xiān
一支大象牙，交给了大仙。

dà xiān gěi le dà xiàng yì kē yào wán ràng tā chī le yòu
大仙给了大象一颗药丸，让他吃了，又

gěi le tā yí miàn xiǎo luó hé yí gè luó chuí shuō nǐ qiāo yí
给了他一面小锣和一个锣槌，说：“你敲一

xià xiǎo luó hǎn yì shēng suō bí zi jiù suō wéi yuán lái de
下小锣，喊一声‘缩’，鼻子就缩为原来的

yí bàn dà xiàng hào qí de wèn rú guǒ wǒ zài qiāo yí xià xiǎo
一半。”大象好奇地问：“如果我再敲一下小

luó zài hǎn yì shēng suō ne
锣，再喊一声‘缩’呢？”

dà xiān shuō nà nǐ de bí zi huì suō chéng yuán lái de yí
大仙说：“那你的鼻子会缩成原来的一

bàn de yí bàn
半的一半。”

zhēn hǎo wán wǒ lái shì shi dà xiàng ná qǐ xiǎo luó
“真好玩！我来试试。”大象拿起小锣

“当当当”一连敲了好多下，一边敲锣一边喊：“缩！缩！缩……”只见大象的鼻子快速地缩短。

大象再一摸，坏了，鼻子没了！

大象发现自己的鼻子缩没了，可着急了。他对大仙说：“我原来只想把鼻子变短些，谁知道我敲多了，鼻子给缩没了。大仙帮忙，再让我的鼻子长出点儿来吧！”

大仙摇晃着脑袋说：“我又不知道你敲

了多少下，也不知道你的鼻子原来有多长，不好办哪！”

大象无奈地离开了大仙，在路上走着走着，碰到了酷酷猴。

酷酷猴安慰他说：“别着急，告诉我，你原来的鼻子有多长？”

大象带着哭腔说：“没事儿谁量自己的鼻子呀！我也记不清自己的鼻子原来有多长了，这可怎么办哪？”

这时，另一只大象路过这里，酷酷猴连忙请这只大象帮忙，量了他的长鼻子是231厘米。酷酷猴对短鼻子大象说：“如果你原来的鼻子和他的差不多长，那就应该是大约200厘米。”

“2米不就行了，你为什么还要说200厘米呢？”大象不解地问。

“一会儿我们算的时候你就知道了，用厘米做单位，是整数计算，好算一些。”

“可是怎么算哪？只是估计个长度就能

suàn ma wǒ kuài jí sǐ le duǎn bí zi dà xiàng dōu kuài bēng
算吗？我快急死了！”短鼻子大象都快崩
kuì le
溃了。

wǒ men liáng yi liáng nǐ xiàn zài de bí zi yǒu duō cháng jiù
“我们量一量你现在的鼻子有多长，就
néng suàn le kù kù hóu biān shuō biān yòng chǐ zi liáng chū le dà
能算了。”酷酷猴边说边用尺子量出了大
xiàng duǎn bí zi de cháng dù
象短鼻子的长度。

nǐ xiàn zài de bí zi cháng dù shì lí mǐ wǒ men liè
“你现在的鼻子长度是15厘米。我们列
gè biǎo gé jiù néng tuī suàn chū nǐ de bí zi yuán lái yǒu duō cháng
个表格，就能推算出你的鼻子原来有多长。”

shuō zhe kù kù hóu ná chū yì zhāng zhǐ huà qǐ biǎo lái
说着，酷酷猴拿出一张纸，画起表来。

鼻子长度	15厘米	……	……	……	？厘米
敲了几下	？下	……	……	……	0下

qiāo yí xià bí zi de cháng dù jiù suō yí bàn suǒ yǐ
“敲一下，鼻子的长度就缩一半，所以：

鼻子长度	15厘米	30厘米	……	……	？厘米
敲了几下	？下	？下	……	……	0下

zhào cǐ tuī suàn duō lí mǐ de qíng kuàng
“照此推算200多厘米的情况。”

鼻子长度	15厘米	30厘米	60厘米	120厘米	240厘米
敲了几下	？下	3下	2下	1下	0下

huà wán biǎo gé kù kù hóu xīng fèn de shuō nǐ de bí zi
画完表格，酷酷猴兴奋地说：“你的鼻子
yuán lái cháng lí mǐ nǐ qiāo le xià luó bí zi jiù biàn
原来长240厘米，你敲了4下锣，鼻子就变成现在的15厘米了。”

大象点点头：“还好只敲了4下，不然得画多长的表格才能算出来呀！”

酷酷猴说：“不画表格也能算。最后一次敲完变成15厘米，前一次是2个15厘米，再前一次是4个15厘米，再前一次是8个15厘米。8个15厘米是120厘米，还没到200多厘米，再前一次就是16个15厘米，240厘米。不画表格也能算出是敲了4下。”

大象非常崇拜地看着酷酷猴：“酷酷猴，我太佩服你了！我这就找大仙去！”

过了一会儿，大象耷拉着脑袋回来了。他对酷酷猴说：“我告诉大仙一共是敲了4下锣，可他还是不肯把我的鼻子复原。”

酷酷猴让大象别着急，他想到了一个好主意。

酷酷猴找到大仙问：“你可以把我的鼻子变短吗？”

dà xiān diǎn tóu huí dá　xiǎo xiān huì cǐ fǎ shù　zhè lǐ yǒu
大仙点头回答：“小仙会此法术。这里有
yào wán hé xiǎo luó　nǐ bù fáng yí shì
药丸和小锣，你不妨一试。”

kù kù hóu yòu wèn　rú guǒ wǒ chī le yào wán　bié ren qiāo
酷酷猴又问：“如果我吃了药丸，别人敲
xiǎo luó　wǒ de bí zi yě kě yǐ yí yàng suō duǎn ma　dà xiān
小锣，我的鼻子也可以一样缩短吗？”大仙
diǎn le diǎn tóu
点了点头。

lái rén　kù kù hóu yì shēng lìng xià　bǎ zhè ge hài
“来人！”酷酷猴一声令下，“把这个害
rén de dà xiān gěi wǒ ná xià
人的大仙给我拿下！”

"是！"旁边跳出两只黑熊，把大仙抓住。

酷酷猴把药丸交给黑熊说："把这颗药丸给他吃了！"

大仙听说要给他吃药丸，急得乱跳："我不吃！我不吃！"但是挣扎也没用，黑熊强行把药丸给大仙喂了下去。

酷酷猴拿起小锣，当地敲了一下，喊了声："缩！"

大仙一摸鼻子："我的鼻子剩一半啦！"

当当当……酷酷猴连喊："缩！缩！缩！……"眼看大仙的鼻子就缩没了，大仙一屁股坐在了地上。

酷酷猴问："你有没有能使鼻子变长的药？"

大仙摇摇头："我没有这种药。"

酷酷猴摆摆手，对黑熊说："放他走！"

大仙站起来，双手捂着鼻子边走边叫："哎哟，我可怜的鼻子哟！"

酷酷猴远远跟着大仙。只见大仙走到无

rén chù cóng kǒu dai lǐ ná chū yì xiǎo kǒu dai yào yǎng tiān dà xiào
人处，从口袋里拿出一小口袋药仰天大笑：
hā hā kù kù hóu bèi wǒ piàn la wǒ yǒu suō bí zi yào
“哈哈，酷酷猴被我骗啦！我有缩鼻子药，
dāng rán jiù yǒu zhǎng bí zi yào lou
当然就有长鼻子药喽！”

dà xiān yòu ná chū yí gè xiǎo gǔ bú guò zhǎng bí zi bù
大仙又拿出一个小鼓：“不过，长鼻子不
néng qiāo luó yào qiāo gǔ shuō wán tā chī xià yí kē yào wán
能敲锣，要敲鼓！”说完他吃下一颗药丸，
ná qǐ gǔ qiāo le yí xià hǎn dào zhǎng zhǐ jiàn duǎn bí
拿起鼓敲了一下，喊道，“长！”只见短鼻
zi zhǎng cháng le yí bèi
子长长了一倍。

dà xiān gāng xiǎng qiāo dì èr xià tū rán lèng zhù le wǒ
大仙刚想敲第二下，突然愣住了：“我
wàng le shǔ kù kù hóu qiāo le jǐ xià luó la wǒ xiǎng zhì shǎo yě
忘了数酷酷猴敲了几下锣啦！我想至少也
yào qiāo liù xià
要敲六下！”

dà xiān kāi shǐ qiāo gǔ dōng dōng dōng zuǐ lǐ hǎn zhe
大仙开始敲鼓，咚咚咚……嘴里喊着：
zhǎng zhǎng zhǎng
“长！长！长……”

yǎn kàn zhe dà xiān de bí zi cēng cēng wǎng wài zhǎng yí xià zi
眼看着大仙的鼻子噌噌往外长，一下子
zhǎng dào yǒu liǎng mǐ cháng
长到有两米长。

dà xiān shuō huài le wǒ qiāo duō le
大仙说：“坏了，我敲多了！”

zhè shí lěng yǎn páng guān de kù kù hóu cóng shù shàng tiào xià
这时，冷眼旁观的酷酷猴从树上跳下
lái yì bǎ jiāng dà xiān shǒu zhōng de yào dài hé xiǎo gǔ qiǎng zǒu
来，一把将大仙手中的药袋和小鼓抢走
le fēi bēn dào dà xiàng shēn páng
了，飞奔到大象身旁。

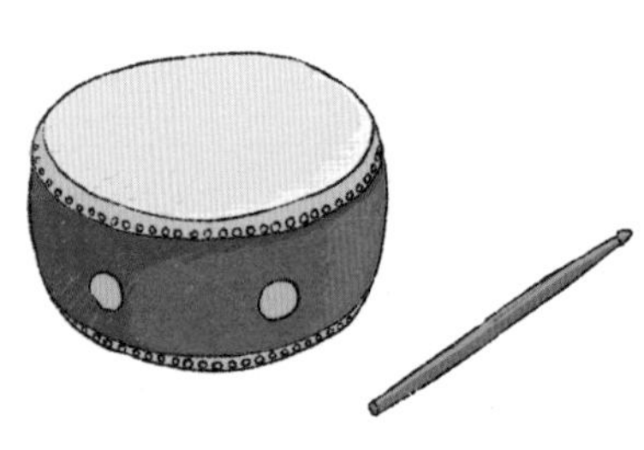

大象吃了药，然后举起小鼓咚咚咚咚敲了四下，嘴里连着喊道：“长！长！长！长！”

大象高兴地说：“哈，我的鼻子恢复原样啦！”

大仙不甘心，一路紧追酷酷猴，伸手就抢大象手里的鼓和药丸。酷酷猴身手矫捷，一个健步站在了大象和大仙之间，顺手撕下了大仙的伪装。

“狐狸！”酷酷猴和大象都大吃一惊。

狡猾的狐狸见势不妙，扭头就跑，还放了一个臊屁，熏得酷酷猴和大象直打喷嚏。狐狸趁乱一溜烟跑远了，消失在树林里。

酷酷猴解析

还原——有趣的缩短

还原问题是从变化后的数量逆推出变化前的数量。故事中，先用估计的方法，估出大象原来鼻子的大概长度，再做精确计算。第一种列表法，一次次倒推出大象鼻子原来的长度，一目了然。第二种方法是根据大象鼻子变短的规律发现：第一次变化是把原来的鼻长平均分成2份，留下其中的1份；第二次变化是把原来鼻长平均分成2×2份，留下其中的1份；第三次是把原来的鼻长平均分成2×2×2份，留下其中的一份……依此类推，变化几次，就是把原来鼻长平均分成几个2连乘份，留下其中的1份。

酷酷猴考考你

一根绳子对折3次后，每段的长度是4厘米，这根绳子原来长多少厘米?

山猫和黄鼠狼捉贼

山猫和黄鼠狼之前因为假扮大怪物做坏事被拘留。他们被释放后，还要接受劳动改造。酷酷猴对他俩说：“最近大森林里连续发生偷吃鸡和兔子的案件。我宣布：限你们俩三日内把偷吃鸡和兔子的贼捉拿归案，将功抵过！”

山猫和黄鼠狼商量好：“咱们每人每晚轮流值班巡逻，你值前半夜，我值后半夜，抓住这个偷鸡贼！”

夜晚，天黑得像锅底，山猫正在巡逻，突然一个黑影从树后闪了出来。

“谁？”山猫大喊一声，“偷鸡贼快出来！”

pēng hēi yǐng rēng guò lái yì bāo

砰！黑影扔过来一包

dōng xi

东西。

shān māo shí qǐ zhè bāo dōng xi wén le wén gāo xìng de jiào

山猫拾起这包东西闻了闻，高兴地叫

dào à hǎo dōng xi shì wǒ zuì ài chī de jiǔ zāo

道：“啊，好东西！是我最爱吃的酒糟。”

shān māo dǎ kāi bāo lì kè yí tòng měng chī biān chī biān zì

山猫打开包，立刻一通猛吃，边吃边自

yǔ dào ǹg hǎo chī zhēn xiāng yì bāo jiǔ zāo yí huì

语道：“嗯，好吃！真香！”一包酒糟一会

er jiù chī wán le

儿就吃完了。

shān māo bā da bā da zuǐ zhēn kùn na shuō wán jiù yì

山猫吧嗒吧嗒嘴：“真困哪！”说完就一

tóu dǎo zài dì shàng hū hū shuì zháo le

头倒在地上呼呼睡着了。

xī xī hēi yǐng zài àn chù xiào zhe shuō shǎ māo

“嘻嘻！”黑影在暗处笑着说，“傻猫，

nǐ hái xiǎng zhuō wǒ hēi yǐng tiào jìn jī wō diāo qǐ yì zhī

你还想捉我？”黑影跳进鸡窝，叼起一只

jī jiù pǎo

鸡就跑。

bèi diāo de jī pīn mìng jiào dào jiù mìng a

被叼的鸡拼命叫道：“救命啊！”

jī de jiào shēng jīng xǐng le huáng shǔ láng tā zuò qǐ lái róu

鸡的叫声惊醒了黄鼠狼，他坐起来揉

le róu yǎn jing dōu hòu bàn yè le

了揉眼睛：“都后半夜了，

gāi wǒ qù xún luó le

该我去巡逻了。”

huáng shǔ láng sì chù zhǎo shān māo

黄鼠狼四处找山猫，

就是找不着。“山猫跑到哪儿去了？”黄鼠狼又一想，“我去查查鸡和兔子丢了没有。先去东头儿。”

黄鼠狼隔着窗户数兔子：“1、2、3……65。嗯，兔子一只不少！我再去数数鸡。”黄鼠狼又数鸡，“1、2、3……34。嗯？应该是35只呀，怎么少了1只？不好，出事啦！”黄鼠狼想去给酷酷猴汇报，刚一迈腿，被睡觉的山猫绊了一个大跟头。

“哪儿来的一截大树墩子？”黄鼠狼低头一看，惊呼，“原来是山猫！”黄鼠狼用力拍打山猫，“快醒醒！出事啦！”

“出事啦？”山猫强睁开眼睛问，“是不是酒糟丢了？”

黄鼠狼着急地说：“什么酒糟丢了！是鸡丢了！”

“啊？怎么又丢鸡了？”山猫一摸脑袋，“嘿！谁在我脑袋上贴了一张字条？”

他拿下字条一看，只见上面写着：

笨山猫和傻黄鼠狼：

我今天叼走一只鸡，明天我将咬死一只兔。我明天晚上猫时鼠分准时来抓兔子。

$$
\begin{array}{r}
猫\quad 鼠 \\
-\ 鼠\quad 猫 \\
\hline
猫
\end{array}
$$

注意：所有的猫代表同一个数，所有的鼠代表同一个数，猫和鼠代表不同的数。

山猫说："这个竖式连一个数字都没有，全是汉字，我看这个贼是在捉弄我们。"

黄鼠狼说："咱们动动脑筋，也许就能解出来呢。抓住这个贼，看他还敢说咱俩是笨山猫、傻黄鼠狼！"

山猫听了黄鼠狼的话，来了精神，说："我试着想想：十位，猫－鼠＝0，猫和鼠又是不同的数，说明个位不够减，从十位退了1了，所以，猫比鼠大1。"

黄鼠狼点点头说："先点一个退位点。"

$$\begin{array}{r} 猫\ 鼠 \\ -\ 鼠\ 猫 \\ \hline 猫 \end{array}$$

黄鼠狼说：“个位的差肯定是9。因为被减数里的鼠比减数里的猫少1，从十位退1给被减数里的鼠，相当于在被减数里的鼠上加了10，10＋鼠－猫的差肯定是9。猫得9，鼠就是9－1＝8。验算一下：猫鼠－鼠猫＝98－89＝9。没错，这个贼明晚9时8分来偷兔子。”

山猫兴奋地说：“好！咱们就等着他！”

第二天，山猫和黄鼠狼提前来到兔子窝旁边的小树林里埋伏着。晚上9时8分，一个全身蒙着白布的家伙出现在兔子窝旁，黄鼠狼和山猫都傻了眼：怎么是位白衣大仙呢？还是个喜欢吃鸡和兔子的大仙？

山猫是个急脾气，大声喊起来：“白衣大仙，你这个贼，给我站住！”

zéi yì tīng dào hǎn shēng, sōu yí xià jiù pǎo yuǎn le, xiāo shī zài hēi yè zhōng
贼一听到喊声，嗖一下就跑远了，消失在黑夜中。

酷酷猴解析

汉字竖式谜

汉字竖式谜是在竖式中用汉字代替数字，要求解出每个汉字所代表的数字各是多少的题目。解决这类问题，一般先通过观察发现规律，找到数与数之间的和差关系，尤其不要忽略进位和退位对数字的影响。故事中的方法是直接解减法竖式谜。除此以外，还可以根据加减法的逆运算关系，把减法竖式谜转化成加法竖式谜，进行解答。

	鼠	猫
+		猫
	猫	鼠

看十位，猫比鼠大1；看个位，猫+猫=10+鼠。两个数位综合考虑，只有9+9=10+8符合条件。

酷酷猴考考你

你知道汉字代表的数字是几吗？注意，每个汉字都代表不同的数字。

	学	习	
+	学	习	
	爱	2	爱=(　)
−		爱	学=(　)
	6	5	习=(　)

真假大仙

大仙没抓住，山猫和黄鼠狼连忙跑去找酷酷猴，把看到白衣大仙的事汇报给他。

酷酷猴听后，紧锁眉头想了一会儿，问道："这个白衣大仙除了穿一身白衣外，还有什么特点吗？"

山猫挠了挠头，说道："他的脑袋都罩在白布下面，根本看不清脸哪。不过，他的样子看起来有点儿奇怪，似乎鼻子特别大。"

酷酷猴眼睛一亮，把山猫和黄鼠狼叫到跟前小声交代："我怀疑这个贼是……我有一个计策，你们这样……这样……"

山猫和黄鼠狼连连点头："好主意，好主意！我们照办！"

酷酷猴说："我们分头行动吧！"

第二天早上，黄鼠狼拿着一个扩音器，走街串巷，边走边喊："昨晚长鼻子大仙去偷兔子，被我和山猫当场抓住了，现在法庭接受审判。酷酷猴探长让我通知大家，到法庭旁听审判，请大家速到法庭！"

黄鼠狼的话音刚落，大狗就跑过来问黄鼠狼："黄鼠狼老兄，你们逮住的长鼻子大仙是不是我的新邻居呀？"

"你的新邻居？"黄鼠狼感兴趣地问。

"对呀！最近，我家附近新搬来一个邻居，打扮就是个长鼻子大仙，你们抓到的就是他吧？"大狗说。

"那不一定，你带我到他家看看！"黄鼠狼说。大狗答应了一声，带着黄鼠狼来到了他的邻居长鼻子大仙家。

长鼻子大仙看到黄鼠狼和大狗，有些

chà yì nǐ men zhǎo wǒ yǒu shén me shì
诧异："你们找我有什么事？"

huáng shǔ láng qiǎng xiān huí dá wǒ men zuó tiān wǎn shang zhuā
黄鼠狼抢先回答："我们昨天晚上抓
le yí gè tōu jī zéi yě shì gè cháng bí zi dà xiān mù qián
了一个偷鸡贼，也是个长鼻子大仙，目前
wǒ men huái yí tā jiǎ mào nín zuò àn xiàn zài qǐng nín qù fǎ tíng jiē
我们怀疑他假冒您作案，现在请您去法庭揭
chuān tā
穿他！"

cháng bí zi dà xiān yóu yù de shuō wǒ kàn bú bì le
长鼻子大仙犹豫地说："我看不必了。
nǐ men shěn pàn tā bú jiù xíng le
你们审判他不就行了？"

dà gǒu rèn zhēn de shuō zhè kě bù xíng rú guǒ bú ràng
大狗认真地说："这可不行，如果不让
dà jiā zhī dào yǒu liǎng gè cháng bí zi dà xiān nà ge jiǎ de shì
大家知道有两个长鼻子大仙，那个假的是
zéi nǐ shì bù tōu dōng xi de hǎo rén yǐ hòu nǐ jiù huì xiàng guò
贼，你是不偷东西的好人，以后你就会像过
jiē lǎo shu yí yàng rén rén hǎn dǎ
街老鼠一样——人人喊打。"

tīng dà gǒu zhè yàng yì shuō dà xiān huāng le shén lián máng
听大狗这样一说，大仙慌了神，连忙
shuō hǎo ba wǒ qù fǎ tíng hé tā duì zhì
说："好吧，我去法庭和他对质！"

lái dào fǎ tíng zhǐ jiàn shān māo kān shǒu zhe yí gè rén zhè
来到法庭，只见山猫看守着一个人，这
ge rén yòng bái bù méng zhe shēn zi
个人用白布蒙着身子。

huáng shǔ láng duì zhēn dà xiān shuō tā jiù shì wǒ men zhuā dào
黄鼠狼对真大仙说："他就是我们抓到
de tōu jī zéi
的偷鸡贼。"

大仙激动地说："这是假冒的长鼻子大仙！"

那位假大仙却说："我看是真假难辨！"

黄鼠狼问："两位大仙，假大仙就是偷鸡贼，你们说怎么办吧。"

真大仙激动地说："我们俩比试一下智力，真大仙智力超群！我们各出一道题，看谁能答对。"

真大仙抢先说："我先出题。我第一天偷了25只鸡，第二天吃了15只鸡，第三天偷

le zhī jī dì sì tiān yòu chī le zhī jī dì wǔ tiān
了35只鸡，第四天又吃了15只鸡，第五天
tōu le zhī jī dì liù tiān yòu chī le zhī jī xiàn
偷了40只鸡，第六天又吃了20只鸡，现
zài wǒ hái shèng jǐ zhī jī
在我还剩几只鸡？”

jiǎ dà xiān hēi hēi yí xiào kàn lái nǐ jì shì
假大仙嘿嘿一笑：“看来你既是
yí gè zhuā jī de néng shǒu yòu shì yí gè tān chī guǐ ya
一个抓鸡的能手，又是一个贪吃鬼呀！”

zhēn dà xiān hèn hèn de shuō shǎo fèi huà kuài diǎn er jiě
真大仙恨恨地说：“少废话，快点儿解
tí
题。”

jiǎ dà xiān xiǎng le xiǎng shuō nǐ zhè ge tí tài jiǎn dān
假大仙想了想说：“你这个题太简单
le wǒ xiān
了！我先……”

“且慢！正因为题目简单，所以要你一题多解，至少两种方法！”真大仙补充道。

“一题多解可是我的拿手戏！小意思，你听好了！我先列个算式：25−15+35−15+40−20。”

真大仙点点头：“算式倒是列对了，你怎么算呢？”

假大仙冷笑道：“我不但会算，还会巧算！第一种：先算你一共偷了多少只鸡，25+35+40=100只，再算你一共吃了多少只鸡，15+15+20=50只，最后，100−50=50只。你一共偷了100只鸡，吃了50只，还剩50只。第二种方法是分组，一天偷、一天吃是一组：25−15=10只，35−15=20只，40−20=20只，一共剩10+20+20=50只。”

真大仙无奈地点点头：“算你蒙对了！”

真大仙考完了假大仙，还是真假难辨。

jiē xià lái gāi lún dào jiǎ dà xiān chū tí kǎo zhēn dà xiān le
接下来该轮到假大仙出题考真大仙了。

酷酷猴解析

解决问题中的巧算

解决问题时，根据题意列算式后，也要注意观察能否巧算。巧算并不是计算题的专利，我们要有较强的巧算意识，能巧算时就巧算。故事中的两种巧算方法，都是从实际问题出发，根据算式意义做出的巧算。依据题意和数据特点，我们发现可以分成不同情况凑整计算，从而实现了巧算。

酷酷猴考考你

周一妈妈买了24个苹果，周二全家吃了14个，周三又买了16个，周四吃了6个，周五又买了20个，周六吃了10个。周日妈妈没有再买苹果，周日家里一共还有多少个苹果？

假大仙现原形

“该我考你啦！如果你答不上来，你可就是偷鸡贼！”假大仙挑衅地说。

“考就考！什么题都难不倒我！”真大仙不服气地说。

“刚才你考我巧算，这次我考你速算，这样才公平。如果超时就算你没答上来，怎么样？”假大仙问。

真大仙说：“出题吧，别啰唆了！”

“请听题：我第一天到银行存了2188元，第二天取出1293元，第三天又存了6346元，第四天取了1127元，第五天存了5312元，第六天取出了2159元。当我第七天到银行要把全部钱取出时，营业员说我还有9268元，我一听，立即说营业员算错了。你说，营业员是不是算错了？”假大仙一口气把题说完了。

“你没逗我玩儿吧？你真神了，这么大的数，你不算就说人家算错了，你是不是唬人呢？这么大的数我得拿计算器算算。”真大仙边说边从兜里掏出计算器。

“你犯规了！把计算器收起来，直接回答，否则就算你输了！现在开始计时30秒！”黄鼠狼气愤地说。

“我先把算式列出来吧。”真大仙说。

2188−1293+6346−1127+5312−2159=？

“这么长的式子，这么大的数，不算怎么能知道结果？我还是先列竖式吧。”

```
  2188          895
− 1293        + 6346
──────        ──────
   895
```

真大仙一边犯愁，一边偷偷列竖式计算。

shí jiān dào nǐ méi suàn chū lái kě jiàn nǐ de shù xué bù
“时间到！你没算出来，可见你的数学不
zěn me yàng zài yì páng jiān dū de huáng shǔ láng shuō
怎么样！”在一旁监督的黄鼠狼说。

zhēn dà xiān tīng wán tóu shàng zhí mào lěng hàn xiǎo shēng dí
真大仙听完，头上直冒冷汗，小声嘀
gu sān shí liù jì zǒu wéi shàng cè
咕：“三十六计，走为上策！”

zhēn dà xiān sā tuǐ jiù pǎo méi xiǎng dào bèi huáng gǒu jǐng guān
真大仙撒腿就跑，没想到被黄狗警官
dǔ zài mén kǒu zhuàng le yí gè pì gu dūn er
堵在门口，撞了一个屁股蹲儿。

zhè shí jiǎ dà xiān qù diào wěi zhuāng lù chū zhēn miàn mù
这时，假大仙去掉伪装，露出真面目，
yuán lái shì kù kù hóu
原来是酷酷猴！

kù kù hóu zǒu shàng qián yì bǎ sī diào cháng bí zi dà xiān
酷酷猴走上前，一把撕掉长鼻子大仙
de wěi zhuāng ràng dà jiā kàn kan nǐ shì shéi
的伪装：“让大家看看你是谁！”

大家异口同声地说："啊，是狐狸！"

酷酷猴宣布："狐狸假装大仙，坑蒙拐骗，坏事干绝，依照法律应把他逮捕！"

狐狸一伸手说："慢！我有个要求。"

酷酷猴问："你有什么要求？"

狐狸说："逮捕我之前，希望你把答案告诉我。"

"好！就让你心服口服！"酷酷猴答应了狐狸的要求。

"我每次存的钱都是双数，每次取的钱都是单数。

"我把这些数分成了三组，分别是：2188−1293，6346−1127，5312−2159，它们都是双数−单数=单数。再把每组的差相加：单数+单数+单数=单数。

"根据单双数加减的规律，答案应该是单数而不是双数，可营业员说我还有9268元，是双数。所以我判断出营业员计算错

le kù kù hóu shuō
了。”酷酷猴说。

hú li chuí tóu sàng qì de shuō lǎo shī jiǎng dān shuāng shù de
狐狸垂头丧气地说：“老师讲单双数的
shí hou wǒ xīn lǐ xiǎng zhe tōu jī jì huà gēn běn méi tīng méi
时候，我心里想着偷鸡计划，根本没听。没
xiǎng dào zāi zài zhè shàng miàn le
想到，栽在这上面了。”

kù kù hóu yì zhǐ hú li shuō xiàn zài wǒ xuān bù lì jí dài bǔ
酷酷猴一指狐狸说：“现在我宣布立即逮捕
hú li
狐狸！”

zhòng jǐng chá dá dào shì
众警察答道：“是！”

hú li zhuàn le zhuàn nà shuāng xiǎo yǎn jing shuō wǒ hú
狐狸转了转那双小眼睛，说：“我狐
li de zhì shèng fǎ bǎo shì hú li pào dàn shuō zhe yì zhuǎn
狸的制胜法宝是狐狸炮弹！”说着，一转
shēn fàng le yí gè chòu pì chèn kù kù hóu hé jǐng chá men wǔ bí
身，放了一个臭屁，趁酷酷猴和警察们捂鼻
zi de gōng fu yí liù yān pǎo le
子的工夫，一溜烟跑了。

酷酷猴解析

单数和双数

单双数相加减是有规律的。

两个数相加减，同为单数或同为双数时，结果是双数；一单数一双数时，结果是单数。多个双数相加，和是双数。多个单数相加，分两种情况：双数个单数相加的和是双数，单数个单数相加的和是单数。

故事中的第一种解法是分组法：每组都是双数-单数=单数，每组的差相加是3个单数相加，和是单数。还有第二种解法是分类法：把钱分“存入”和“取出”两类，存入的钱都是双数，和也是双数。取出的钱是3个单数，和是单数。存入的和减取出的和是双数-单数=单数。2188+6346+5312，和双数；1293+1127+2159，和还是单数。双数-单数=单数，结果还是单数。

酷酷猴考考你

妈妈带了200元去超市买东西。她买了3支笔，每支13元；又买了2条毛巾被，每条58元。结账时，妈妈付了200元，收银员找回46元，妈妈马上说找错了。你觉得妈妈说得对吗？为什么？

警察上当

kù kù hóu jiàn hú li pǎo le zháo jí de shuō dà jiā bú
酷酷猴见狐狸跑了，着急地说：“大家不
yào pà chòu kuài zhuā zhù hú li
要怕臭！快抓住狐狸！”

zhòng jǐng chá lì jí qù zhuī hú li
众警察立即去追狐狸。

hú li duǒ zài yì kē dà shù de hòu miàn kàn jiàn jǐ míng jǐng
狐狸躲在一棵大树的后面，看见几名警
chá pǎo le guò qù yí gè hóu jǐng chá là zài le hòu miàn
察跑了过去，一个猴警察落在了后面。

xiǎo hóu zi kàn nǐ wǎng nǎ lǐ zǒu hú li cóng shù
“小猴子，看你往哪里走！”狐狸从树
hòu cuān le chū lái yòng téng tiáo yí xià zi lēi zhù le hóu jǐng chá de
后蹿了出来，用藤条一下子勒住了猴警察的
bó zi
脖子。

hóu jǐng chá zhēng zhá zhe ā lēi sǐ wǒ le
猴警察挣扎着：“啊——勒死我了！”

hú li yì bǎ qiǎng guò guà zài hóu jǐng chá bó zi shàng de jǐng
狐狸一把抢过挂在猴警察脖子上的警
dí zhè jǐng dí yǒu shén me yòng
笛：“这警笛有什么用？”

hóu jǐng chá shuō chuī xiǎng jǐng dí kě yǐ bǎ qí tā jǐng chá
猴警察说：“吹响警笛可以把其他警察
zhāo lái
招来。”

狐狸用力一勒藤条："怎么个招法儿？到底能招来多少警察？"

猴警察说："吹1次，可以把警察局所有警察的一半招来；吹2次，可以把警察局警察总数的一半的一半招来；吹3次，可以把警察局警察总数的一半的一半的一半招来，这时警察局里还剩10名警察留守。你自己算吧。"

狐狸大叫道："又要算，你们是警察还是数学老师呀！酷酷猴每次都出题让我算，今天来了你这么个小猴儿警察，还是让我算！你直接告诉我答案，我不算！"

猴警察说："我才不告诉你呢！你不是总吹嘘自己的数学很好吗？看来，你不是数学好，而是吹牛好！哈哈！"

狐狸被猴警察的激将法一激，耐不住性子了："你一个小警察敢看不起我狐狸，今天让你见识一下我的真本事！我不但要解出来，还要用多种方法解！"

狐狸边说边腾出一只手来在地上画图：“什么一半、一半的，把我都搞糊涂了。我要画个图。”

猴警察看狐狸注意力分散了，刚想摆脱狐狸，就被发现了。狐狸说：“哪里跑！你

来给我画图！”狐狸用两手勒住猴警察的脖子，让猴警察蹲在地上，照自己的意思来画图。

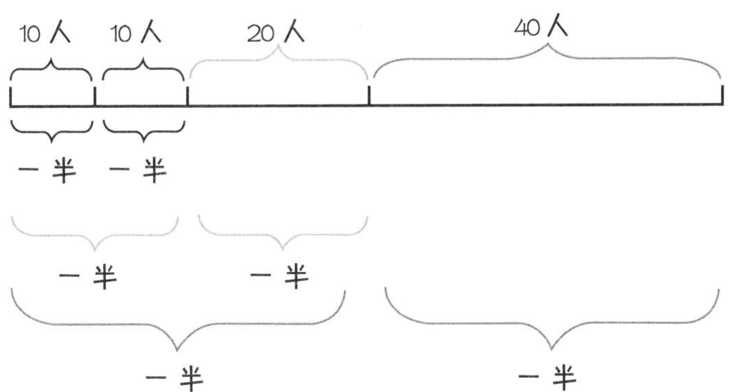

图画完了，狐狸看着图说：“哈哈！画完图，我的脑袋瓜子就清楚了。在警察局里留守的10名警察是全部警察的一半的一半的一半，那么第三次招来的警察也是10人，第二次招来的警察就是10+10=20人，第一次招来的警察是20+20=40人。警察总人数是40+40=80人。三次一共招来80−10=70人。”

狐狸说完，又扬扬得意地甩了甩尾巴：“还可以把第三次招来的10人看作1份，第二次招来的是这样的2份，第一次招来的是这样的4份，一共7份，10×7=70。啊，吹三次能招来这么多警察！太好啦！”

狐狸用力勒住猴警察的脖子说：“你给我吹三次警笛，不然我勒死你！”

猴警察坚决不吹，狐狸恼羞成怒，一拳将猴警察打晕。狐狸拿起警笛：“你不吹，我吹！”

警察听到警笛声，分批跑到吹警笛的地点。大家互相问：“看到狐狸了吗？”所有人都摇头说没看见。

酷酷猴跑来一看，大叫一声：“不好，我们上当啦！咱们都跑到了东边，他可能到西边作案去了！”

酷酷猴解析

通过一半求总数

解决这种问题，利用数形结合思想，根据题意画线段图分析是关键。可以从已知的数量出发，一次次倒推得出其他数量；还可以把“一半”转化成数学上的平均分成2份，已知数量是1份，算出要求的数量合几份，就能得出要求的数量是多少。

酷酷猴考考你

妈妈带了一些钱去超市买东西，先花了总钱数的一半买了一桶油，又花了总钱数的一半的一半买了一袋面，最后又花了总钱数的一半的一半的一半买了一桶酱油，付完钱后，发现还剩15元。妈妈买这些东西一共花了多少钱?

追捕狐狸

酷酷猴严肃地说：“我怕狐狸用的是调虎离山计！这里留下一半警察，其余的跟我去西边，保护鸡和兔子。”说完就带着一队警察往西边跑去。

酷酷猴带着警察刚刚在西边埋伏好，只见狐狸自言自语朝这边走来。

狐狸说：“这次我要咬死10只兔子，20只鸡！让酷酷猴哭去吧！哈哈！”

酷酷猴小声关照黄狗警官：“你可千万别出声！”

huáng gǒu jǐng guān gāng xiǎng diǎn tóu, tū rán bí zi yì yǎng,
黄狗警官刚想点头，突然鼻子一痒，

ā tì dǎ le yí gè pēn tì
“阿嚏——”打了一个喷嚏。

hú li jǐng tì de shuō
狐狸警惕地说：

bù hǎo, yǒu mái fu
“不好，有埋伏！”

sā tuǐ jiù pǎo
撒腿就跑。

kù kù hóu yì huī shǒu zhuī mái fu de jǐng chá quán dōu tiào chū lái zhuī
酷酷猴一挥手：“追！”埋伏的警察全都跳出来追。

hú li cáng zài yì kē dà shù de hòu miàn, xīn xiǎng: wǒ yào dòu
狐狸藏在一棵大树的后面，心想：我要逗

dou kù kù hóu tā liú xià yì zhāng zì tiáo lián gǔn dài pá de xiàng dōng pǎo qù
逗酷酷猴。他留下一张字条，连滚带爬地向东跑去。

kù kù hóu kàn dào le zì tiáo zhǐ jiàn shàng miàn xiě zhe
酷酷猴看到了字条，只见上面写着：

> 我在东边第20棵树的树洞里练功，树洞到这里的距离见下面的题：
>
> 从这棵树到往东第10棵树，相邻两树之间的距离是9米；从第10棵树到第20棵树，相邻两树之间的距离是10米。树洞到这里的距离，就是从第1棵树到第20棵树的距离。
>
> 狐狸

huáng gǒu jǐng guān kàn wán zì tiáo bú xiè de shuō zhè yǒu shén me nán de qián kē shù mǐ
黄狗警官看完字条不屑地说："这有什么难的！前10棵树，9×10=90米……"

kù kù hóu dǎ duàn le tā cuò le nǐ bǎ shù de kē shù hé jiàn gé shù nòng hùn le hái shi xiān huà gè tú ba
酷酷猴打断了他："错了！你把树的棵树和间隔数弄混了。还是先画个图吧！

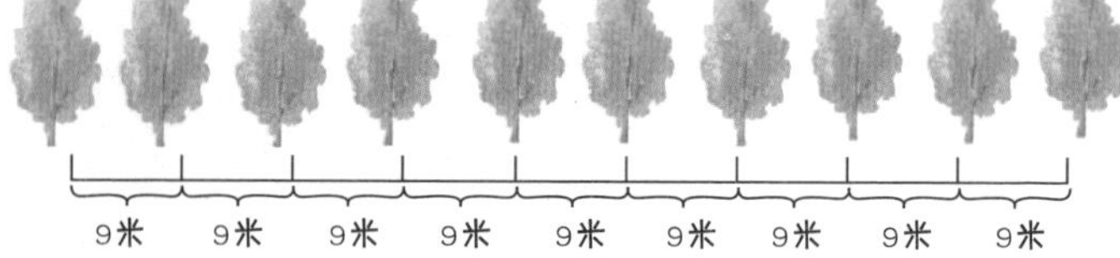

“你看，从第1棵树到第10棵树一共有10棵树，但是，只有9个间隔，一共是9×9=81米。

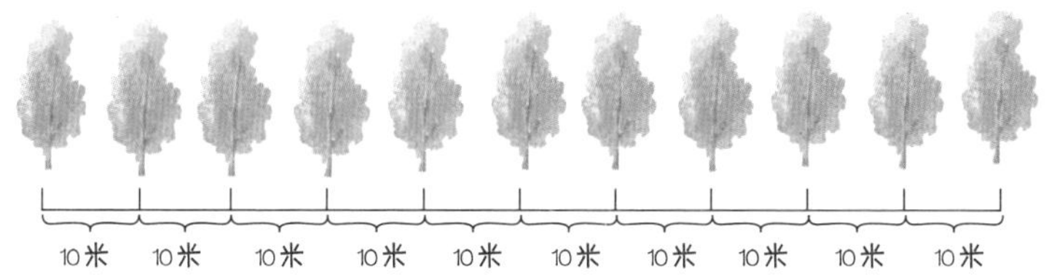

“从第10棵树到第20棵树，一共有11棵树，有10个间隔，一共是10×10=100米。从第1棵树到第20棵树一共有81+100=181米。”酷酷猴说。

黄狗警官恍然大悟：“原来是这样，间隔数比树的棵树少1呀！”

酷酷猴点点头说：“树洞离这儿181米，我们赶紧去追狐狸吧！”

酷酷猴解析

植树问题

植树问题的重点和难点是间隔数与棵数的关系。当头尾都种树时，间隔数比棵数少1。依据数形结合思想，通过画图理解间隔数和棵数的关系，能很清晰地看到每个间隔所对应的长度，从而正确解题。具体到故事中的问题，由于树与树的间隔并不完全一致，还需要分两种情况考虑，即间隔都为9米的是一种情况，间隔都为10米的是另一种情况。除了本故事中两端都种树的情况，还有“一端种树，一端不种树”和“两端都不种树”两种情况。“一端种，一端不种”，棵数=间隔数；“两端都不种”，间隔数=棵数+1。

酷酷猴考考你

马路一侧有两座楼房，沿着马路在这两座楼房之间种树。每隔5米种一棵，一共种了6棵；距离楼房最近的树和楼房的距离也是5米。请问：两座楼房之间的距离是多少米？

法网难逃

酷酷猴和黄狗警官一路飞奔，向东走了181米，果然发现了一个大树洞。洞口的大石头上压着一张字条，是狐狸的笔迹，上面写着：

解出下面的题，我就不用狐狸屁攻击你们。否则，你们就等着我的“屁炮弹”吧！

我的屋里有一盏灯，每天我都开着它。可是有一天我回来后，发现灯灭了。我以为是开关的问题，先连续按了39下，灯没亮，又连续按了100下，灯还是不亮。后来，邻居大狗告诉我是停电了。你们帮我算算，等来电后，我的灯是亮的还是不亮，我怎么才能知道来没来电呢。

算完后，大声往洞里喊话，告诉我答案。我保证不放狐狸屁，出来和你们正面交战。

狐狸

黄狗警官看完字条，生气地说："这个鬼狐狸，死到临头还考我们，拿狐狸屁威胁我们。这次一定要抓住它！不过，他出的这是个什么题呀！他按了那么多次开关，早按乱了，咱们怎么知道是开还是关哪！别理他，还是往里冲吧！"

酷酷猴说："别冲动，这题我会解。我们列个表找找规律就好办了。"说着，酷酷猴列出了一个表格。

停电前	按1下	按2下	按3下	按4下	按5下	……
开	关	开	关	开	关	?

看着酷酷猴列的表格，黄狗警官说："第6下是开，第7下是关，第8下是开……可是他按了100多下呢，我们都要写出来吗？等写完了，狐狸早跑了。"

酷酷猴说："你别急，我们看看有什么规律。按1、3、5、7、9……下是关，按2、4、6、8、10……下是开。也就是说，按单数下是关，按双数下是开。狐狸一共按了139下，139是单数。来电了他也不知道，因为灯是关着的。他只要再按一下开关，灯就是开的状态，等来电了，灯自然就亮了。”

酷酷猴马上向树洞里喊话：“你的灯现在是关着的，再按一下就能知道是不是来电了！”

“狐狸不会不遵守承诺吧！”黄狗警官话音刚落，突然从树上落下一个大西瓜。酷酷猴听到有风声，急忙跳开。黄狗警官躲闪不及，正好被瓜砸到头上，弄得满头满脸都是西瓜水。

“哈哈！”狐狸从树上跳下来说，“真好玩儿！挨砸的感觉是：又疼！又晕！又红！又甜！我狐狸走啦！”

只见狐狸身前冒起一股白烟，转眼不见了。

黄狗警官愣住了：“怪了，狐狸真的不见了！”

kù kù hóu yì huī shǒu jì rán hú li pǎo le wǒ men yě chè
酷酷猴一挥手：“既然狐狸跑了，我们也撤！”

děng kù kù hóu tā men chè zǒu le hú li cóng shù dòng lǐ tàn
等酷酷猴他们撤走了，狐狸从树洞里探
chū le nǎo dai tā xiào xiao shuō dōu zǒu le wǒ sǎ le yì
出了脑袋。他笑笑说：“都走了。我撒了一
bāo bái huī jiù bǎ tā men piàn zǒu le
包白灰，就把他们骗走了！”

hú li cóng shù dòng lǐ zuān le chū lái shēn le shēn lǎn yāo
狐狸从树洞里钻了出来，伸了伸懒腰：
zài cōng míng yě dòu bu guò wǒ jiǎo huá de hú li a
“再聪明也斗不过我狡猾的狐狸啊！”

tū rán cóng shù shàng luò xià
突然，从树上落下
yì zhāng dà wǎng yí xià zi bǎ hú
一张大网，一下子把狐
li wǎng zài le lǐ miàn
狸网在了里面。

kù kù hóu cóng
酷酷猴从
shù shàng tiào xià
树上跳下
lái shuō
来，说：

"看你往哪儿跑！"

狐狸大叫一声："啊，我上当啦！"

酷酷猴宣布处理决定："狐狸偷鸡摸兔，装神弄鬼，屡教不改，罪大恶极。现宣布：将狐狸正式逮捕！"

狐狸说："这次可完了！"

狐狸被戴上了手铐。

通过酷酷猴和森林警官们的努力，大森林的秩序一天比一天好。

酷酷猴解析

有趣的单数和双数

故事中，狐狸按灯的开关，想要知道来电后灯是亮还是不亮，是一个很有趣的生活问题。利用我们学过的单数和双数的知识，就能很快地解决这类实际问题。解这类问题时，观察规律非常重要。找到规律，问题自然就解决了。

酷酷猴考考你

一只大白鹅先在河的左岸玩耍，然后游到了右岸，在右岸玩了一会儿，又游回了左岸。它游了120次后，是在河的左岸还是右岸？

数学知识对照表

书中故事	教材学段	知识点	难度	思维方法
国宝丢了	一年级	比一比求差	★★	比较法解题 找对应分组
惨遭毒气袭击	一年级	位置 基数 序数	★★★	数形结合思想 转化思想 集合思想
竹雕项链	二年级	认识钟表 轴对称	★★★	利用对称解决问题
多少金币	一年级	比多少问题	★★	比较法解题
忘记日期	二年级	推算日期	★★★★	利用规律解题
长颈鹿告状	二年级	乘、除法的意义	★★★	等量替换，数形结合
猴子球赛	二年级	比赛场次	★★★	数形结合 依条件推理
灰熊过生日	二年级	包含与排除	★★★★	集合思想和分类思想
灰兔和白兔聚会	一年级	相差多少	★★	数形结合思想 逆向思考
大蛇偷蛋	二年级	连加和巧算	★★★	凑整的方法

书中故事	教材学段	知识点	难度	思维方法
橡胶鸡蛋	二年级	和差问题 平均分与除法	★★★★	转化思想 利用规律解题
智斗双蛇	二年级	1000以内数的认识	★★★★	分类法解题
找虎大王告状	二年级	加减混合运算	★★★	数形结合思想
猴子牌香水	一年级	100以内数的认识	★★	分类解决问题
多少件坏事	二年级	有余数除法和倒推	★★★★	逆向思考
被罚做好事	一年级	立体图形的认识 数一数	★	分类法解题 移多补少
发现大怪物	一年级	求差 不等变相等	★★★	不等到相等 （交换）
活捉大怪物	一年级	两位数加减法 观察数的规律	★★	利用规律解题
山鸡到底有几只	二年级	乘法的初步认识	★★★	转化思想
得意的狐狸	二年级	平均分	★★★★	分类及列表法 解题
狐狸狡辩	二年级	平均分和找对应	★★★	画图找对应 等量替换
交换信息	二年级	不平均分和平均分	★★★★	不等到相等
日记本中的秘密	二年级	总数量、总份数与 平均分	★★★★	找对应解题
一把破尺子	二年级	认识厘米和米	★★★	有序思考

书中故事	教材学段	知识点	难度	思维方法
短鼻子大象和长鼻子大仙	二年级	平均分	★★★★	利用规律解题
山猫和黄鼠狼捉贼	二年级	进位加法和退位减法	★★★	利用规律解题
真假大仙	二年级	加减混合和解决问题	★★★	分类解题 分组解题
假大仙现原形	二年级	单双数和加减混合运算	★★★	分组解题 分类解题
警察上当	二年级	平均分	★★★★	数形结合思想
追捕狐狸	二年级	植树问题	★★★★	数形结合思想
法网难逃	一年级	找规律和单双数	★★	利用规律解题

"考考你"答案

第7页：●比▲一共少5个。

第16页：共有17个。

第22页：镜子里的3:30实际是8:30，实际的9:00在镜子里看是3:00。

第33页：老大20个，老三11个。

第39页：4月4日

第46页：小红10颗，妈妈30颗，爸爸60颗。

第54页：3次。

第61页：8人。

第67页：35支。

第73页：（54+46）+（26+24+50）=100+ 100=200

第79页：小明8岁，小亮9岁，小军7岁。

第84页：210 > 201 > 120 > 102 > 21 > 20 > 12 > 10

第91页：▰ =9，⦸=15，★=10。

第97页：13次。

第103页：70岁。

第108页：30个。

第113页：答案不唯一。例如：弟弟的6换哥哥的9；弟弟的4换哥哥的7；弟弟的3换哥哥的6；弟弟的1和2换哥哥的6。

第119页：依次为70、60、30、50。

第125页：8。

第134页：

	同学1	同学2	同学3
第一次	3个整瓶	3个整瓶	3个整瓶
第二次	1个整瓶	1个整瓶	2个半瓶
第三次	1个半瓶	1个半瓶	1个半瓶
第四次	3个空瓶	3个空瓶	2个空瓶
水数	4瓶半	4瓶半	4瓶半
瓶数	8个	8个	8个

第142页：4支钢笔。

第148页：第一组分到11人，第二组分到6人，每组变成24人。

第153页：第一福利院6本，第二福利院12本，第三福利院12本。

第160页：1、2、7、8、9、10厘米。

第171页：32厘米。

第178页：爱=7，学=3，习=6。

第185页：30个。

第191页：妈妈说得对。因为：应付的钱是（13+13+13）+（58+58），单数+双数=单数。找回的钱是双数（200）－单数=单数。而46是双数，所以营业员找错了。

第197页：105元。

第202页：35米。

第207页：左岸。

推 荐 语

阅读之趣，数学之美

非常高兴看到《李毓佩数学探案集》《李毓佩数学大冒险》《李毓佩数学西游记》三本数学童话故事的出版。故事中蕴含着丰富的数学知识、灵活的数学解题思路及数学思维方法，使孩子们在读故事时学习了数学，培养了数学思维能力。而那些生动有趣的童话故事也向学生展示了数学的变化美、奇异美、科学美和逻辑美，同时培养了学生的审美能力和审美素养。这些数学故事让数学的学习过程变得生动、活泼，是被孩子们所欢迎和接受的。

这三本书数学知识的编排紧密贴合数学教材，同时兼顾了教材外的拓展，对孩子们课内外的数学学习都会有很大帮助。每篇故事后还附有解析，对家长辅导孩子学习数学很有裨益。

作者李毓佩老师数十年来致力于数学科普工作；张小青老师，一直参加北京市中小学美育研究。他们在此次三本书的创作中充分体现出了数学学科文化，不但蕴含着数学学科思想和思维，而且在学科教学中融合了美育。真诚希望他们能不断编写、出版更多的作品。

中国教育学会美育研究会副秘书长
北京市中小学美育研究会副会长
李胜利
2016年5月

爱上阅读，爱上数学

品读《李毓佩数学探案集》《李毓佩数学大冒险》《李毓佩数学西游记》三本数学童话故事，我心中油然而生一种欣喜、感动之情。欣喜于这套书的出版，带领少年儿童走进了美丽的童话世界，为孩子们提供了数学学习的精神食粮；更感动于李毓佩教授在数学科普领域数十年如一日孜孜不倦的付出，感动于张小青老师在数学教育的领域中执着地跋涉、创新，用教育的智慧浇灌着孩子们的童年花园，用多彩的童话书写着教育的诗意人生。

李教授和张老师的笔下不仅诞生了善用数学思维破案的酷酷猴侦探，还有认真负责的黄狗警官等一批活泼可爱的形象。根据孩子们的年龄特征，他们将数学知识融入到一个个精心创设的童话故事中，利用童话故事的鲜明特征引发孩子的阅读兴趣，不仅符合少年儿童的阅读心理，更在轻松愉悦的氛围中让孩子们觉得数学好玩、数学有趣，在潜移默化中培养了孩子们的求索精神、知识迁移能力。故事中，不同形象的对话既是数学思维的碰撞，更是童话之“趣”、童话之“美”与数学之“理”的完美融合。

衷心希望每个小读者在愉快的阅读旅程中爱上数学、爱上阅读，也衷心希望张小青老师在承继李毓佩教授的数学童话创作之路上走得更远，为小读者奉献更多的精品！

北京市特级教师

府学胡同小学校长

马丁一

2016年5月

数学故事与课堂知识的巧妙融合

2016年春天，我参加了为李毓佩、张小青老师联合创作的新书做数学知识审订的工作。

审稿前，我得知这是数学科普名家李毓佩教授首次和一线数学教师联手打造的一套既有故事趣味性，又与课堂数学教学同步的读物。审稿中，我惊喜地发现，这部作品的确做到了将有趣的童话故事和课堂的数学知识，以及培养和锻炼孩子们的创造性思维融于一体。

这些故事中的数学知识都是小学中低年级数学学习的重点、难点和拔高点；故事中的数学趣题，引导和鼓励小读者尝试多种解法，提倡多元思维、创造性思考，切合当前的教育理念。

数学起步阶段的基础夯实对将来的学习是至关重要的。小学中低年级数学思维的养成对孩子日后的数学学习具有重要的意义。我想，这套图书会对小读者们起到积极的作用。

国际交流示范校北京第二实验小学数学高级教师　张威

2016年5月

征集令

亲爱的小朋友们：

我是酷酷猴！

怎么样，和我一起运用数学知识探案的过程，是不是让你觉得数学真是又有趣、又有用呢？

你也想变身为数学小达人，和我一起探案吗？那就快来参加我们的数学侦探小测试吧！答对即可加入我们的“数学侦探小分队”，还有机会和“数学爷爷”李毓佩、“数学妈妈”张小青亲密互动哟！

请用手机扫描二维码添加朝华出版社微信公众号，开始测试吧！